Information Age Economy

Information Age Economy

K. Sandbiller
Dezentralität und Markt in Banken
1998, ISBN 3-7908-1101-7

M. Roemer
Direktvertrieb kundenindividueller
Finanzdienstleistungen
1998, ISBN 3-7908-1102-5

F. Rose
The Economics, Concept, and Design
of Information Intermediaries
1999, ISBN 3-7908-1168-8

J. Schneider
Finanzanalysen in der Investitions-
und Finanzierungsberatung
1999, ISBN 3-7908-1169-6

P. Gomber
Elektronische Handelssysteme
2000, ISBN 3-7908-1272-2

S. Weber
Information Technology in Supplier Network
2001, ISBN 3-7908-1395-8

K. Geihs, W. König and F. von Westarp
Networks
2002, ISBN 3-7908-1449-0

Ralf Peters

Elektronische Märkte

Spieltheoretische Konzeption und agentenorientierte Realisierung

Mit 142 Abbildungen

Physica-Verlag
Ein Unternehmen
des Springer-Verlags

Dr. habil. Ralf Peters
Universität Hamburg
Institut für Wirtschaftsinformatik
Von-Melle-Park 5
20146 Hamburg

ISBN 3-7908-1498-9 Physica-Verlag Heidelberg

Die Deutsche Bibliothek – CIP-Einheitsaufnahme
Peters, Ralf:
Elektronische Märkte: spieltheoretische Konzeption
und agentenorientierte Realisierung / Ralf Peters. –
Heidelberg: Physica-Verl., 2002
(Information Age Economy)
ISBN 3-7908-1498-9

Physica-Verlag Heidelberg
ein Unternehmen der BertelsmannSpringer Science + Business Media GmbH

http://www.springer.de

Umschlaggestaltung: Erich Kirchner, Heidelberg

SPIN 10878552 88/2202-5 4 3 2 1 0 – Gedruckt auf alterungsbeständigem Papier

Inhaltsverzeichnis

Einleitung

Elektronischen Märkten kommt in Theorie und Praxis wachsende Bedeutung zu. Ein wesentliches Element ist hierbei die Entwicklung des als E-Commerce bezeichneten elektronischen Handels. Forrester Research prognostiziert beispielsweise für das Gesamtvolumen der unter dem Begriff E-Commerce subsummierten Teilmärkte ein Wachstum von $197 Milliarden im Jahre 1999 auf $2 Billionen im Jahre 2003 (vgl. [Forr00]). Das größte Wachstumspotenzial liegt im Business to Business Segment (B2B). Die Einsatzmöglichkeiten elektronischer Märkte sind jedoch nicht auf das Gebiet des E-Commerce beschränkt. Vielmehr handelt es sich um ein Allokationskonzept, das auch zur innerbetrieblichen und technischen Ressourcenallokation sinnvoll einsetzbar ist.

Praxis elektronischer Märkte

Der elektronische Markt als ökonomischer Ort des Interessenausgleichs zwischen Anbietern und Nachfragern bietet große Entwicklungsmöglichkeiten. In der Praxis findet man derzeit überwiegend sehr einfache Konzepte, die im wesentlichen eine Fortschreibung konventioneller Interaktionsformen mit neuen Mitteln darstellen. Die am meisten verbreiteten Anwendungsformen sind der elektronische Katalog und das Angebotsverzeichnis; beide werden sowohl über das Internet als auch über andere Medien wie Value-Added-Networks im EDI-Bereich oder CD-ROM angeboten. Aufbauend auf den elektronischen Produktkatalogen im Internet existieren verschiedene Suchmaschinen, die sowohl zur Produktsuche als auch zur Preissuche dienen. Daneben gewinnen einfache Auktionen und Ausschreibungen zunehmend an Bedeutung.

Der Status-quo elektronischer Märkte lässt sich wie folgt charakterisieren: Erstens bieten die eingesetzten Verhandlungsmechanismen nur eingeschränkte Möglichkeiten des Interessenausgleichs. Komplexe Szenarien, wie polypolistische Märkte und Verhandlungen bezüglich mehrerer Vertragsparameter werden nur unzureichend abgebildet. Zweitens ist der bislang erreichte Automatisierungsgrad der Verhandlungen gering. Die Unterstützung beschränkt sich im E-Commerce im Wesentlichen auf verschiedene Formen von Suchmaschinen. Hier fehlen neben angemessenen Verhandlungsmechanismen insbesondere praxistaugliche Automatisierungskonzepte.

Fragestellung

Im Hinblick auf die gegebene Situation stellt sich die Frage nach leistungsfähigeren elektronischen Märkten. In der vorliegenden Arbeit wird ein allgemein verwendbares Marktsystem entwickelt, das auf

- polypolistische Marktszenarien mit multilateralen Verhandlungen,
- differenzierte Interessensausgleiche hinsichtlich des Transaktionspreises und weiterer Kontrakteigenschaften und
- vollständige Automatisierung der Verhandlungen

abzielt. Derartige Systeme bilden in vielen Szenarien das fehlende Bindeglied zu bruchlos gestalteten elektronischen Markttransaktionen. Mit der Lösung dieser Problemstellung sind beispielsweise im B2B-Segment elektronische Märkte vorstellbar, auf denen intelligente Agenten autonom die Beschaffungs- und Absatztransaktionen eines Unternehmens aushandeln und umsetzen.

Untersuchungsmethode

Die Konstruktion derartiger elektronischer Märkte ist eine interdisziplinäre Aufgabe, die Aspekte der Wirtschaftswissenschaften und der Informatik miteinander verbindet. Als Untersuchungsmethode wird ein Vorgehen gewählt, das analytische und experimentelle Elemente kombiniert. Zunächst erfolgt die Konstruktion von Verhandlungsmechanismen und Automatisierungskonzepten auf der Grundlage spieltheoretischer Instrumente. Dieses theoretische Vorgehen liefert formale, auf exakten Rationalitätsannahmen basierende Modelle, die anschließend in ein konkretes Multi-Agenten-System umgesetzt werden. Anhand dieses Softwaresystems wird dann eine empirische Untersuchung des Marktverhaltens vorgenommen, die aus Komplexitätsgründen nicht analytisch möglich ist. Das Softwaresystem dient zugleich als Machbarkeitsbeweis und ermöglicht die empirische Verifikation der erarbeiteten Konzepte. Die Grundkonzepte können vom Leser zusätzlich anhand des im Internet unter *www.ecortex.de/memba* erreichbaren Demonstrationsprototypen anschaulich nachvollzogen werden.

Gliederung

Im ersten Teil wird zunächst die gegenwärtige Praxis elektronischer Märkte hinsichtlich der zugrunde liegenden Basistechnologien, dem Ablauf einer Markttransaktion und der verschiedenen Anwendungsgebiete betrachtet. Ausgehend von diesem Überblick werden in Teil 2 die theoretischen Grundlagen für eine strukturierte, spieltheoretisch fundierte Konstruktion und Analyse elektronischer Märkte entwickelt. Das hier konstruierte Basismodell eines polypolistischen Marktes mit differenzierten Transaktionsbedürfnissen bildet anschließend in Teil 3 die Grundlage für eine vergleichende Bewertung bestehender Auktionsmechanismen. Aufbauend auf den bestehenden Verfahren wird mit der *kpi*-Auktion ein erweiterter Verhandlungsmechanismus entwickelt, der die Anforderungen des zuvor konstruierten Basismodells erfüllt. In Teil 4 wird dann die Automatisierung der Verhandlungen für verschiedene Typen wirtschaftlicher Akteure konzipiert. Für den Typ des Polypolisten wird beispielsweise ein Konzept entwickelt, das eine vollständige Automatisierung der Verhandlungen ermöglicht und analytisch beweisbar den maximalen erwarteten Gewinn erzielt. Die *kpi*-Auktion und die verschiedenen Automatisierungskonzepte werden in Teil 5 zunächst in eine objektorientierte Systemarchitektur und anschließend in ein konkretes Multi-Agenten-System umgesetzt. Anhand des hier entwickelten Softwaresystems *memba* werden in Teil 6 die Eigenschaften des Marktes untersucht. Die Fallstudien zeigen, dass das Verhalten des elektronischen Marktes der klassischen Markttheorie folgt. Am Endpunkt der Untersuchung liegt damit eine spieltheoretisch fundierte, empirisch anhand von Fallstudien verifizierte Theorie automatisierter Marktsysteme vor. Teil 7 beschließt die Arbeit mit einer Zusammenfassung und einem Ausblick.

Dank-sagungen

Der vorliegenden Arbeit liegt die 2001 vom Fachbereich Wirtschaftswissenschaften der Universität Hamburg angenommene Habilitationsschrift des Verfassers zugrunde. Mein Dank gilt allen, die mich bei der Durchführung des Forschungsprojektes und der Erstellung des Buches unterstützt haben. Dies sind insbesondere meine beiden akademischen Lehrer Herr Prof. Dr. Dieter B. Pressmar und Herr Prof. Dr. Manfred J. Holler, aber auch die zahlreichen Freunde, Kollegen und Diskussionspartner, die diese Arbeit mit vielfältigen Anregungen begleitet haben. Der Deutschen Forschungsgemeinschaft sei für die finanzielle Unterstützung im Rahmen eines Habilitandenstipendiums gedankt.

1. Elektronische Märkte – Formen und Aspekte

Elektronische Märkte haben in verschiedenen Anwendungsgebieten Bedeutung erlangt. Im Kontext des E-Commerce werden elektronische Märkte für den Handel unterschiedlichster Güter und Dienstleistungen eingesetzt. Daneben sind elektronische Märkte auch zur technischen Ressourcenallokation oder als innerbetriebliches Planungssystem einsetzbar. Ähnlich breit wie das Portfolio der Anwendungsgebiete elektronischer Märkte ist auch das Spektrum definitorischer Abgrenzungen des Begriffes selbst. Während in der Literatur zur Thematik des E-Commerce unterschiedlichste Systeme zum elektronisch gestützten Handel als elektronischer Markt bezeichnet werden, bildet aus ökonomischer Perspektive ausschließlich der Interessenausgleich zwischen Anbietern und Nachfragern einen Markt. Im Mittelpunkt dieser Arbeit stehen elektronische Märkte in der letztgenannten Abgrenzung.

Gliederung

Im Folgenden wird die gegenwärtige Praxis elektronischer Märkte aus verschiedenen Perspektiven betrachtet. Den Ausgangspunkt bilden einige grundsätzliche Vorüberlegungen zu den Abhängigkeiten zwischen technologischer Innovation und daraus resultierendem Marktwandel. Ausgehend von diesen Überlegungen werden dann in Abschnitt 1.2. die gegenwärtig im Kontext elektronischer Märkte maßgeblichen Basistechnologien, wie beispielsweise EDI und elektronische Zahlungssysteme, vorgestellt. In Abschnitt 1.3. wird vor dem Hintergrund dieser Basistechnologien der derzeit mögliche Automatisierungsgrad im Rahmen eines allgemeinen Transaktionsphasenmodells betrachtet. Der so umrissene Status-quo elektronischer Märkte wird anschließend in Abschnitt 1.4. für verschiedene Anwendungsgebiete diskutiert. Hierzu zählen nicht nur die Teilmärkte des E-Commerce, sondern beispielsweise auch Allokationsprobleme im Kontext der innerbetrieblichen Planung. Der letzte Abschnitt 1.5. bietet abschließend eine Zusammenfassung der Kernpunkte und definiert damit zugleich die der Arbeit zugrundeliegende Fragestellung.

1.1. Technologie und Marktwandel

Die Bedeutung technologischen Wandels in Hinblick auf ökonomische Strukturen ist keine neue Thematik. Die Auswirkungen einer frühen "elektrischen" Informationstechnologie des neunzehnten Jahrhunderts, des

Telegraphen, beschreiben Garbade und Silber (vgl. [Garb78]). Im Jahre 1846 wurde zwischen New York und Philadelphia eine der ersten Telegraphenverbindungen in Betrieb genommen. Das damals neue Kommunikationsmedium nahm umgehend Einfluss auf die Wertpapierbörsen beider Städte. Lagen die in beiden Städten notierten Börsenkurse zuvor relativ weit auseinander, so waren die Märkte nun einander näher gerückt und die Kursdifferenzen entsprechend kleiner. Dieser Vorgang wiederholte sich in ähnlicher Weise, als im Jahre 1866 die transatlantische Telegraphenverbindung zwischen London und New York in Betrieb genommen wurde. Beide Beispiele illustrieren die Auswirkungen neuer Informationstechnologien auf Märkte, quasi eine frühe Form des E-Commerce. Andere Beispiele für derartige Vorläufer des E-Commerce beschreibt [Illi99, S.28ff].

einfaches Schichtenmodell

Abstrahiert man von dem konkreten Szenario des Beispiels, so lassen sich drei aufeinander aufbauende Ebenen unterscheiden: die verfügbaren Basistechnologien, die Marktinstitution und die darauf tätigen ökonomischen Akteure mit ihren individuellen Transaktionsbedürfnissen (vgl. Abbildung 1.1.a).

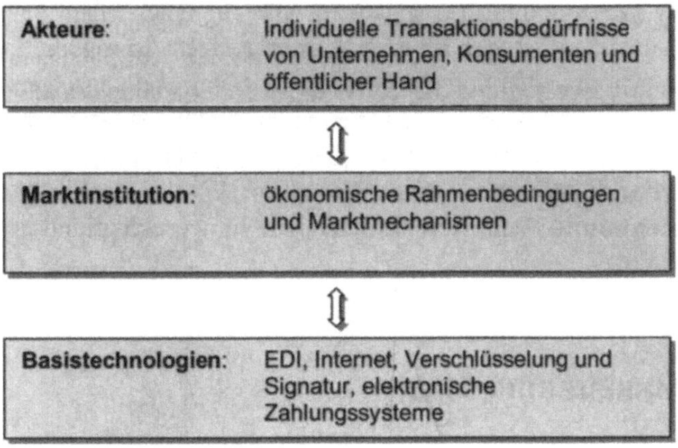

Abb. 1.1.a Schichtenmodell elektronischer Märkte

Der gegenwärtige Entwicklungsstand des E-Commerce zeigt ähnliche Strukturen wie das eingangs geschilderte Beispiel. Im einfachsten Fall werden die neuen Technologien dazu genutzt, bestehende Marktinstitutionen effizienter zu gestalten, ohne diese konzeptuell zu verändern. Ein konkretes Beispiel hierfür sind die im World Wide Web (WWW) weit verbreiteten elektronischen Produktkataloge (EPK), mit denen eine am Printmedium ausgerichtete Marktinstitution mit neuen Technologien fortgeschrieben wird. Der hier vorgenommene Technologieeinsatz führt in vielen Bereichen zu globalisierten Märkten und kann damit ebenfalls entsprechende Preiseffekte hervorrufen.

Entwicklungspotenziale

Die im Kontext des E-Commerce verfügbaren Technologien erlauben es darüber hinaus jedoch auch, bestehende Marktinstitutionen grundsätzlich zu verändern und neue Geschäftsmodelle hervorzubringen. Hierzu drei Beispiele:

- Auktionen im WWW ermöglichen durch geringe Transaktionskosten die Versteigerung geringwertiger Güter.
- Die bidirektionale Verbindung aller Internet-Teilnehmer beseitigt Asymmetrien und ermöglicht den direkten Handel von Gebrauchtwaren zwischen Konsumenten.
- Geringe Distributionskosten für Informationsgüter ermöglichen den Vertrieb kleiner Informationsprodukte wie beispielsweise einzelner Zeitschriftenartikel (vgl. [Hars99]).

Die genannten Beispiele illustrieren, dass die unter dem Begriff E-Commerce zusammengefassten Entwicklungen nicht nur zu quantitativen, sondern auch zu weitreichenden qualitativen Veränderungen bestehender Marktinstitutionen führen können. Insbesondere stellt sich vor dem Hintergrund neuer Basistechnologien die Frage nach dem einer Marktinstitution angemessenen Marktmechanismus neu. Die Angemessenheit eines Marktmechanismus bemisst sich an einer Kosten-Nutzen-Abwägung, in der sich die Transaktionskosten und die Effizienz des Verhandlungsergebnisses gegenüberstehen. Mit drastisch reduzierten Transaktionskosten werden komplexe Marktmechanismen, wie beispielsweise Auktionen, auf den Handel geringwertiger Güter anwendbar. Neben der Wahl zwischen bestehenden Marktmechanismen stellt sich damit auch die Frage nach grundsätzlich neuen Verfahren.

1.2. Basistechnologien

Dic Grundlage der derzeitigen Praxis elektronischer Märkte, insbesondere in den verschiedenen Bereichen des E-Commerce, bilden eine Reihe von Basistechnologien. Im Folgenden werden die hier wesentlichen Technologiebereiche Electronic Data Interchange, Internet, Identifikations- und Verschlüsselungssysteme, elektronische Zahlungssysteme und intelligente Agenten dargestellt. Ziel der Darstellung ist ein Überblick über den Statusquo, zu den einzelnen Technologien sind jeweils Verweise auf weiterführende Literatur angegeben.

1.2.1. Electronic Data Interchange

Electronic Data Interchange (EDI) bezeichnet den elektronischen Geschäftsverkehr zwischen Unternehmen, also den Austausch von Geschäftsdaten über ein elektronisches Medium.

Ziele

Grundlegendes Ziel von EDI ist es, die papierbasierte Kommunikation zwischen Unternehmen, beispielsweise in Form von Bestellaufträgen und Lieferscheinen, durch Umstellung auf die neue Technologie effizienter zu gestalten. Zu den wesentlichen Vorteilen gegenüber der konventionellen, papierbasierten Kommunikation zählen folgende Aspekte:

- höhere Geschwindigkeit durch Vermeidung des Postweges,
- keine Medienbrüche (falls beide Seiten DV-gestützt arbeiten) und
- keine doppelte Erfassung (geringere Aufwände, weniger Fehler).

EDI wird seit über 30 Jahren betrieben und ist damit die mit Abstand älteste Form des E-Commerce. Mit der DV-technischen Verbindung verschiedener Unternehmen und deren Systemen stellt sich die Frage nach der Standardisierung der ausgetauschten Datenformate. In der Anfangsphase von EDI entstanden hierzu eine Vielzahl proprietärer Lösungen zwischen einzelnen Unternehmen. Die Entwicklungskosten einer EDI-Anbindung waren vergleichsweise hoch, ihre Interoperabilität demgegenüber gering.

Standards

Aus dieser Problematik heraus haben sich zahlreiche Standards für den elektronischen Geschäftsverkehr entwickelt. Diese Standards beziehen sich zu einem großen Teil auf spezifische Wirtschaftsbereiche, wie beispielsweise die Nahrungsmittelindustrie, den Bankenbereich oder die Automobilindustrie. Seit 1980 wurden in den USA die dort vorherrschenden Standards durch das Accredited Standards Committee (ASC) zusammengefasst und als X12 Standard bezeichnet. Im Jahre 1987 wurde von der International Standards Organisation (ISO) der EDIFACT-Standard (EDI For Administration, Commerce and Trade) beschlossen.

Mit der Entwicklung von EDI sind zahlreiche Technologieanbieter entstanden, die neben reiner EDI-Software zusätzlich Netzwerkdienste zur Verfügung stellen. Beispiele derartiger Anbieter sind Harbinger, AT&T Easylink und IBM Global Network. Diese Value-Added-Networks (VANs) verfolgen im wesentlichen zwei Ziele. Erstens bieten sie dem einzelnen Unternehmen über eine einzige Verbindung den Zugang zu vielen anderen Unternehmen. Zweitens stellen sie für das einzelne Unternehmen transparente Transformationen zwischen unterschiedlichen Standards her.

Die Verbreitung von EDI ist derzeit aufgrund hoher Investitionskosten und begrenzter Interoperabilität noch immer auf spezielle Geschäftsfelder beschränkt (vgl. auch [Pres97] zur Praxis des elektronischen Datenaustausches). Lösungsansätze bieten hier Varianten, wie das im folgenden Abschnitt skizzierte WebEDI sowie neue Standardisierungskonzepte wie OpenEDI und UniversalEDI (vgl. [Merz99]).

1.2.2. Internet

Das Internet hat die Welt der Computer und Datenverarbeitung wie kaum eine andere Technologie verändert. Die Ursprünge des Internet finden sich bereits in theoretischen Arbeiten aus den Jahren 1961 und 1962, bis zu dem heutigen Internet war es allerdings noch ein weiter Weg (vgl. [Klei61; Lick62]). Einen Meilenstein bildet hierbei das im Jahre 1973 von der U.S. Defense Advanced Research Projects Agency (DARPA) initiierte Programm zur Erforschung paketvermittelnder Netzwerke. Im Rahmen dieses als "Internetting project" bezeichneten Programms wurde das für das heutige Internet grundlegende TCP/IP Protokoll entwickelt. Im Jahre 1983 wurde das Internet Activities Board (IAB) mit dem Zweck der Betreuung und Weiterentwicklung des TCP/IP-Protokolls gegründet. Einen umfangreichen Überblick zur Entwicklung des Internet bieten zahlreiche Artikel der Internet Society (vgl. [Isoc00]).

Erfolgsfaktoren

Grundlage für den Erfolg und die weltweite Verbreitung des Internet ist seine Offenheit bezüglich seiner Teilnehmer und Inhalte. Im Gegensatz zu beispielsweise den proprietären VANs im EDI Bereich kann am Internet quasi jeder Computer und jedes andere Netzwerk teilnehmen. Als gemeinsamer Standard fungiert hierbei das obengenannte TCP/IP-Protokoll. Das TCP/IP-Protokoll ist inhaltsneutral. Es beschreibt, wie Daten übertragen werden, nicht aber, um welche Daten es sich hierbei handelt. So ist es möglich, die Infrastruktur des Internet beispielsweise für EDI zu nutzen. Diese Variante des elektronischen Geschäftsverkehrs gewinnt derzeit unter dem Begriff WebEDI zunehmend an Bedeutung (vgl. [Palm96; Webb98; West99; West99b]).

Das exponentielle Wachstum des Internet lässt sich beispielsweise an der Zahl der Internet Hosts, d.h. der über das Internet erreichbaren Computer, festmachen. In Abbildung 1.2.2.a ist die Entwicklung im Zeitraum von 1991 bis 2000 dargestellt. Die verschiedenen Kurven repräsentieren unterschiedliche Zählmethoden, zeigen jedoch grundsätzlich denselben Verlauf.

Für den Erfolg des Internet sind neben seiner Offenheit eine Reihe auf dem TCP/IP-Standard aufbauender Protokolle maßgeblich, wie das File Transfer Protocol (FTP) oder das Simple Mail Transfer Protocol (SMTP). Von besonderer Bedeutung ist das auf dem HyperText Transfer Protokoll (HTTP) und der Hypertext Markup Language (HTML) basierende World Wide Web (WWW). Mit dem WWW ist ein multimediales Präsentations- und Kommunikationsnetzwerk entstanden, in dem sich die unterschiedlichsten Inhalte wiederfinden. Mit leicht handhabbaren Web-Browsern wie dem

Netscape Navigator oder dem Microsoft Explorer steht der Zugang den unterschiedlichsten Benutzergruppen offen. Das WWW ist entscheidend für die derzeitige Entwicklung des E-Commerce.

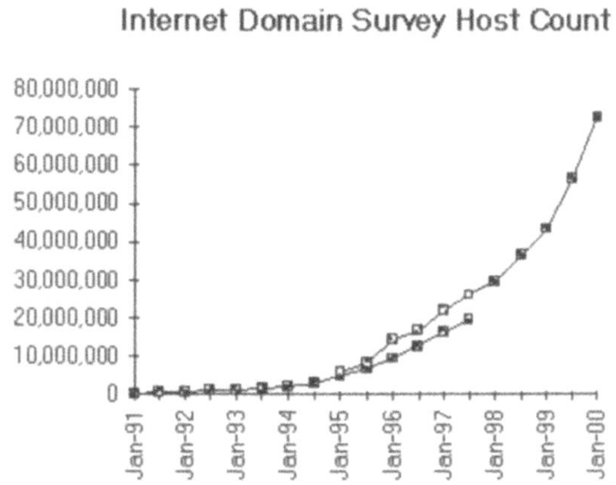

Abb. 1.2.2.a Entwicklung der Internet Hosts im Zeitraum 1991-2000
Quelle: [Isc00]

Aus unternehmerischer Perspektive bieten Internet und WWW außergewöhnliche Möglichkeiten (vgl. auch [Vers99]). Die große und beständig wachsende Zahl der Internetteilnehmer bietet einen umfangreichen Markt, in dem das Publizieren von Informationen und Angeboten quasi kostenlos ist. Diese Eigenschaft charakterisiert die derzeit häufigste kommerzielle Anwendung des WWW, den elektronischen Produktkatalog. Im Gegensatz zu anderen, unidirektionalen Massenmedien wie Fernsehen oder Printkatalogen, ermöglicht das Internet darüber hinaus die bidirektionale Kommunikation zwischen allen Teilnehmern. Damit ist es beispielsweise möglich, nicht nur Angebote zu publizieren, sondern auch im Gegenzug direkt Bestellungen entgegenzunehmen.

kommerzielle Bedeutung

1.2.3. Verschlüsselung und Signatur

Zentrales Ziel der Architekten des Internets war die flexible Verknüpfung unterschiedlicher Systeme und Teilnetze. Im Mittelpunkt dieser Bestrebungen stand in der Anfangsphase das Herstellen von Verbindungen, nicht der Schutz vor unautorisiertem Zugriff.

Mit der Kommerzialisierung des Internet stiegen die Sicherheitsbedürfnisse seiner Teilnehmer. Insbesondere die Offenheit des Netzes beinhaltet auch potenziellen Missbrauch. Proprietäre Netze, wie beispielsweise VANs im EDI-Bereich, sind demgegenüber weniger gefährdet, da hier ein klar

Anforderungen

definierter Nutzerkreis existiert. Die Sicherheitsbedürfnisse lassen sich in die drei folgenden Teilaspekte gliedern:

- Geheimhaltung,
- Authentizität und
- Integrität.

Geheimhaltung bedeutet, dass Informationen ausschließlich den beabsichtigten Empfängern zukommen, also von Dritten nicht eingesehen werden können. Authentizität ist gewährleistet, falls eine empfangene Nachricht mit Sicherheit von dem angegebenen Absender stammt. Integrität liegt vor, sofern der Inhalt der Nachricht nicht verändert wurde. Ein weiterer Teilaspekt ist oft die Verbindlichkeit der Kommunikation, die genau dann besteht, falls der Zugang der Nachricht beweisbar ist, also vom Empfänger nicht abgestritten werden kann. Die Verbindlichkeit kann durch eine Empfangsbestätigung realisiert werden, bei deren Übertragung wiederum die drei erstgenannten Teilaspekte von Bedeutung sind.

Grundkonzepte

Die Architektur des Internet macht es unmöglich, die zwischen zwei Teilnehmern ausgetauschten Dokumente vor dem Zugriff Dritter zu schützen. Die einzige Möglichkeit die drei obengenannten Ziele zu erreichen, besteht daher darin, sensible Daten verschlüsselt zu übertragen, also vor der Übertragung zu kodieren und nach Empfang zu dekodieren. Das Fachgebiet der Kryptologie hat hierzu, unabhängig von der Entwicklung des Internet, unterschiedliche Verfahren entwickelt (vgl. hierzu [Nech91; Schn96; Stal98]). *Secret-Key* Verfahren verwenden zur Kodierung und Dekodierung einen dem Sender und dem Empfänger gemeinsam bekannten Schlüssel. Dieses Vorgehen besitzt beispielsweise in der Form des one-time-pad eine äußerst hohe Sicherheit, erfordert jedoch, dass der gemeinsame Schlüssel geschützt zwischen den Kommunikationspartnern ausgetauscht wird. Das zugrunde liegende Sicherheitsproblem wird mit Secret-Key Verfahren von der Übertragung des Dokumentes auf die Übertragung des Schlüssels verlagert, jedoch nicht vollständig gelöst.

Public-Key Verfahren unterscheiden zwischen einem privaten und einem öffentlichen Teilschlüssel, wobei jeder Empfänger über ein derartiges Schlüsselpaar verfügt. Der private Teil verbleibt ausschließlich beim Empfänger, der öffentliche Teilschlüssel ist allgemein bekannt und kann unbeschränkt weitergegeben werden. Entscheidend ist, dass der private Schlüssel nicht aus dem öffentlichen Schlüssel ableitbar ist. Zur verschlüsselten Übertragung wird das betreffende Dokument vom Absender mit dem öffentlichen Schlüssel des Empfängers kodiert, die Dekodierung ist dann ausschließlich dem gewünschten Empfänger mit dessen privaten Schlüssel möglich. Public-Key Verfahren erfordern, dass eine gesicherte Zuordnung zwischen den öffentlichen Schlüsseln und den Identitäten ihrer Besitzer möglich ist. Verwendet ein Absender einen manipulierten öffentlichen

Schlüssel, so ist eventuell ein unautorisierter Teilnehmer anstelle des intendierten Empfängers in der Lage, das verschlüsselte Dokument zu entschlüsseln.

Authentizität und Integrität einer Nachricht können durch den Einsatz einer *digitalen Signatur* gesichert werden. Hierzu kann ebenfalls auf ein Public-Key Verfahren zurückgegriffen werden, wobei jedoch der private Schlüssel zur Verschlüsselung des zu signierenden Dokuments verwendet wird. Die Entschlüsselung ist jedem Besitzer des öffentlichen Schlüssels möglich, die Erzeugung des signierten Dokuments hingegen ausschließlich dem Inhaber des privaten Schlüssels. Dieses Signaturverfahren erfordert ebenfalls die Authentizität und Integrität des öffentlichen Schlüssels.

Das Sicherstellen von Authentizität und Integrität öffentlicher Schlüssel ist ein zentraler Sicherheitsaspekt im Rahmen von Verschlüsselung und Signatur. Zu diesem Zweck werden *Zertifikate* eingesetzt, in denen eine vertrauenswürdige Instanz (die Zertifizierungsstelle) die Zuordnung zwischen einem öffentlichen Schlüssel und der Identität seines Besitzers mit ihrer eigenen Signatur bestätigt. Die Zertifizierung erfolgt also anhand eines weiteren Schlüssels, womit ein- und mehrstufige Schlüsselhierarchien entstehen. Zum Aufbau einer derartigen Public-Key Infrastruktur zertifizierter Schlüssel existieren unterschiedliche Ansätze, wie beispielsweise dezentrale Vertrauensmodelle und zentrale Zertifizierungsinstanzen (vgl. auch [Nuss98, S.79ff.]).

Bewertung

In der Praxis existieren mittlerweile sowohl zur Verschlüsselung als auch zur Signatur leistungsfähige Verfahren, wie beispielsweise Pretty Good Privacy (PGP) (vgl. [Zimm97]), Secure Socket Layer (SSL) (vgl. [Nets00; Nets00b]) und IP Security (IPsec) (vgl. [Stal98; S.399ff.]). Insgesamt kann die Sicherheitsproblematik des Internet als prinzipiell gelöst bezeichnet werden, die Entwicklung eines einheitlichen Standards und die allgemeine Nutzung der Verfahren steht derzeit jedoch noch aus.

1.2.4. Elektronische Zahlungssysteme

Mit der Kommerzialisierung des Internet entsteht der Bedarf, Zahlungsvorgänge über dieses Medium abzuwickeln. Zahlungsströme in Form von Buchungsvorgängen erfordern keine physischen Transfers und sind damit prinzipiell über ein Kommunikationsmedium wie das Internet abbildbar.

Anforderungen

Im Mittelpunkt derartiger Systeme stehen insbesondere die folgenden vier Beurteilungskriterien:

- Sicherheit,
- Anonymität,
- Transaktionskosten und

- Transaktionsgeschwindigkeit.

Der Sicherheitsaspekt ist ein Anwendungsfall der zuvor diskutierten Verschlüsselungs- und Signaturverfahren. Ziel ist es, den Missbrauch des Zahlungssystems auszuschließen. Anonymität ist insbesondere bezüglich der Identität des zahlenden Transaktionspartners von Bedeutung. Transaktionskosten und -geschwindigkeit sind für die Effizienz des neuen Zahlungsmediums wesentliche Kriterien.

Grundkonzepte

In der Praxis existieren mittlerweile verschiedene Zahlungssysteme, die den obengenannten Kriterien in unterschiedlicher Weise gerecht werden (vgl. hierzu [Choi97, S.407ff.; Illi99, S.107ff.; Merz99, S.159ff.]). Die Verfahren lassen sich in die drei Kategorien elektronische Überweisungen, elektronische Kreditkarten und elektronisches Geld einteilen.

Bei *elektronischen Überweisungen*, beispielsweise im Rahmen des Homebanking, interagieren Zahlungsabsender und -empfänger nicht direkt miteinander, sondern über eine oder mehrere zwischengeschaltete Banken. In diese Kategorie fallen auch elektronische Schecksysteme wie beispielsweise NetCheque (vgl. [Neum93; Neum95]). Dieses Vorgehen besitzt eine hohe Sicherheit, typischerweise besteht jedoch keine Möglichkeit zu anonymen Transaktionen. Zudem fallen in der Regel Überweisungskosten in konventioneller Höhe an, sodass sich diese Verfahren nicht für geringe Überweisungsbeträge eignen.

Elektronische Kreditkarten bestehen im einfachsten Fall aus der Identifikationsnummer einer konventionellen Kreditkarte. Diese wird dem Zahlungsempfänger direkt übermittelt, der diese wiederum gegenüber dem betreffenden Kreditinstitut verwendet. Dieses Verfahren beinhaltet zahlreiche Sicherheitsrisiken, denen jedoch durch Mechanismen wie SET (Secure Electronic Transaction) begegnet werden kann (vgl. [Set00]). Ein wesentlicher Vorteil dieses Verfahrens besteht in dem Rückgriff auf das weit verbreitete Zahlungsinstrument Kreditkarte.

Elektronisches Geld ist das digitale Pendant zu konventionellen Münzen und Geldscheinen. Eine elektronische Währungseinheit wird von der Bank erzeugt und einem Teilnehmer übergeben. Dieser kann die Währungseinheit zum Bezahlen einsetzen, der Empfänger der Währungseinheit löst diese anschließend bei der Bank ein. Beispiele dieses Verfahrens sind Ecash (vgl. [Digi00]) und NetCash (vgl. [Medv93; Medv93b]). Vorteile elektronischen Geldes sind die Möglichkeit der Anonymität und die Eignung zum Micropayment. Micropayment bezeichnet die Zahlung sehr kleiner Beträge, wie dies im Internet beispielsweise im Zusammenhang mit dem Kauf einzelner Informationen auftritt. Abhängig von den Buchungszeitpunkten werden die Währungseinheiten als elektronische Münzen oder Coupons (z.B. das Millicent System der Digital Corporation) bezeichnet. Coupons werden bereits bei der Ausstellung bezahlt, Münzen erst bei ihrer Einlösung.

Zusammenfassend gilt für die elektronischen Zahlungssysteme ähnliches wie für die Verschlüsselungs- und Signaturverfahren. Die grundlegenden Fragestellungen sind gelöst, und es existieren in der Praxis einsatzfähige Systeme. Die Entwicklung eines einheitlichen Standards steht jedoch auch hier noch aus. Bewertung

1.2.5. Intelligente Agenten

Mit der weltweiten Vernetzung im Rahmen des Internet und WWW steigt die Menge der direkt verfügbaren Informationen und Interaktionsmöglichkeiten beständig an. Mit konventionellen Techniken lässt sich dieses Potenzial jedoch mit vertretbarem Aufwand nicht ausschöpfen. Daher ist eine wesentliche Fragestellung im Kontext des WWW, wie die hier entstehenden Aufgaben in sinnvoller Weise an Computer delegiert werden können.

Definition

Intelligente Agenten sind Programme, die beispielsweise Such- und Verhandlungsaufgaben im Internet wahrnehmen. Hierzu sei angemerkt, dass der Begriff des intelligenten Agenten in der Literatur in unterschiedlicher Weise definiert und verwendet wird. Einen Überblick über die Agententheorie bieten [Burk96; Jenn98; Bren98], zur Diskussion des Agentenbegriffs siehe auch [Fran96]. Charakteristische Eigenschaften eines intelligenten Agenten sind (vgl. [Bren98, S.25 ff.]):

- Zielorientiertheit,
- Lernfähigkeit,
- Autonomie,
- Mobilität,
- Kommunikation und Kooperation.

Das aus ökonomischer Perspektive grundlegende Ziel beim Einsatz intelligenter Agenten ist die Ersparnis durch Automatisierung, beispielsweise bezüglich zeitlicher oder monetärer Größen.

Ontologie-bedarf

Für eine automatisierte Verarbeitung der über das Internet verfügbaren Informationen ist grundsätzlich eine Standardisierung der zu verarbeitenden Inhalte erforderlich. Die zur graphischen Präsentation der Inhalte des WWW entworfene HTML-Sprache ist hierzu nur unzureichend geeignet. Eine wesentliche, derzeit unzureichend gelöste Aufgabe in der Organisation elektronischer Märkte ist die Definition gemeinsamer Standards zwischen allen Teilnehmern. Hierzu gehören eindeutige Begriffsdefinitionen der Vertragsinhalte, wie beispielsweise Produktbezeichnungen. Im B2B-Segment kann für derartige Ontologien teilweise auf bereits existierende Normungen im Rahmen von beispielsweise EDI, DIN, Universal Product Codes (UPC) und European Article Numbering (EAN) zurückgegriffen werden. Einige Aufsätze zur Ontologiethematik bietet [Onto00].

Ein aktueller Lösungsansatz besteht in der seitens des World Wide Web Consortium (W3C) initiierten Extensible Markup Language (XML), die im Gegensatz zu HTML anhand frei definierbarer Document Type Definitions (DTDs) die Strukturierung beliebiger Informationen zulässt (vgl. hierzu [Böhn99; Stef00; W3C01]). Ein derartiges Standardisierungsvorhaben ist das Information & Content Exchange (ICE) Protokoll (vgl. z.B. [Merz99, S.351ff.]). Andere Gremien, wie beispielsweise die Object Management Group (OMG), entwickeln ebenfalls Standards zu dieser Thematik. Für den durchgängigen, bruchfreien Ablauf elektronischer Transaktionen ist insbesondere eine alle Transaktionsphasen umfassende Regelung erforderlich. Ein derartiger Standardisierungsansatz im B2B-Segment ist Open Buying on the Internet (OBI) (vgl. [Obi00]).

Status quo

Der derzeit im Internet dominierende Einsatzbereich der Agententechnologie sind Suchmaschinen, die das WWW anhand von seitens des Benutzers vorgegebener Kriterien durchsuchen. Diese Suchmaschinen existieren mittlerweile in unterschiedlichen Ausprägungen und zu unterschiedlichen Themenkreisen, wie beispielsweise der Produkt- und Preissuche im Rahmen des E-Commerce (vgl. hierzu Abschnitt 1.3.2.2.). Suchmaschinen sind eine vergleichsweise einfache Anwendungsform der Agententechnologie, da sie keine Interaktion und Verhandlung zwischen Agenten beinhalten.

1.3. Elektronische Markttransaktionen

Die zentrale Aufgabe elektronischer Märkte ist das effiziente Umsetzen individueller Transaktionsbedürfnisse. Die zuvor dargestellten Basistechnologien dienen als Mittel zu diesem Zweck. Im Idealfall findet die elektronische Unterstützung bruchfrei vom Entstehen des Transaktionsbedürfnisses bis zu seiner Umsetzung statt.

Phasenmodell

Der Ablauf einer elektronischen Markttransaktion lässt sich in mehrere Phasen zerlegen. In der Literatur zu elektronischen Märkten finden sich hierzu zahlreiche, einander sehr ähnliche Modelle (vgl. beispielsweise [Beam96; Klei97; Lind98; Linc98; Gutt98]). In Abbildung 1.3.a ist der grundsätzliche Ablauf einer derartigen Markttransaktion skizziert.

Der Begriff des elektronischen Marktes wird in der Literatur zur Thematik E-Commerce sehr weit gefasst. In der Regel werden mit diesem Begriff Systeme bezeichnet, die mindestens eine der drei sich an die Erfassung des Transaktionsbedürfnisses anschließenden Transaktionsphasen unterstützen (vgl. [Schm93; Bieb99, S.74f.]). Aus ökonomischer Perspektive konstituiert demgegenüber lediglich die Verhandlungsphase den Markt, denn ausschließlich hier erfolgt die Koordination von Angebot und Nachfrage sowie der dazu notwendige Interessenausgleich.

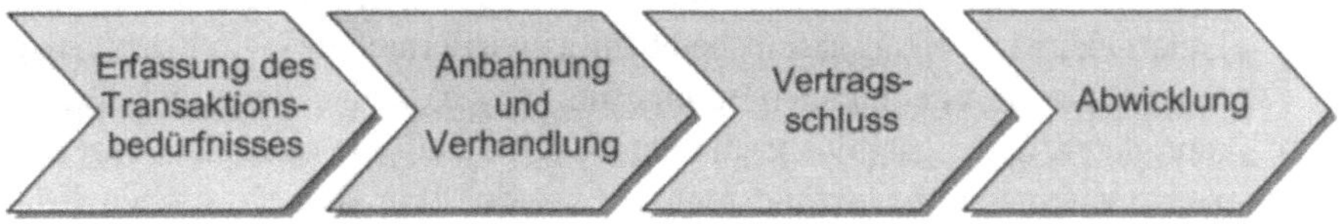

Abb. 1.3.a Transaktionsphasen

Im Folgenden werden die einzelnen Transaktionsphasen in Hinblick auf die Möglichkeiten einer Technologieunterstützung diskutiert.

1.3.1. Erfassung des Transaktionsbedürfnisses

Ausgangspunkt jeder Markttransaktion sind die individuellen Transaktionsbedürfnisse von Anbietern und Nachfragern. Um diese mit den Technologien des E-Commerce umzusetzen, ist zunächst eine Erfassung in geeigneter Form notwendig. Diese Phase ist der eigentlichen elektronischen Markttransaktion vorgelagert und daher in Abbildung 1.3.a gesondert dargestellt, aber im Hinblick auf durchgängige Automatisierung von besonderer Bedeutung.

Automatisierungspotenziale

Im Idealfall liegt das Transaktionsbedürfnis bereits bei seinem Entstehen in digitaler Form vor und kann bruchfrei weiterverarbeitet werden. Diese Situation ist beispielsweise gegeben, falls es durch ein DV-System, wie ein betriebliches Produktionsplanungs-System (PPS) oder Enterprise-Resource-Planning (ERP) System, generiert wird. Das B2B-Segment bietet hier große Automatisierungspotenziale, an deren Ende vollautomatische Beschaffungs- und Absatztransaktionen vorstellbar sind. In anderen Szenarien, wie beispielsweise bei Konsumwünschen, ist dies demgegenüber prinzipiell nicht der Fall. Hier muss das Transaktionsbedürfnis zunächst digital erfasst werden, um es anschließend automatisch weiterzuverarbeiten.

Für den Erfassungsaufwand eines einzelnen Transaktionsbedürfnisses sind verschiedene Aspekte relevant:

- Komplexität,
- Wiederholungsgrad und
- Spezifikationsmedium.

Transaktionsbedürfnisse können sich in ihrer Komplexität stark voneinander unterscheiden. Im einfachsten Fall betrifft ein Transaktionsbedürfnis genau ein exakt definiertes Gut, wie die Beschaffung eines standardisierten Vorproduktes. Die Komplexität des Transaktionsbedürfnisses nimmt zu, wenn beispielsweise verschiedene Qualitäten des Gutes zur Auswahl stehen. In diesem Fall müssen die Alternativen zusätzlich relativ zueinander bewertet werden, womit auch der zu leistende Erfassungsaufwand steigt. Treten identische Transaktionsbedürfnisse wiederholt auf, wie beispielsweise im Rahmen regelmäßiger Beschaffungsprozesse eines Unternehmens, so kann der Erfassungsaufwand durch Rückgriff auf eine einmalig vorgenommene Alternativenbewertung reduziert werden. Für den physischen Erfassungsprozess selbst ist darüber hinaus das Spezifikationsmedium maßgeblich. Liegt das Transaktionsbedürfnis in Papierform vor, so kann eventuell eine Automatisierung im Rahmen eines Scanprozesses erfolgen. Die im Konsumentenbereich vorliegenden Transaktionsbedürfnisse sind demgegenüber in der Regel "emotional" fundiert, womit ein derartiger Automatisierungsansatz ausscheidet.

1.3.2. Anbahnung und Verhandlung

Die Anbahnungs- und Verhandlungsphase beinhaltet alle Aktivitäten, die die Koordination von Angebot und Nachfrage betreffen. Sie umfasst damit die aus ökonomischer Perspektive relevanten Marktaktivitäten. Die vorhergehende Erfassung des Transaktionsbedürfnisses beinhaltet keine Interaktion zwischen Marktteilnehmern, die nachgelagerten Phasen dienen ausschließlich der Umsetzung der hier erzielten Verhandlungsergebnisse. Ziel der Verhandlung ist der Interessenausgleich zwischen den Marktteilnehmern, an dessen Ende ein unterschriftsreifer Vertrag steht, der von den Vertragsparteien in der anschließenden Phase Vertragsschluss unterzeichnet wird.

Konzepte

Die hier als Anbahnung und Verhandlung bezeichnete Transaktionsphase wird in der Literatur oft in die zwei aufeinanderfolgenden Phasen Information und Einigung untergliedert. Diese sequentielle Gliederung orientiert sich am Ablauf einfach strukturierter Verfahren wie beispielsweise dem elektronischen Produktkatalog, allerdings wird dieser Ansatz der Komplexität vieler Verhandlungsprobleme nicht gerecht. Einen leistungsfähigen Interessenausgleich kennzeichnet demgegenüber typischerweise das sukzessive Offenbaren und der strategische Austausch privater Informationen im Verlauf des Einigungsprozesses. Vor diesem Hintergrund wird in Teil 2 ein allgemeineres Modell entwickelt, das die drei parallelen Teilaufgaben Transaktionspartnerwahl, Kontraktoptimierung und Preisbildung unterscheidet.

In der Praxis des E-Commerce existieren verschiedene Ansätze, die Anbahnung und Verhandlung durch den Einsatz neuer Technologien effizienter zu gestalten. Die gegenwärtig vorhandenen Systeme lassen sich in die Kategorien elektronische Kataloge und Verzeichnisse, Suchmaschinen und Shopbots sowie elektronische Auktionen und Ausschreibungen einteilen.

1.3.2.1. Kataloge und Verzeichnisse

Anwendungsformen

Ein Großteil der gegenwärtigen E-Commerce Anwendungen besteht in elektronischen Katalogen und Verzeichnissen. Elektronische Kataloge und Verzeichnisse werden auf Basis unterschiedlicher Medien eingesetzt, hierbei sind insbesondere das Internet (vgl. [Palm97]), VANs im EDI-Bereich und die CD-ROM (vgl. [Koch97]) von Bedeutung. In ihrer Grundform sind diese Anwendungen lediglich die Fortschreibung konventioneller Printmedien mit neuen Technologien, wie beispielsweise des Katalogs eines Versandhändlers oder der gelben Seiten. Zu den Perspektiven elektronischer Produktkataloge siehe auch [Gosa97; Hand97].

Vorteile gegenüber konventionellen Katalogen

Wesentliche Vorteile des Mediums Internet sind für den Anbieter die geringen Distributionskosten und -zeiten (time-to-market) sowie die globale Präsenz seines Angebotes. Auf Nachfrageseite ist vor allem die erhöhte Markttransparenz vorteilhaft, die für die Angebotsseite jedoch mit dem Nachteil einer höheren Wettbewerbsintensität verbunden sein kann (vgl. hierzu auch [Will99]). Die geringen Distributionskosten in Verbindung mit der Bidirektionalität des Internet erlauben es darüber hinaus, sehr kundenindividuelle Informationen und Angebote bereitzustellen. Diese Individualisierung der Kundenbeziehungen im Sinne eines one-to-one marketing ist ein wesentliches Mittel, im steigenden Wettbewerb zu bestehen (vgl. [Lüdi97]). Die Variante des CD-ROM Katalogs weist die obengenannten Vorteile nur in eingeschränktem Umfang auf, und wird mit zunehmender Verbreitung des Internet voraussichtlich weiter an Bedeutung verlieren.

1.3.2.2. Suchmaschinen und Shopbots

Die mit dem Internet einhergehende, globale Verfügbarkeit von Informationen kann die Markttransparenz drastisch erhöhen. Dieser Transparenzgewinn wird jedoch nur soweit realisiert, wie es möglich ist, die hier zugängliche Informationsmenge auch zu verarbeiten. Zu diesem Zweck existieren Suchmaschinen, die das WWW anhand von Seiten des Benutzers vorgegebener Kriterien durchsuchen (vgl. [Jeus97; Teut97; Scho98]). Suchmaschinen sind die im WWW derzeit dominierende Anwendungsform intelligenter Agenten. Ihre Funktion ist mit der eines Maklers vergleichbar. Während konventionelle Makler jedoch nur in Bereichen eingesetzt werden, in denen relativ große Werte wie Immobilien gehandelt werden, eröffnen die geringen Einsatzkosten einer Suchmaschine auch andere Einsatzfelder. Insbesondere bei geringwertigen Waren, wie beispielsweise im Bereich der Konsumgüter, kann der Einsatz dieser Technologie zu erheblichen Veränderungen der Wettbewerbsintensität führen. Im Kontext des E-Commerce lassen sich Suchmaschinen zum Zweck der Produktsuche und der Preissuche einsetzen. Diese Suchmaschinen oder auch Shopbots setzen hierzu auf eigenen oder den im WWW zahlreich vorhandenen elektronischen Produktkatalogen auf.

Produktsuche

Die einfachste Form einer *Produktsuche* beschränkt sich auf einen einzelnen Katalog und wird oft bereits von den Anbietern elektronischer Produktkataloge zur Verfügung gestellt. Eine wesentliche Steigerung der Markttransparenz erfolgt, falls sich die Produktsuche über die Kataloge mehrerer Anbieter erstreckt. Ein Beispiel einer derartigen Suchmaschine ist der Jango/Excite Product Finder (vgl. [Jang00]). Der Benutzer kann hier das gesuchte Produkt anhand vorgegebener Kategorien spezifizieren, und erhält als Suchergebnis eine Liste alternativer Angebote. Die Alternativenbewertung und Auswahl eines Angebots verbleibt in diesem Szenario beim Anwender der Suchmaschine, letztere erhöht ausschließlich die Markttransparenz.

Preissuche

Die *Preissuche* erweitert die Produktsuche um eine Produktauswahl anhand des Angebotspreises. Die erste Suchmaschine, die eine derartige Funktionalität anbot, war der BargainFinder der Andersen Consulting. Ein weiteres Beispiel ist der an der Curtin University of Technology entwickelte BargainBot (vgl. [Bren98, S.310ff.] für weitere Beispiele). Während bereits die obengenannte Produktsuche die Wettbewerbsintensität in einem Markt stark erhöhen kann, impliziert der automatisierte und direkte Preisvergleich zwischen alternativen Anbietern einen Preiskampf. Als Reaktion auf derartige Wettbewerbsveränderungen sperrten ein Drittel der von BargainFinder betroffenen Anbieter ihre Produktkataloge für den Zugriff durch diese Suchmaschine (vgl. [Gutt98]).

Ontologieprobleme

Mit der Delegation einer Suchaufgabe an einen Agenten tritt ein zweiseitiges Ontologieproblem auf. Zum einen muss das Informationsbedürfnis in einer für den Agenten verständlichen Form definiert werden, zum anderen müssen die zu durchsuchenden Informationen in für den Agenten verwendbarer Form vorliegenden. Insbesondere letzteres Ontologieproblem begrenzt die agentenbasierte Suche in den elektronischen Produktkatalogen des WWW erheblich. Da für die in HTML formulierten Produktkataloge keine inhaltlichen Standards existieren, sind derzeit keine allgemeingültigen Suchverfahren für verschiedene Produktkataloge möglich. Der erreichbaren Markttransparenz sind damit, bezogen auf das theoretisch Mögliche, vergleichsweise enge Grenzen gesetzt (vgl. Abschnitt 1.2.5. zur Ontologiethematik).

1.3.2.3. Auktionen und Ausschreibungen

Auktionen sind eine Verhandlungsform, die aufgrund ihrer hohen Transaktionskosten traditionell nur bei hochwertigen Gütern wie Immobilien oder Wertpapieren eingesetzt wird. Dies gilt ebenfalls für Ausschreibungen, d.h. Auktionen, in denen ein Nachfrager einen Auftrag unter mehreren Anbietern versteigert. Elektronische Auktionen erfolgen prinzipiell nach denselben Regeln wie ihr konventionelles Pendant, als Kommunikationsmedium wird jedoch das Internet verwendet. Die Auktionsteilnehmer sind damit nicht, wie bei konventionellen Auktionen zumeist üblich, an einen gemeinsamen Raum gebunden, sondern können weltweit über einen Internet-Zugang an der Verhandlung teilnehmen. Das neue Kommunikationsmedium führt zu drastisch reduzierten Transaktionskosten und macht damit Auktionsverfahren auf den Handel geringwertiger Güter anwendbar. Es lässt zudem eine nahezu unbegrenzte Teilnehmerzahl zu und ermöglicht dem Einzelnen, an mehreren Auktionen simultan zu partizipieren. Zur Praxis derartiger Auktionen siehe beispielsweise [Turb97; Lee97; Heck98; Schm98; Klei00].

Nutzen-potenziale

Aus ökonomischer Perspektive sind Auktionen interessant, da mit jeder einzelnen Verhandlung eine endogene Preisbildung auf Wettbewerbsbasis verbunden ist. Diese Eigenschaft kann gegenüber den bei Katalogangeboten vorliegenden Festpreisen zu einer höheren Effizienz der Marktinstitution führen. Elektronische Auktionen sind damit ein Beispiel dafür, wie die durch Verwendung neuer Basistechnologien gesunkenen Transaktionskosten den Einsatz anderer, effizienterer Verhandlungsmechanismen ermöglichen.

Technologie

Technologisch sind die elektronischen Auktionen derzeit in der Regel im WWW angesiedelt. Typischerweise wird das zu ersteigernde Gut auf einer Webseite mit Bild und Beschreibung angeboten. Die Auktionsteilnehmer können bis zum Auktionsende Gebote abgeben, wobei zumeist das jeweils höchste Gebot angezeigt wird. Bei den im Rahmen einer Auktion übermittelten Geboten und Identitäten der Teilnehmer kann es sich um sensible Daten handeln, die durch entsprechende Verfahren geschützt werden müssen. Neben dem Internet in Kombination mit HTTP und HTML erhalten damit zusätzlich Verschlüsselungs- und Signaturmechanismen Bedeutung.

Einschränkungen

Die gegenwärtige Praxis elektronischer Auktionen ist hinsichtlich der abbildbaren Marktszenarien stark beschränkt. Drei wesentliche Einschränkungen sind im Folgenden kurz skizziert:

- reine Preisverhandlung,
- monopolistisches Szenario und
- geringe Automatisierung.

Erstens kann mit dem derzeit eingesetzten Verfahren der einfachen Auktion nur hinsichtlich des Preises verhandelt werden, während in der Praxis oft ein Interessenausgleich bezüglich weiterer Vertragsparameter wie dem Lieferzeitpunkt und der Produktqualität erforderlich ist. Zweitens sind einfache Auktionen in ihrer Anwendbarkeit auf monopolistische Szenarien, also Szenarien mit genau einem Anbieter und vielen Nachfragern (bzw. genau einem Nachfrager und vielen Anbietern) beschränkt. Polypolistische Szenarien können mit einfachen Auktionen nicht adäquat abgebildet werden. Werden beispielsweise mehrere einfache Auktionen simultan durchgeführt, so besteht für einen einzelnen Akteur keine Möglichkeit, an mehr als einer Auktionen teilzunehmen und dabei sicherzustellen, nur maximal eine Transaktion durchzuführen. Drittens ist der derzeit erreichte Automatisierungsgrad gering. Es wird das Internet als Kommunikationsmedium genutzt, die Auktionsteilnehmer sind jedoch weiterhin Menschen, die ihre Gebote über einen Web-Client abgeben. Eine weitergehende Automatisierung, in der die eigentliche Verhandlung an einen intelligenten Agenten delegiert wird, findet in der Regel nicht statt. Eine ausführliche Diskussion der Auktionsmechanismen erfolgt in Teil 3.

1.3.3. Vertragsschluss

Mit dem Abschluss der Verhandlungsphase liegt ein Vertrag vor, der von den Transaktionspartnern unterzeichnet und anschließend umgesetzt werden muss. Unter dem Ziel effizienter, bruchloser Transaktionsphasen ist es zweckmäßig, auch den Vertragsschluss elektronisch durchzuführen. Der elektronische Vertragsschluss beinhaltet sowohl Aspekte der Daten- als auch der Rechtssicherheit.

Datenschutz und Datensicherheit des Vertragsschlusses sind Anwendungsfälle der in Abschnitt 1.2.3. diskutierten Verschlüsselungs- und Signaturmechanismen. Aus technischer Perspektive existieren hierzu seit längerem hinreichende Lösungen. Für die Zuverlässigkeit ist zudem ein gesicherter organisatorischer Rahmen erforderlich.

Signaturgesetz

Die Rechtssicherheit bezeichnet den juristischen Aspekt eines elektronischen Vertragsschlusses (vgl. hierzu auch [Bert00; Lamb00]). Im Rahmen des Informations- und Kommunikationsdienste-Gesetzes (IuKDG) vom 1. August 1997 trat in Deutschland auch das darin enthaltenen Signaturgesetz (SigG, Art. 3 IuKDG) in Kraft. Zusammen mit der am 8. Oktober 1997 von der Bundesregierung beschlossenen Signaturverordnung (SigV) besteht damit auf nationaler Ebene die Grundlage rechtsverbindlicher, elektronischer Unterschriften (vgl. [Bund97; Bund97b]).

Das Signaturgesetz fordert explizit die Verwendung eines Public-Key Verfahrens und beschreibt die erforderliche Sicherheitsinfrastruktur in Form von Zertifizierungsstellen. Es lässt hingegen Raum für unterschiedliche technische Umsetzungen dieser Anforderungen. Die technischen Verfahren zu Signaturerzeugung und -prüfung müssen hierbei nach dem europäischen Normensystem ITSEC (Information Technology Security Evaluation Criteria) zertifiziert sein.

1.3.4. Abwicklung

Die letzte Transaktionsphase beinhaltet das Umsetzen des Vertrages, also den Transfer von Geld und Gütern, sowie den Austausch von Dienstleistungen zwischen den Transaktionspartnern. Für monetäre Transfers stehen in der Praxis mittlerweile eine Reihe verschiedener elektronischer Zahlungssysteme zur Verfügung (vgl. Abschnitt 1.2.4.). Die Automatisierung des gesamten Abrechnungsvorganges beinhaltet neben der eigentlichen Zahlung auch den Austausch von Dokumenten wie beispielsweise Rechnungen. Derartige Systeme werden als E-Billing bezeichnet (vgl. [Eick99]). Andere Transfers, also der Austausch von Waren und Dienstleistungen, können demgegenüber nur teilweise über elektronische Medien vorgenommen werden.

Transaktionskosten und Globalisierung

Die Möglichkeit, eine Ware oder Dienstleistung über elektronische Medien zu transferieren, ist entscheidend für die Globalisierung der betreffenden Märkte. Entstehen bei der Abwicklung des Vertrages in großem Umfang entfernungsabhängige Transaktionskosten, wie beispielsweise bei einer Stahllieferung, so sind der Globalisierung entsprechende Grenzen gesetzt. Der Entfernungsbegriff beschreibt hierbei exemplarisch einen vieler Faktoren, die die konkreten Transaktionskosten bestimmen. Andere physische Güter, wie gedruckte Bücher, Compact Discs (CDs) und Videokassetten, verursachen geringere Transportkosten und lassen eine weitergehende Marktglobalisierung erwarten.

digitale Güter

Einen besonders interessanten Bereich bilden digitale Waren und Dienstleistungen. Diese Güter besitzen keine physische Ausprägung und sind damit weltweit digital über das Internet austauschbar. Die Abgrenzung zwischen Ware und Dienstleistung ist aufgrund der immateriellen Natur dieser Güter oft fließend. Ein Merkmal digitaler Dienstleistungen ist, dass eine Verarbeitung von seitens des Kunden gelieferten Informationen stattfindet. Digitale Güter sind demgegenüber in ihrem Inhalt vordefiniert (vgl. [Bieb99], S.72). Digitale Waren können beispielsweise

- Computerprogramme,
- Zeitschriftenartikel und ganze Bücher,
- Versicherungsverträge,
- Musik,
- Videos und Pay-TV

sein. Diese Inhalte sind traditionell an physische Medien, wie die obengenannten CDs gebunden, können jedoch alternativ digital transportiert werden. Mögliche digitale Dienstleistungen sind

- Auskünfte und Beratungen,
- Unterricht,

- Buchungen (Hotel, Reise, etc.),
- Finanzdienstleistungen (z.B. Aktienhandel über Depot),
- Telekommunikation (Telefon, etc.) und
- allgemeine Informationserstellung und -verarbeitung (z.B. Übersetzen eines Textes, Erstellen einer Steuererklärung).

Choi, Stahl und Whinston schlagen eine Unterscheidung in *gelieferte* und *interaktive Produkte* vor (vgl. [Choi97, S.76]). Gelieferte Produkte werden einmalig vom Verkäufer zum Käufer transportiert, interaktive Produkte beinhalten demgegenüber eine umfangreichere Interaktion zwischen den Transaktionspartnern.

Da digitale Waren und Dienstleistungen als Vertragsbestandteil einen Wert besitzen, sind bei ihrem Austausch in der Regel Sicherungsmaßnahmen erforderlich. Hierzu können die in Abschnitt 1.2.3 dargestellten Verschlüsselungsmechanismen eingesetzt werden. Im Bereich der Computerprogramme ist es üblich, nicht das gesamte Produkt, sondern lediglich eine kleine, zum Betrieb notwendige Teilinformation (beispielsweise ein Passwort) verschlüsselt zu übertragen.

1.4. Anwendungsgebiete

Elektronische Märkte sind in vielen verschiedenen Wirtschaftsbereichen und Anwendungsszenarien einsetzbar. Hierzu zählen neben den verschiedenen Segmenten des E-Commerce auch innerbetriebliche und technische Allokationsprobleme. Ein grundlegendes und verbreitetes Gliederungskriterium im Kontext des E-Commerce bilden die an verschiedenen Marktsegmenten beteiligten Akteure. Hierbei werden Unternehmen, Konsumenten und staatliche Institutionen unterschieden. In Anlehnung an die englischen Begriffe Business (B), Consumer (C) und Government (G) wird so zwischen den Segmenten B2B, B2C, usw. differenziert. Abbildung 1.4.a stellt diese Gliederung in graphischer Form dar.

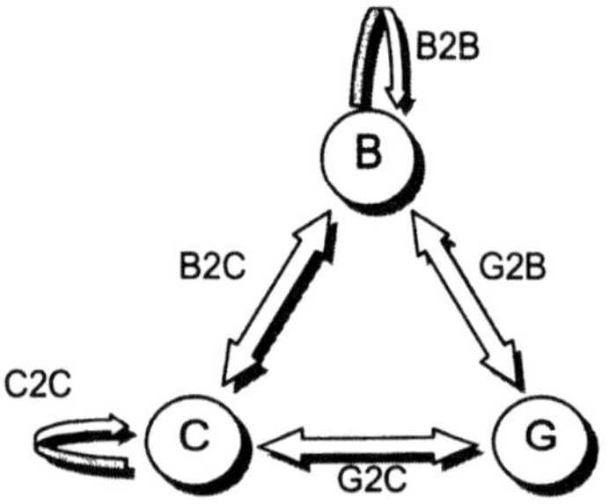

Abb. 1.4.a Marktsegmente des E-Commerce

Gliederung

Im Folgenden werden das B2B-, das B2C- und das C2C-Segment des E-Commerce sowie die innerbetriebliche und technische Ressourcenallokation als Anwendungsgebiete elektronischer Märkte betrachtet. Auf den Staat als Akteur des E-Commerce wird an dieser Stelle nicht gesondert eingegangen. Im G2B-Segment lässt sich der Staat weitgehend als ein spezielles Unternehmen interpretieren, die Segmente G2B und B2B weisen damit große Ähnlichkeiten auf (zur Praxis des G2B-Segments vgl. [Pros99]). Das in der Grafik ebenfalls abgebildete G2C-Segment besitzt derzeit wenig Bedeutung. Auch hier sind jedoch Systeme vorstellbar, über die Konsumenten die Angebote verschiedener Behörden per Internet in Anspruch nehmen können.

Die im vorangegangenen Abschnitt dargestellten Transaktionsphasen nehmen in Abhängigkeit des Anwendungsgebietes unterschiedliche Ausprägungen an. Die nachfolgende Darstellung erfolgt mit dem Ziel, einen Überblick über die Geschäftsmodelle innerhalb verschiedener Anwendungsgebiete zu liefern. Hierbei stehen insbesondere die Möglichkeiten und Grenzen automatisierter Verhandlungen im Mittelpunkt.

1.4.1. Business to Business

Das B2B-Segment bildet den hinsichtlich des Marktvolumens mit Abstand bedeutendsten Teil des E-Commerce (vgl. [Forr97]). Die Erwartungen der Unternehmen zeigen sich insbesondere an den hier vorgenommenen IT-Investitionen. Bereits im Jahre 1997 entfielen 54% des gesamten IT-Investitionsvolumens von $121 Millionen auf das B2B-Segment. Forrester Research prognostiziert, dass dieser Anteil im Jahre 2002 auf 80% des Gesamtvolumens von $3.7 Milliarden ansteigen wird (vgl. [Forr98]).

Im Folgenden werden zwei Bereiche des B2B Segmentes unterschieden. Zum einen sind dies die Außenbeziehungen zwischen Unternehmen in der Form von Beschaffung und Absatz, zum anderen sind dies Finanzmärkte. Anzumerken ist, dass der letztgenannte Bereich in der Literatur zumeist nicht dem E-Commerce zugerechnet wird, auch die obengenannten Zahlen lassen Finanzmärkte unberücksichtigt. Obwohl die im Börsenbereich eingesetzten elektronischen Handelssysteme weitestgehend unabhängig vom Internet und dessen Entwicklung sind, bieten Finanzschauplätze wie die Deutsche Terminbörse (DTB) ein weiteres Anwendungsgebiet elektronischer Märkte, auf denen mittlerweile in großem Umfang moderne Informationstechnologien eingesetzt werden.

1.4.1.1. Beschaffung und Absatz

Die Funktionsbereiche Beschaffung und Absatz bilden die Schnittstellen des Unternehmens zu den in der Wertschöpfungskette angrenzenden Geschäftspartnern. Der elektronische Geschäftsverkehr (EDI), also der Übergang von papierbasierten zu elektronischen Informationsflüssen zwischen Unternehmen, ermöglicht hier Kosten- und Zeitvorteile (vgl. Abschnitt 1.2.1). Insbesondere die Kopplung von EDI mit innerbetrieblichen Informationssystemen kann weitgehende Automatisierungen im Rahmen einer Supply-Chain Integration ermöglichen. So können beispielsweise anhand eines Enterprise Resource Planning (ERP) Bedarfe ermittelt und via EDI in Bestellungen umgesetzt werden. Derartige, integrierte Systeme sind auch für den MRO-Bereich (Maintenance, Repair, Organization), also für Güter, die nicht direkt in den Produktionsprozess eingehen, zweckmäßig.

Viele Unternehmensbeziehungen besitzen traditionell eine hierarchische Struktur, in der die Unternehmen durch den Abschluss von Rahmenverträgen in langfristigen Beziehungen zueinander stehen. Diese Struktur reduziert einerseits Transaktionskosten, impliziert jedoch auch eine geringe Flexibilität und wenig Wettbewerb. Der oben skizzierte Technologieeinsatz ermöglicht hier effizientere Transaktionen, lässt das zugrunde liegende Geschäftsmodell jedoch weitgehend unverändert.

markt-orientiertes Supply Chain Management

Elektronische Märkte im engeren Sinne entstehen erst dann, wenn diese hierarchischen Beziehungen aufgebrochen und durch marktbasierte Verhandlungen ersetzt werden. Neue Technologien bieten das Potenzial, die Transaktionskosten einer marktbasierten Interaktion zu senken und damit hierarchische Strukturen dort aufzubrechen, wo diese traditionell aus Kostengründen eingesetzt werden. Die Perspektive besteht hier darin, die Automatisierung einer weitgehenden Supply-Chain Integration mit der Effizienz und Flexibilität eines Marktes zu verbinden. Ausführlichere Darstellungen zur Thematik des Supply-Chain Management im Kontext des E-Commerce finden sich beispielsweise in [Lear00; Yang00; Tan00].

Beschaffung und Absatz im B2B-Segment bieten sich für weitgehende Automatisierungen besonders an, da die Transaktionsbedürfnisse der Unternehmen im Gegensatz zum Konsumenten oft bereits bei ihrem Entstehen in digitaler Form vorliegen. Zudem besteht hier die Möglichkeit, die Bewertung alternativer Produktvarianten analytisch aus der Produktionsfunktion des Unternehmens herzuleiten. Im einfachsten Fall besteht ein derartiger Markt in verschiedenen elektronischen Katalogangeboten, aus denen seitens der Nachfrager ausgewählt wird (vgl. z.B. [Baro00]). Dieses Szenario bildet derzeit noch das dominierende Geschäftsmodell im B2B-Segment, besitzt aber abnehmende Bedeutung (vgl. [Forr97]). Die Relevanz von Auktionen und Ausschreibungen, also nachfragerseitig initiierten Auktionen, nimmt demgegenüber zu. Diese Entwicklung zeigt die wachsende Bedeutung komplexer Verhandlungsmechanismen vor dem Hintergrund sinkender Transaktionskosten.

derzeitige Praxis

In der Praxis haben sich mittlerweile zahlreiche elektronischer Märkte etabliert. Eine frühzeitige Initiative wurde von General Electric (GE) im Jahre 1995 unternommen. GE hat das elektronische Beschaffungssystem TPN aufgebaut, über das via Internet weltweit Ausschreibungen durchgeführt werden (vgl. [Tpn00]). Das Unternehmen konnte anhand dieses Systems seine Beschaffungszeiten halbieren, die Beschaffungskosten um durchschnittlich 30 Prozent reduzieren und aufgrund des höheren Wettbewerbs zwischen den Lieferanten zu geringeren Preisen einkaufen (vgl. [Fabr97]). Seitdem wurde TPN zu einer Dienstleistung weiterentwickelt, die GE sowohl Anbietern als auch Nachfragern zu Verfügung stellt. Dieses Konzept, in dem eine dritte Partei einen Marktplatz betreibt, liegt auch vielen anderen Anbietern, wie beispielsweise Ariba (vgl [Arib00]) und Commerce One (vgl. [Comm00]) zugrunde. Weitere Beispiele werden in [Kerr98; Sege99] dargestellt.

Bewertung

Insgesamt sind die derzeit im B2B-Segment vorhandenen elektronischen Märkte auf einfach strukturierte Verhandlungen und einen geringen Automatisierungsgrad beschränkt. Ein interaktives Aushandeln von Transaktionen findet ausschließlich in der Form einfacher Auktionen statt, hier gelten jedoch die in Abschnitt 1.3.2.3. genannten Einschränkungen. Insbesondere das Aufbrechen hierarchischer Beziehungen erfordert polypolistische Märkte, die mit einfachen Auktionen jedoch nicht realisierbar sind. Die Weiterentwicklung hin zu leistungsfähigeren Verhandlungsmechanismen und einer höheren Automatisierung kann eine engere und gleichzeitig flexiblere Supply-Chain Integration ermöglichen. Am Endpunkt einer derartigen Entwicklung sind Szenarien vorstellbar, in denen Unternehmen ihre Beschaffungs- und Absatztransaktionen miteinander bruchlos und vollautomatisch über einen elektronischen Markt durchführen.

1.4.1.2. Finanzmärkte

Neben den vorstehend beschriebenen Beschaffungs- und Absatzmärkten bilden Finanzmärkte ein weiteres Anwendungsgebiet elektronischer Märkte, das hinsichtlich seiner Akteure dem B2B-Segment zuzuordnen ist. Die Diskussion der Finanzmärkte erfolgt in der Literatur weitgehend unabhängig von der Thematik des E-Commerce. Finanzmärkte wie der New York Stock Exchange (NYSE) oder die Deutsche Terminbörse (DTB) sind hochorganisierte Institutionen, die sich in vielen Aspekten von den zuvor betrachteten Anwendungsgebieten unterscheiden. Im Gegensatz zu den verteilten Szenarien des E-Commerce sind Wertpapierbörsen in der Regel monolithische, in sich geschlossene Systeme. Die Entwicklung der hier eingesetzten Handelssysteme ist daher bisher weitgehend unabhängig von den für den E-

Commerce grundlegenden Basistechnologien wie dem Internet und den elektronischen Zahlungsmechanismen erfolgt. Mit zunehmender Bedeutung der direkten Anbindung von Endkunden im Kontext von Online-Brokerage können sich jedoch auch hier Veränderungen ergeben.

Aus der Perspektive elektronischer Märkte ist der Börsenbereich interessant, da hier bereits lange vor der Entwicklung moderner Kommunikationstechnologien leistungsfähige Verhandlungsmechanismen wie die Gesamtkursermittlung, kontinuierliche doppelte Auktionen und das Maker-Maker System eingesetzt wurden. Einen Überblick und Vergleich dieser Konzepte bietet beispielsweise [Thei98]. Die Einsatzbedingungen für derartige Verhandlungsmechanismen sind auf Finanzmärkten aus mehreren Gründen ideal. Die Handelsobjekte sind vollständig homogene Güter, womit der Interessenausgleich zwischen Anbietern und Nachfrager lediglich eine Preisbildung erfordert. Die Abgeschlossenheit der Marktinstitution erlaubt die Definition und Umsetzung exakter Regeln und begrenzt damit das Ontologieproblem. Die hohen Umsätze machen schließlich den Einsatz aufwendiger, mit hohen Transaktionskosten verbundener Verhandlungsmechanismen ökonomisch sinnvoll. Insbesondere die hohen Transaktionskosten sind maßgeblich dafür verantwortlich, dass sich die hier eingesetzten Verhandlungsmechanismen bislang nicht in anderen Bereichen wie Beschaffung und Absatz etablieren konnten.

Technologieeinsatz

Mit der Entwicklung neuer Technologien werden die bestehenden Börsenmärkte zunehmend automatisiert oder alternativ durch neue ersetzt. Einen Überblick über die Automatisierung des Börsenhandels bietet [Domo93]. Zu diesen Automatisierungen zählen elektronische Systeme zur Informationsverteilung, Auftragsweiterleitung, Auftragsdurchführung und der operativen Unterstützung einzelner Börsenmechanismen wie der rechenaufwendigen Gesamtkursermittlung. Insbesondere die Verbindung derartiger Teilsysteme hat die Handelsgeschwindigkeit und -umsätze an vielen Börsen wesentlich erhöht (vgl. hierzu [Pico95]). Forschungsarbeiten zu dieser Thematik bieten [Lohm98; Gomb98; Wein99; Gomb99; Budi99]. Der Kernaspekt der Verhandlungen, der Interessenausgleich zwischen Anbietern und Nachfragern in Form einer Preisbildung ist demgegenüber nur in sehr geringem Maße automatisiert. Zwar werden die Händler weitgehend elektronisch unterstützt, die das Marktgeschehen bestimmenden Entscheidungen verbleiben jedoch in ihrer Hand.

Bewertung

Die Automatisierung des Wertpapierhandels ist mit besonderen Schwierigkeiten verbunden. Im Gegensatz zu vielen anderen Märkten sind die Transaktionsbedürfnisse im Finanzbereich oft nicht exogen determiniert, sondern rein endogener, spekulativer Natur und damit maßgeblich durch das Marktgeschehen selbst und die individuellen Kurserwartungen bestimmt. Das Marktgeschehen lässt sich hier als ein Kreislauf interpretieren, in dem Transaktionen den Markt verändern und damit neue Transaktionsbedürfnisse auslösen. Zusätzliche Dynamik entsteht durch den Umstand, dass dieser

Kreislauf keine physischen Produktionsschritte als retardierendes Element beinhaltet. Eine vollständige Automatisierung des Wertpapierhandels, die eine automatisierte Erwartungsbildung seitens der Akteure einschließt, ist daher wahrscheinlich auch längerfristig nicht realisierbar. Die Börsenmärkte besitzen in Teilaspekten Leitbildcharakter für die Konstruktion effizienter elektronischer Märkte. Sie weisen jedoch auch Einschränkungen auf, wie beispielsweise die Beschränkung auf reine Preisverhandlungen, die ihre Anwendbarkeit auf andere Szenarien begrenzen.

1.4.2. Business to Consumer

Das B2C-Segment bezeichnet den elektronischen Handel zwischen Unternehmen und Konsumenten, und hat nach dem B2B-Segment derzeit das zweitgrößte Marktvolumen innerhalb des E-Commerce.

derzeitige Praxis

In der derzeitigen Praxis derartiger Märkte werden elektronische Produktkataloge, darauf aufbauende Suchmaschinen sowie einfache Auktionen eingesetzt (vgl. Abschnitt 1.3.2.). Das Geschäftsmodell des elektronischen Produktkataloges entspricht weitgehend dem klassischen Versandhandel. Zusätzlich zur Fortschreibung des konventionellen Printkataloges auf das neue Medium bieten die hier eingesetzten Systeme in der Regel weitere Funktionen, wie einen elektronischen Warenkorb, eine integrierte Bestellfunktion und die Anbindung eines elektronischen Zahlungssystems (vgl. auch [Lian00] und Abschnitt 1.3.2.1.). Ein Beispiel hierfür ist der amerikanische Buchversender Amazon, der zusätzliche Such- und Beratungsfunktionen in seinen interaktiven Katalog integriert hat (vgl. [Amaz00]).

Für standardisierte, homogene Güter wie Bücher und CDs existieren, aufbauend auf diesen Produktkatalogen, eine Vielzahl anbieterübergreifender Suchmaschinen. Inhomogene Güter wie Textilien sind für eine derartige Suche demgegenüber weniger geeignet, hier tritt die in Abschnitt 1.2.5. angesprochene Ontologieproblematik auf. Textilien werden typischerweise anhand graphischer Abbildungen vermarktet, sodass der Entwurf anbieterübergreifender Beschreibungsstandards mit Schwierigkeiten verbunden ist. Mit der Existenz von Produktvarianten entsteht zudem das Problem, dass der Nutzer eines Suchdienstes seine Präferenzen bezüglich der Varianten spezifizieren muss (vgl. Abschnitt 1.3.1). In der Praxis existieren beispielsweise Systeme wie PersonaLogic, die die Präferenzen des Nutzers interaktiv anhand von Fragen ableiten (vgl. [Pers00; Gutt98]). Der Ansatz des Collaborative Filtering basiert demgegenüber darauf, Empfehlungen aus der Korrelation von Konsumentenprofilen abzuleiten (vgl. [Mert99, S.32]).

weitere Entwicklung

Für eine weitere Flexibilisierung und Individualisierung der Beziehungen zwischen Unternehmen und Konsumenten bieten sich verschiedene Aspekte an. Auktionen bieten die Möglichkeit, die in elektronischen Produktkatalogen fest vorgegebenen Preise zu flexibilisieren. Ein derartiger Auktionsanbieter im B2C-Segment ist Onsale (vgl. [Onsa00]). Das Konzept der Mass Customization besteht demgegenüber darin, das Produktangebot selbst zu individualisieren. Die Grundidee ist, einem großen Nachfragerkreis anstelle vorgefertigter Waren die Produktion individualisierter Güter anzubieten (vgl. [Fulk00], siehe auch [Pill99]). Der einzelne Nachfrager kauft hier ein speziell auf seine Bedürfnisse zugeschnittenes Gut, das erst im Anschluss an seine Bestellung gefertigt wird. Als spezielles Szenario diskutieren beispielsweise [Joji00] die Möglichkeit eines individualisierten Textilangebotes. Eine derartige Mass Customization kann als Weiterentwicklung eines Mass Marketing verstanden werden, das wenige standardisierte Güter an einen großen Nachfragerkreis vermarktet. Derartige Szenarien werden im E-Commerce insbesondere durch eine leistungsfähige Supply-Chain Integration erreichbar.

Bewertung

Der Einsatz neuer Technologien im B2C-Segment hat das Potenzial, die auf traditionellen Konsumentenmärkten vorliegenden Geschäftsmodelle und Wettbewerbsverhältnisse grundsätzlich zu verändern. Die konventionellen Asymmetrien zwischen Anbietern und Nachfragern sind maßgeblich durch hohe Transaktionskosten und geringe Markttransparenz begründet. Bereits der Einsatz einer Suchmaschine zur Preissuche bildet implizit eine Ausschreibung seitens eines Konsumenten, die alternative Unternehmen einem direkten Preiswettbewerb aussetzt. Führt man diesen Gedanken weiter, so kann ein einzelner Konsument eine Auktion veranstalteten, in der Unternehmen miteinander um den Absatz eines einzelnen Artikels konkurrieren. Am Ende dieser Überlegung sind polypolistische Märkte vorstellbar, auf denen Unternehmen und Konsumenten interaktiv Preise und weitere Vertragsbedingungen (insbesondere im Rahmen der breiten Produktdifferenzierung einer Mass Customization) miteinander aushandeln. Mit konventionellen Technologien sind derartige Szenarien unmöglich, da die Transaktionskosten den zu erwartenden Gewinn bei weitem übersteigen. Die neuen Technologien können hier zur Emanzipation des Konsumenten beitragen und neue Geschäftsmodelle hervorbringen. Derartige Szenarien sind mit den derzeit vorhandenen elektronischen Märkten jedoch erst ansatzweise realisierbar.

1.4.3. Consumer to Consumer

Im C2C-Segment treten Konsumenten sowohl als Anbieter als auch als Nachfrager auf. Das Geschäftsmodell dieses Segments ist mit dem privater Kleinanzeigen vergleichbar, der Einsatz neuer Technologien ermöglicht jedoch gegenüber dem konventionellen Pendant weitaus transparentere und globalere Märkte. Ein typisches Beispiel eines derartigen C2C-Marktes ist eBay, der am 16.4.2000 beispielsweise ein Produktsortiment von 4,426,863

Artikeln in 4,372 Kategorien aufwies (vgl. [Ebay00]). Die Verhandlungen werden hier in Form einfacher Auktionen geführt. Anbieter registrieren ihre Ware und starten die Versteigerung. Nachfrager können anhand einer Suchfunktion nach Auktionsgütern suchen und an entsprechender Stelle mitbieten. Nach Ablauf einer spezifizierbaren Auktionsdauer erhält der Meistbietende die versteigerte Ware.

Disintermediation

Am C2C-Segment lässt sich eine weitere Entwicklung im Kontext des E-Commerce aufzeigen. Dieser in der als Literatur als Disintermediation bezeichnete Strukturwandel besteht in der Verkürzung von Transaktions- und Wertschöpfungsketten. Betrachten wir als Ausgangspunkt das klassische Szenario eines Gebrauchtwarenhändlers, dessen Dienstleistung maßgeblich in der Größe, Übersichtlichkeit und Verfügbarkeit seines Produktsortiments besteht. Handelsplattformen wie eBay ermöglichen es, dieses Leistungsspektrum unter Ausschaltung des Zwischenhändlers bereitzustellen und damit zwei B2C-Transaktionen zu einer C2C-Transaktion zusammenzufassen. Ein derartiges Ausschalten von Zwischenhändlern findet nicht nur im C2C-Segment, sondern insbesondere auch im Rahmen der Supply-Chain Integration im B2B-Segment statt.

Bewertung

Bereits die gegenwärtige Praxis des C2C-Segmentes zeigt, wie neue Technologien zu veränderten Marktstrukturen und Geschäftsmodellen führen. Die derzeit eingesetzten einfachen Auktionen weisen jedoch die in Abschnitt 1.3.2.3. beschriebenen Einschränkungen auf. Da beispielsweise identische Produkte und Produktvarianten simultan in voneinander unabhängigen Auktionen gehandelt werden, kann ein einzelner Nachfrager nicht an allen in Frage kommenden Verhandlungen teilnehmen. Für das C2C-Segment besteht ebenfalls der Bedarf nach leistungsfähigeren Verhandlungsmechanismen und einer höheren Automatisierung.

1.4.4. Andere Allokationsprobleme

Neben den vorstehend diskutierten Segmenten des E-Commerce existieren für elektronische Märkte zahlreiche weitere Anwendungsgebiete. Elektronische Märkte können als allgemeines Allokationskonzept verstanden werden, das Angebot und Nachfrage bezüglich knapper Ressourcen koordiniert. Im Folgenden werden zwei Anwendungsgebiete skizziert, in deren Mittelpunkt innerbetriebliche und technische Koordinations- und Planungsaufgaben stehen.

1.4.4.1. Innerbetriebliche Ressourcenallokation

Unternehmen sind komplexe Organisationen, deren Erfolg das koordinierte Zusammenwirken verschiedener Funktionsbereiche und Abteilungen erfordert. Die mit der effizienten Ausgestaltung dieses Zusammenwirkens verbundene Planungsaufgabe findet sich in den unterschiedlichen Teilen eines Unternehmens wieder, beispielsweise als Einkaufsplanung, Produktionsplanung, Liquiditätsplanung, Kapazitätsplanung und Absatzplanung. Vom theoretischen Standpunkt aus betrachtet kann das Unternehmen als ein formales Optimierungsproblem interpretiert werden, in dessen Mittelpunkt ein optimaler Unternehmensplan steht.

In der Praxis stehen einer derartigen, vollständig zentralisierten Planung viele Probleme entgegen. Hierzu zählen die Komplexität und Lösbarkeit der Planungsaufgabe, Informationsasymmetrien, Kontrollkosten, Principal-Agent Probleme und die Inflexibilität bezüglich unplanmäßiger Störungen. Aus diesen Gründen wird der gesamte Planungsprozess in der Regel in Teile zerlegt, die von verschiedenen Abteilungen getrennt gelöst werden. Ziel ist hierbei, eine Aufgabenzerlegung vorzunehmen, die die obengenannten Probleme reduziert. Hieran schließt sich beispielsweise die Frage nach der optimalen Abteilungsgröße an, der an dieser Stelle jedoch nicht weiter nachgegangen wird.

Entscheidend für die weiteren Überlegungen ist vielmehr, dass mit der Aufteilung des Planungsprozesses auf verschiedene Abteilungen eine Koordination zwischen den einzelnen Abteilungen erforderlich wird. In vielen Bereichen findet hierbei eine Abkehr von hierarchischen Organisationsformen hin zu flexiblen, marktähnlichen Mechanismen statt (vgl. hierzu auch [Ditt99]). Am Ende derartiger Entwicklungen stehen weitgehend autonome Abteilungen im Sinne eines Cost-Center oder Profit-Center. Anzumerken ist, dass mit der Einführung marktbasierter Koordinationsmechanismen auch die klassischen Probleme derartiger Systeme, wie beispielsweise die Monopolineffizienz, auftreten können. Entscheidend für den erfolgreichen Einsatz ist eine exakte Kosten-Nutzen Analyse unter Berücksichtigung der konkreten Anreizsysteme.

Perspektive

Bei der vergleichenden Kosten-Nutzen Analyse hierarchischer und marktbasierter Planungsverfahren kann die Verfügbarkeit elektronischer Märkte von entscheidender Bedeutung sein. Mit der Automatisierung der marktbasierten Organisationsform sinken einerseits deren Kosten, anderseits kann die Planungsgeschwindigkeit erhöht werden. Im Gegensatz zu den zumeist verteilten Szenarien im Rahmen des E-Commerce sind die hier zu konstruierenden Märkte auf die Unternehmensgrenzen beschränkt. Die Realisierung derartiger Systeme besitzt daher, ähnlich den monolithischen Börsenmärkten, erheblich einfachere Ausgangsvoraussetzungen hinsichtlich Interoperabilität und Standardisierung. Zudem liegen die Transaktionsbedürfnisse wie im B2B-Segment oft bereits bei ihrem Entstehen in digitaler Form vor.

Bewertung

Elektronische Märkte zur innerbetrieblichen Ressourcenallokation besitzen derzeit geringe Praxisrelevanz und sind in der Literatur erst ansatzweise diskutiert worden (vgl. [Bake96; Clea96a; Till96; Wein00]). Eine Voraussetzung für den praktischen Einsatz solcher Systeme ist deren Fähigkeit, die innerbetrieblichen Planungskriterien adäquat abbilden zu können. Hierbei wird in vielen Fällen neben einer Preisbildung zur innerbetrieblichen Leistungsverrechnung auch die Bewertung alternativer Austauschbeziehungen zwischen den einzelnen Teilnehmern notwendig sein. Derartige Aspekte sind jedoch gegenwärtig auch mit den in anderen Bereichen vorliegenden Systemen noch nicht abbildbar.

1.4.4.2. Technische Ressourcenallokation

Ähnlich den zuvor betrachteten Unternehmen bestehen auch Computersysteme aus einer Vielzahl kooperierender Teilkomponenten. Auf der Ebene eines einzelnen Rechners können dies verschiedene Prozesse sein, die miteinander Dienste austauschen. Eine zentrale Aufgabe hat hierbei das für die Vergabe von Ressourcen wie Speicher und Rechenzeit zuständige Betriebssystem. Mit der wachsenden Bedeutung verteilter Systeme erweitert sich die Planungsaufgabe um Szenarien, in denen verschiedene Rechner miteinander um gemeinsame Ressourcen konkurrieren. Mit zunehmender Anzahl der beteiligten Systeme wächst typischerweise auch die Heterogenität der insgesamt vorhandenen Zielsetzungen. Während die Ressourcenplanung auf einem autonomen Einzelplatzrechner eine mit Einschränkungen kooperative Optimierungsaufgabe darstellt, erfordert beispielsweise die Verteilung von Bandbreiten im Internet einen Interessenausgleich zwischen konkurrierenden Zielsetzungen.

Bewertung

Elektronische Märkte bieten einen interessanten Lösungsansatz zur technischen Ressourcenallokation, der in der Literatur jedoch erst ansatzweise untersucht wurde (vgl. [Ferg88; Malo88; Wald92; Ferg96; Hart96; Kuwa96; Mill96]). Eine vereinfachende Eigenschaft dieses Anwendungsgebietes besteht darin, dass die Transaktionsbedürfnisse in technischen Szenarien analytisch ableitbar sind und bereits bei ihrem Entstehen in digitaler Form vorliegen. In der Praxis werden derartige Systeme zur Zeit noch nicht eingesetzt, hier bestehen grundsätzlich dieselben Erweiterungsbedarfe wie in den anderen Anwendungsgebieten.

1.5. Zusammenfassung und Fragestellung

Betrachtet man die verfügbare Technologieunterstützung entlang des Transaktionsphasenmodells, so lässt sich zunächst feststellen, dass bereits gegenwärtig zu jeder einzelnen Phase verschiedene Lösungsansätze existieren. Der Reifegrad der hier vorliegenden Technologien, insbesondere unter der

Perspektive vollautomatischer Markttransaktionen, ist jedoch unterschiedlich zu bewerten.

Hinsichtlich der Phasen Vertragschluss, Abwicklung und der Erfassung der Transaktionsbedürfnisse im Unternehmensbereich liegen mittlerweile Technologien vor, die eine weitgehende Automatisierung erlauben. Eine Standardisierung dieser Ansätze steht jedoch noch aus. Bei festen, hierarchischen Handelsbeziehungen sind damit bereits gegenwärtig vollautomatische Transaktionen möglich. Ein Beispiel stellt der Einkauf einer Supermarktfiliale dar, in der das Logistiksystem über die Abverkäufe direkt den Beschaffungsbedarf ermittelt und gegenüber einem festen Großlieferanten umsetzt.

Hinsichtlich marktbasierter Verhandlungen liegen mit elektronischen Produktkatalogen und einfachen Auktionen erst sehr einfache Technologien vor, die im wesentlichen die Fortschreibung konventioneller Verfahren der Anbahnung und Verhandlung darstellen. Mit dem Bedeutungszuwachs einfacher Auktionen ist bereits heute eine Entwicklung zu beobachten, in der komplexe, leistungsfähige Verhandlungsmechanismen aufgrund gesunkener Transaktionskosten an Bedeutung gewinnen. Am Endpunkt dieser Entwicklung sind Szenarien vorstellbar, in denen beispielsweise Unternehmen ihre Beschaffungs- und Absatztransaktionen miteinander bruchlos und vollautomatisch über ein elektronisches Marktsystem durchführen.

Fazit

Die derzeit vorhandenen Technologien der Verhandlungsphase sind jedoch unter diesem Ziel unzureichend, es besteht der Bedarf nach leistungsfähigeren Konzepten. Zentrale Erweiterungsbedarfe sind beispielsweise polypolistische Verhandlungen, Interessensausgleiche bezüglich mehrerer Vertragsparameter und ein höherer Automatisierungsgrad (vgl. Abschnitt 1.3.2.3.). Ein derartiger elektronischer Markt bietet ein universelles Allokationskonzept, das auch außerhalb des E-Commerce sinnvoll einsetzbar ist.

2. Theoretische Grundlagen

Elektronische Märkte bestehen, wie ihr konventionelles Pendant, aus einer Marktinstitution und den darauf interagierenden Akteuren. Im Mittelpunkt aller weiteren Überlegungen steht der elektronische Markt als ökonomischer Ort des Interessenausgleichs zwischen Anbietern und Nachfragern. Im Rahmen des Transaktionsphasenmodells aus Abschnitt 1.3. entspricht diese Abgrenzung der Anbahnung und Verhandlung. Die angrenzenden Phasen werden im Weiteren nicht näher betrachtet.

Gliederung

In diesem Teil der Arbeit werden die theoretischen Grundlagen für eine strukturierte, spieltheoretisch fundierte Konstruktion und Analyse derartiger Systeme entwickelt. Nach einigen Vorüberlegungen zur Motivation des Gütertausches wird zunächst das im Weiteren zugrundegelegte Basismodell des Verhandlungsproblems konstruiert und hinsichtlich seiner Grenzen diskutiert. Anschließend werden die benötigten spieltheoretischen Instrumente anhand einfacher Verhandlungsprobleme eingeführt.

2.1. Motivation des Gütertausches

Verhandlungen sind zentraler Gegenstand ökonomischer Theorie und Praxis. Dies gilt sowohl für den Bereich der unternehmerischen Tätigkeit als auch für die Transaktionsbedürfnisse des einzelnen Konsumenten. Die Notwendigkeit zu Verhandlungen tritt überall dort auf, wo die Kooperation von Individuen einen Interessenausgleich erfordert. Aus ökonomischer Perspektive besteht diese Notwendigkeit in nahezu jedem System jenseits der Robinson Crusoe Ökonomie mit genau einem Akteur. Mit der Existenz von Eigentumsrechten besteht in der Regel auch die Möglichkeit, die Wohlfahrt der Akteure durch Gütertausch zu verbessern, wobei gegensätzliche Interessen bezüglich der Verteilung dieser Wohlfahrtsgewinne vorliegen. Der Begriff des Gutes ist hierbei sehr weit gefasst, auch Dienstleistungen sind eine Form von Gütern.

Edgeworth-Box

Bereits die klassische Analyse anhand der Edgeworth-Box zeigt, wie zwei Akteure im Fall zweier nutzenstiftender Güter durch Tausch ihre Wohlfahrt erhöhen können. Abbildung 2.1.a stellt das klassische Edgeworth-Box Diagramm dar. An den Achsen sind die Gütermengen beider Akteure abgetragen, wobei sich der Ursprung des Koordinatensystems für Akteur 1 links unten und für Akteur 2 rechts oben befindet.

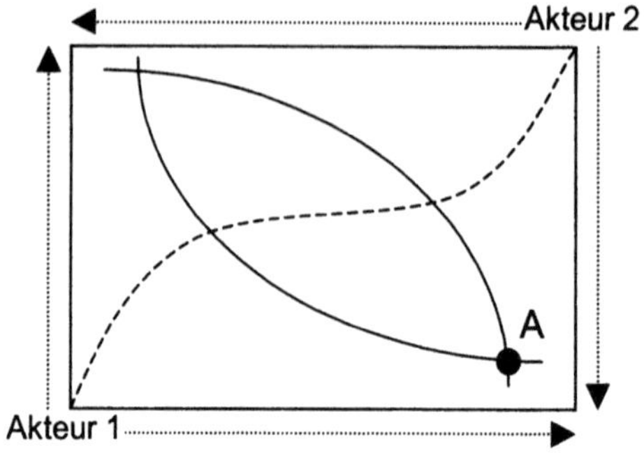

Abb. 2.1.a Edgeworth-Box

Betrachten wir als Ausgangspunkt die Güterallokation A. Die durch diesen Punkt verlaufenden Indifferenzkurven beider Akteure spannen die sogenannte Tauschlinse auf. Alle Punkte im Inneren der Tauschlinse beinhalten für beide Akteure eine individuelle Wohlfahrtssteigerung. Unter Effizienzgesichtspunkten sind nur die Allokationen optimal, die mit einer leeren Tauschlinse korrespondieren, also keine weiteren Wohlfahrtssteigerungen ermöglichen. Die Menge der optimalen Allokationen wird als Kontraktkurve bezeichnet und ist in der Abbildung 2.1.a gestrichelt eingezeichnet. Alle außerhalb der Kontraktkurve liegenden Punkte sind nicht Pareto-optimal, d.h. beide Akteure können ihre Wohlfahrt durch einen Tausch verbessern. Eine ausführlichere Darstellung der Edgeworth-Box bietet [Vari94, S.391ff.].

Aspekte des Verhandlungsproblems

Die Kontraktkurve der Edgeworth-Box beantwortet die Frage nach den effizienten Güterallokationen, nicht jedoch, welche hiervon gewählt werden soll. Die mit dieser Entscheidung verbundene *Gewinnverteilung* zwischen den Transaktionspartnern ist ein zentraler Aspekt des Verhandlungsproblems. Diese Verteilung des Effizienzgewinns lässt sich auch als *Preisbildung* in der Form des Tauschkurses $p = \Delta Gut_1/\Delta Gut_2$ interpretieren. Die in der Edgeworth-Box vorgenommene Analyse beinhaltet zwei vereinfachende Annahmen, die für reale Märkte in der Regel unzutreffend sind. Zum einen wird unterstellt, die Präferenzen der Akteure seien bekannt – dies ist Grundlage der Konstruktion der Kontraktkurve. Zum anderen ist die Untersuchung auf zwei Individuen begrenzt.

Verzichtet man auf diese beiden Annahmen, so treten zwei weitere Aspekte des Verhandlungsproblems, die *Kontraktoptimierung* und die *Transaktionspartnerwahl*, hinzu. In realen Verhandlungen sind die Präferenzen der Individuen in der Regel privates Wissen, und die effiziente Ausgestaltung einer Transaktion, die Kontraktoptimierung, ist ein zweiter Aspekt des Verhandlungsproblems. Mit der Betrachtung von mehr als zwei Akteuren erweitert sich das bilaterale Verhandlungsproblem darüber hinaus zu einer multilateralen Fragestellung. Eine Pareto-optimale Güterallokation ist in diesem verallgemeinerten Szenario erst dann erreicht, wenn alle ausschließlich wohlfahrtsfördernden Tauschmöglichkeiten ausgeschöpft sind. Eine derartige Güterallokation kann einerseits durch eine einzige multilaterale Transaktion, und anderseits durch viele bilaterale Transaktionen erzielt werden. In letzterem Fall bildet die Transaktionspartnerwahl einen dritten Aspekt des Verhandlungsproblems.

Leitbild Wettbewerbsmarkt

Die wohl erfolgreichste Organisationsform des Gütertausches ist der Wettbewerbsmarkt, auf dem sich die individuellen Transaktionsbedürfnisse in Form von Angebot und Nachfrage wiederfinden. Getauscht wird hier in Form bilateraler Transaktionen zwischen jeweils einem Käufer und einem Verkäufer. Kennzeichnend für die gegenwärtige Praxis der Wettbewerbsmärkte ist die Existenz einer Währung. Das Gut Währung erleichtert erstens die Vergleichbarkeit von Güterpreisen und ermöglicht zweitens beliebige Wohlfahrtstransfers zwischen den Akteuren. Im Idealfall des vollkommenen Marktes führen Angebot und Nachfrage zu markträumenden Preisen und damit zu einem (Pareto-optimalen) Walras-Gleichgewicht. Nicht alle Wettbewerbsmärkte besitzen jedoch die Eigenschaft, dass die individuelle Wohlfahrtsmaximierung der Akteure zu einer Pareto-optimalen Güterallokation führt.

Fragestellung

Im Mittelpunkt dieser Arbeit steht die Konstruktion und Analyse elektronischer Märkte zur automatisierten Lösung des Verhandlungsproblems. Vergleicht man die gegenwärtige Praxis elektronischer Märkte mit den soeben skizzierten Anforderungen an derartige Systeme, dann werden die Einschränkungen der derzeit eingesetzten Verfahren deutlich (vgl. [Pete00b, Pete00d]). Elektronische Produktkataloge erlauben keine echten Verhandlungen, der Interessenausgleich ist auf einen Suchprozess seitens des Katalognutzers beschränkt. Einfache Auktionen bieten einen dynamischen Preisbildungsprozess, ermöglichen jedoch weder eine Kontraktoptimierung noch eine Transaktionspartnerwahl in polypolistischen Szenarien.

Den Ausgangspunkt der weiteren Überlegungen bildet das soeben angesprochene Konzept des Wettbewerbsmarktes, das als Leitbild marktorientierter, multilateraler Verhandlungsmechanismen interpretiert wird. Bei näherer Betrachtung konventioneller Märkte findet man in der Praxis sehr unterschiedliche Szenarien, die sich beispielsweise hinsichtlich Markttopologie, Verhandlungsform und Verhandlungsgegenstand unterscheiden.

2.2. Definition und Abgrenzung des Basismodells

Die Konstruktion und Analyse automatisierter Verhandlungen erfordert eine exakte Definition der zugrunde liegenden Marktinstitution und der darauf interagierenden Akteure. Im Mittelpunkt der Arbeit und damit auch im Fokus des nachfolgend entworfenen Basismodells steht ein polypolistischer

Markt, also ein Markt mit einer Vielzahl von Anbietern und Nachfragern. Andere Marktformen, speziell das Monopol und das Dyopol, werden im weiteren Verlauf als Spezialfälle dieses allgemeinen Szenarios hinsichtlich konzeptueller Erweiterungen untersucht.

Aufbau

Im Folgenden werden zunächst die verschiedenen Elemente des Basismodells entworfen und von alternativen Fragestellungen abgegrenzt. Anschließend werden die aus diesem Modell resultierenden Aufgaben des Marktprozesses betrachtet. Eine Diskussion der Modellgrenzen und möglicher Erweiterungsansätze beschließt den Abschnitt.

2.2.1. Modellelemente

Zur Konstruktion des Basismodells werden verschiedene Strukturmerkmale realer Märkte, wie die Markttopologie oder der Verhandlungsgegenstand, herangezogen. Aus der Diskussion der Strukturmerkmale und ihrer Varianten, beispielsweise hinsichtlich ihrer Automatisierbarkeit und ihrer Eignung für den E-Commerce, werden dann die einzelnen Modellelemente entwikkelt.

2.2.1.1. Topologie und Verhandlungsform

Markt und Hierarchie

Zentrale Aufgabe einer Marktinstitution ist die flexible Koordination und der dynamische Interessenausgleich zwischen vielen Marktteilnehmern. Der Gegenpol zu dieser Organisationsform ist die Hierarchie, in der die Transaktionspartner über lange Zeiträume feststehen (vgl. [Coas37; Will75]). Zwischen diesen beiden Polen existiert ein Kontinuum von Mischformen, beispielsweise in der Form von Netzwerken mit Maklern und Mittelsmännern. Die verschiedenen Organisationsformen sind in Abhängigkeit der ökonomischen Rahmenbedingungen, insbesondere der Transaktionskosten, zweckmäßig und erfolgreich. Hohe Transaktionskosten bevorteilen hierarchische Organisationsformen, weitgehend standardisierte Transaktionen können in der Regel anhand von Märkten effizienter organisiert werden (vgl. [Pico97]).

reine Markttopologie

Im Weiteren werden ausschließlich reine Markttopologien betrachtet. Derart gestaltete Märkte sind zentralisierte Institutionen, auf denen alle Marktteilnehmer über einen Marktplatz miteinander verbunden sind (vgl. Abbildung 2.2.1.1.a). Die Fokussierung auf diese Organisationsform ist insbesondere im E-Commerce zweckmäßig, da hier gegenüber konventionellen Szenarien drastisch reduzierte Transaktionskosten vorliegen. Der Einsatz elektronischer Märkte ist damit voraussichtlich auch in Bereichen sinnvoll, in denen derzeit hierarchische Organisationsformen dominieren (vgl. auch [Malo87]).

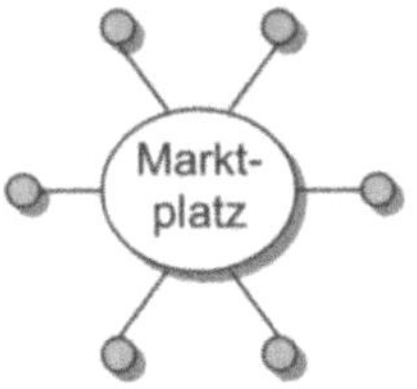

Abb. 2.2.1.1.a Reine Markttopologie

Bei der Modellierung der Marktteilnehmer werden die Rollen des Anbieters und des Nachfragers unterschieden, d.h. die Gesamtmenge N aller Akteure zerfällt in die Teilmenge der Anbieter N^a und der Nachfrager N^n.

DEFINITION 2.2.1.1.a Die Menge der Marktteilnehmer lautet $N = (N^a, N^n)$ mit $N^a = \{1, ..., na\}$ und $N^n = \{1, ..., nn\}$.

Diese Modellierung setzt voraus, dass jeder einzelne Marktteilnehmer genau einer der beiden Marktseiten zuzuordnen ist. Diese Annahme kann beispielsweise für Börsenmärkte unzutreffend sein, falls einzelne Akteure sowohl Kauf- als auch Verkaufstransaktionen durchführen. Für die im Rahmen der Arbeit entwickelten Konzepte bedeutet die obengenannte Annahme jedoch keine Einschränkung, trägt aber zur Vereinfachung der Notation und zur Anschaulichkeit der Modelle und Analysen bei.

Marktformen

Anhand der Zahl von Anbietern und Nachfragern lässt sich für den vollkommenen Markt die klassische Typisierung der Marktformen vornehmen (vgl. Abbildung 2.2.1.1.b).

Nachfrage / Angebot	viele	wenige	einer
viele	vollständige Konkurrenz	Nachfrageoligopol	Nachfragemonopol
wenige	Angebotsoligopol	zweiseitiges Oligopol	beschränktes Nachfragemonopol
einer	Angebotsmonopol	beschränktes Angebotsmonopol	zweiseitiges Monopol

Abb. 2.2.1.1.b Marktformen
(Quelle: [Stac51, S.235])

Der Fokus der weiteren Untersuchung liegt auf einem allgemeinen Polypolszenario, also dem Fall vollständiger Konkurrenz. Im Rahmen dieses allgemeinen Szenarios werden zusätzlich das Monopol und das Dyopol hinsichtlich konzeptueller Erweiterungen und den daraus resultierenden Markteigenschaften untersucht. Die beiden letztgenannten Marktformen werden durchgehend in der Form eines Angebotsmonopols bzw. -dyopols betrachtet, die erzielten Ergebnisse gelten jedoch grundsätzlich analog für die korrespondierende, nachfrageseitige Marktform. Die übrigen Marktformen sind aufgrund ihrer hohen Komplexität für eine Automatisierung weniger geeignet und werden daher nur ansatzweise betrachtet.

Verhandlungsform

Der Interessenausgleich kann auf einem derartigen Markt grundsätzlich in Form vieler bilateraler Verhandlungen oder einer multilateralen Verhandlung, an der alle Marktteilnehmer simultan beteiligt sind, stattfinden. Zwischen diesen beiden Grundformen sind zusätzlich Varianten mit mehreren kleineren multilateralen Verhandlungen vorstellbar. Die Variante einer globalen multilateralen Verhandlung bietet eine hohe Markttransparenz und kann damit die Grundlage effizienter Marktallokationen sein. Für den Einsatz bilateraler Verhandlungsformen können demgegenüber insbesondere Transaktionskostenargumente sprechen. Da der Einsatz elektronischer Kommunikationstechnologien die letztgenannten Transaktionskosten drastisch reduziert, wird im Weiteren ausschließlich die Form einer globalen multilateralen Verhandlung untersucht.

2.2.1.2. Kontraktraum

Betrachtet man die Praxis marktwirtschaftlicher Interaktion, so lässt sich die Gesamtinstitution Marktwirtschaft in zahlreiche Teilmärkte zerlegen. Ein Abgrenzungskriterium eines solchen Teilmarktes sind die auf ihm gehandelten Güter und Dienstleistungen. In vielen Wirtschaftsbereichen, wie beispielsweise dem Aktien- und Wertpapierhandel, existieren hochorganisierte Märkte mit einer fest abgegrenzten Menge von Handelsgütern.

differenzierte Güter und Dienstleistungen

Die Menge der auf einem Markt gehandelten Güter und Dienstleistungen kann verschiedene Formen aufweisen. Das einfachste Szenario bietet der spezialisierte Markt, auf dem genau ein homogenes Gut gehandelt wird. Derartige Märkte existieren beispielsweise für Strom, Gas und Heizöl. Werden demgegenüber verschiedenartige Güter gehandelt, so bietet sich eine Abgrenzung zwischen einem differenzierten Gut in *n* Ausprägungen und *n* verschiedenen homogenen Gütern an. Zur Abgrenzung beider Fälle kann beispielsweise die Substituierbarkeit der Güter (gemessen anhand der Kreuzpreiselastizität) oder die physische Identität (in der Form eines identischen Produkt mit unterschiedlichen Lieferkonditionen) herangezogen werden. Da eine allgemeingültige theoretische Abgrenzung jedoch nicht sinnvoll möglich ist, wird für verschiedenartige Güter im Weiteren einheitlich der Begriff des differenzierten Gutes verwendet.

Einen anderen Aspekt bietet die Abgrenzung *qualitativer* und *quantitativer* Differenzierungsmerkmale (vgl. z.B. [Tiro93, S.142ff.]). Qualitative Merkmale können beispielsweise Modellvarianten, Farbläufe oder Größenläufe eines Produktes sein. Quantitative Differenzierungen liegen vor, wenn unterschiedliche Mengen eines Gutes zu verschiedenen Stückkosten gehandelt werden, beispielsweise in der Form unterschiedlicher Packungsgrößen oder eines expliziten Mengenrabattes. Eine Kombination qualitativer und quantitativer Differenzierung ist das Bundling, also das Zusammenfassen verschiedenartiger Güter zu einem neuen Produkt.

Bezüglich beider Merkmale kann weiter hinsichtlich *diskreter* und *kontinuierlicher* Differenzierungen unterschieden werden. Eine diskrete Differenzierung liegt beispielsweise im Fall einer Menge verschiedener Produktvarianten vor, kontinuierliche Differenzierungen können Liefermengen oder Lieferzeitpunkte sein. In der Praxis ist es aus logistischen bzw. fertigungstechnischen Gründen oft angebracht, theoretisch kontinuierliche Größen wie Gewicht oder Zeit zu diskretisieren.

Bereits die Kombination der wenigen, soeben aufgezeigten Aspekte führt zu einer Vielfalt möglicher Differenzierungen, wie sie in Abbildung 2.2.1.2.a skizziert ist.

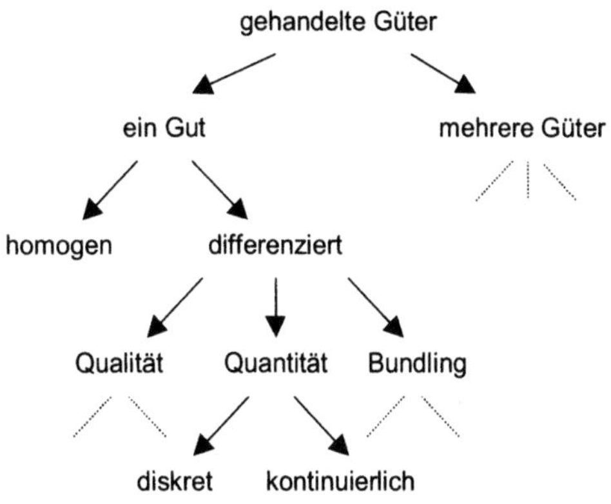

Abb. 2.2.1.2.a Verschiedene Differenzierungsvarianten

Kontrakt und Kontraktraum

Die Konstruktion elektronischer Märkte und automatisierter Verhandlungen erfordert die exakte Definition der gehandelten Güter (vgl. hierzu auch Abschnitt 1.2.5. zur Ontologiethematik). Als Verallgemeinerung spezifischer Güter und Dienstleistungen sowie deren verschiedener Differenzierungsformen werden im Weiteren Kontrakte als abstraktes Handelsgut verwendet. Ein derartiger Kontrakt definiert einen beliebig komplexen Güter- und Dienstleistungstransfer.

In der Literatur werden *vollständige* und *unvollständige Kontrakte* unterschieden (vgl. [Tiro93, S.29]). Vollständige Kontrakte definieren exakt und verifizierbar alle für die Bewertung seitens der Transaktionspartner notwendigen Eigenschaften. Unvollständige Kontrakte sind demgegenüber nicht vollständig spezifiziert und somit risikobehaftet. Bei unvollständigen Kontrakten müssen die Akteure zunächst Erwartungen bezüglich der unspezifizierten Kontrakteigenschaften bilden, um anschließend eine Bewertung in Form eines Erwartungswertes vornehmen zu können.

Der im Weiteren verwendete Kontraktbegriff bezeichnet einen bilateralen, vollständig spezifizierten Kontrakt zwischen einem Verkäufer und einem Käufer. Der Kontrakt beschreibt alle Eigenschaften einer Transaktion wie beispielsweise Produktqualitäten und Lieferzeitpunkte mit Ausnahme des Transaktionspreises und der Transaktionspartner.

DEFINITION 2.2.1.2.a Ein Kontrakt k definiert einen bilateralen, beliebig komplexen Güter- und Dienstleistungstransfer zwischen einem Verkäufer und einem Käufer. Der Kontraktraum K enthält alle auf einem Markt gehandelten Kontrakte k.

Die Differenzierung der auf dem Markt gehandelten Güter und Dienstleistungen findet sich damit in den verschiedenen Kontrakten des Marktes wieder. Die Menge aller auf einem Markt gehandelten Kontrakte wird als Kontraktraum bezeichnet.

Beispiel

Als Beispiel sei ein Markt betrachtet, auf dem verschiedene Qualitäten und Mengen eines Rohstoffes zu verschiedenen Lieferkonditionen gehandelt werden. Angenommen, es sind die Differenzierungsmerkmale

- Qualität {*hoch*, *niedrig*},
- Menge {1t, 10t} und
- Lieferkondition {*fob*, *fas*}

vorhanden (die Lieferkonditionen sind Akronyme für *free on board* und *free along side*). Der Kontraktraum {*hoch*, *niedrig*} × {1t, 10t} × {*fob*, *fas*} enthält insgesamt $2^3 = 8$ Kontrakte, ein konkreter Kontrakt ist beispielsweise das Tupel $k = (hoch, 1t, fob)$.

2.2.1.3. Transaktionsbedürfnis

Ausgangspunkt marktwirtschaftlicher Transaktionen sind die Transaktionswünsche der einzelnen Akteure. In diesem Abschnitt wird mit dem einfachen Transaktionsbedürfnis das für die weitere Konzeption grundlegende Modell eines Transaktionswunsches entwickelt. Die Erweiterungsaspekte dieses Modellelementes werden anschließend in Abschnitt 2.2.3.2 diskutiert.

einfache Transaktionsbedürfnisse

Ein einfaches Transaktionsbedürfnis beschreibt einen Transaktionswunsch, der durch eine einmalige Transaktion, bestehend aus einem Kontrakt k in Verbindung mit einem monetären Transfer p vom Käufer an den Verkäufer, befriedigt werden kann. Ein derartiges einfaches Transaktionsbedürfnis kann beispielsweise ein einzelner Beschaffungsbedarf sein. Für die Charakterisierung eines einzelnen Transaktionswunsches sind zwei Aspekte von Bedeutung. Erstens ist die Menge der zur Erfüllung des Transaktionswunsches geeigneten Transaktionen abzugrenzen. Zweitens sind die Präferenzen bezüglich dieser Transaktionen abzubilden, d.h. es ist eine Ordnungsrelation zu definieren, die angibt, welche Transaktionen anderen Transaktionen vorgezogen werden.

Es sei angenommen, dass ausschließlich Kontrakt und Preis für die individuelle Bewertung einer Transaktion von Bedeutung sind. Der Kontrakt k definiert alle für die Bewertung des Gütertransfers relevanten Eigenschaften, also ggf. auch Lieferzeitpunkte und Zahlungsmodalitäten. Der Preis p definiert ausschließlich den Betrag des monetären Transfers. Diese Annahme beinhaltet keine Einschränkung der Allgemeingültigkeit. Falls beispielsweise Aspekte der Transaktionspartner oder des Transaktionszeitpunktes bewertungsrelevant sind, so können diese grundsätzlich über eine entsprechende Differenzierung des Kontraktraumes abgebildet werden. Eine explizite Modellierung zeitlicher Aspekte wird beispielsweise in Teil 4 im Kontext des polypolistischen Automatisierungskonzepts unternommen.

Definitionen

Hinsichtlich eines konkreten Transaktionsbedürfnisses wird zwischen *relevanten* und *irrelevanten* Kontrakten differenziert. Irrelevante Kontrakte sind im Gegensatz zu relevanten Kontrakten unabhängig vom Transaktionspreis zur Befriedigung des Transaktionsbedürfnisses ungeeignet. Aufbauend auf diesem Begriffspaar werden *spezifische* und *differenzierte* Transaktionsbedürfnisse unterschieden. Spezifische Transaktionsbedürfnisse haben genau einen Kontrakt zum Ziel, es existiert also genau ein relevanter Kontrakt. Ein differenziertes Transaktionsbedürfnis liegt vor, falls mindestens zwei relevante Kontrakte existieren.

Zur Modellierung einfacher Transaktionsbedürfnisse wird die geldmetrische Bewertungsfunktion $v{:}K \to \mathbb{R}$ eingeführt. Diese Funktion bildet die monetäre Bewertung der unterschiedlichen Kontrakte seitens eines Akteurs ab. Für relevante Kontrakte hat $v(k)$ in der Regel nachfrageseitig einen positiven und angebotsseitig einen negativen Wert. Irrelevante Kontrakte, also Kontrakte die nicht zur Befriedigung des Transaktionsbedürfnisses geeignet sind, werden mit dem Wert $-\infty$ gekennzeichnet.

DEFINITION 2.2.1.3.a Ein einfaches Transaktionsbedürfnis wird durch eine geldmetrische Bewertungsfunktion $v{:}K \to \mathbb{R}$ definiert. Für irrelevante Kontrakte $k \in K$ hat die Funktion den Wert $v(k) = -\infty$.

Die Bewertungsfunktion lässt sich aus Nachfragersicht als kontraktbezogener Maximalpreis oder Zahlungsbereitschaft, aus Anbietersicht als Reservationspreis interpretieren. Im Kontext diskreter Kontrakträume wird für $v(k)$ alternativ die Schreibweise v_k verwendet.

Beispiel

Als Beispiel sei ein Logistikmarkt betrachtet, auf dem verschiedene Transportdienstleistungen gehandelt werden. Angenommen, es werden drei hinsichtlich der Transportdauer differenzierte Kontrakte gehandelt, d.h. der Kontraktraum lautet $K = \{k_1, k_2, k_3\}$. Ein spezifisches Transaktionsbedürfnis liegt vor, falls genau ein Kontrakt k^* zu Befriedigung des Transaktionsbedürfnisses in Frage kommt. Die Bewertungsfunktion hat in diesem Fall die Form

$$v(k) = x \text{ falls } k = k^*, \text{ sonst } v(k) = -\infty, x \in \mathbb{R}. \qquad (2.2.1.3.a)$$

Ein derartiges Transaktionsbedürfnis könnte beispielsweise eine Terminfracht im Rahmen einer just-in-time Logistik sein. Kommen für den Nachfrager demgegenüber verschiedene Transportdauern in Betracht, so liegt ein differenziertes Transaktionsbedürfnis vor. In Abbildung 2.2.1.3.a ist exemplarisch ein derartiges Transaktionsbedürfnis dargestellt, hier nimmt die Zahlungsbereitschaft des Nachfragers mit zunehmender Transportdauer ab.

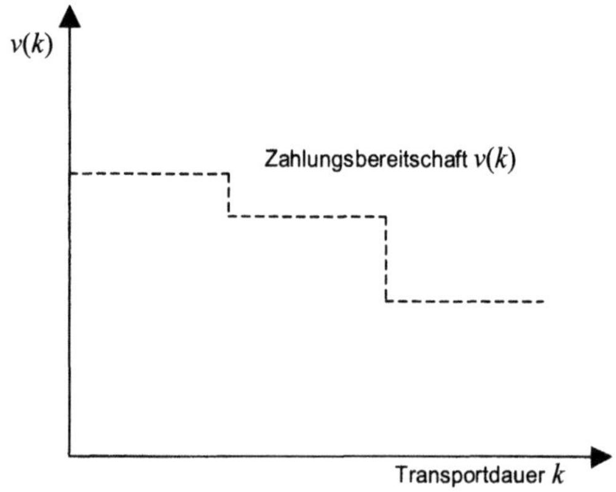

Abb. 2.2.1.3.a Ein differenziertes Transaktionsbedürfnis

Die Differenzierung eines Transaktionsbedürfnisses kann sich grundsätzlich über den gesamten Kontraktraum erstrecken und damit verschiedene Dimensionen wie beispielsweise Mengen und Qualitäten betreffen.

2.2.1.4. Transaktionsform und Gewinn

Transaktionsformen

Ein weiteres Strukturmerkmal des Marktes ist die Transaktionsform, d.h. die Anzahl der an einer einzelnen Transaktion beteiligten Akteure. Hierbei lassen sich bilaterale und multilaterale Transaktionen unterscheiden. In bilateralen Transaktionen treten genau zwei Akteure miteinander in Beziehung. Dies ist beispielsweise auf Wettbewerbsmärkten mit standardisierten Gütern typischerweise der Fall. In multilateralen Transaktionen führen demgegenüber mehr als zwei Akteure eine gemeinsame Transaktion durch. Derartige Gemeinschaftsverträge zwischen mehr als zwei Parteien sind in der Regel in geringerem Maße standardisierbar und damit weniger für eine automatisierte Umsetzung auf elektronischen Märkten geeignet. Im Folgenden wird unter dem Leitbild des Wettbewerbsmarktes das der weiteren Konzeption zugrundegelegte Modell einer bilateralen Transaktion definiert. Die Abgrenzung dieses Modellelementes hinzu multilateralen Transaktionen wird in den Abschnitt 2.2.3.2 und 2.2.3.3 ausführlich diskutiert.

bilaterale Transaktion

Eine bilaterale Transaktion wird durch genau zwei Transaktionspartner, einen Kontrakt und einen Transaktionspreis beschrieben. Bei den Transaktionspartnern handelt es sich um jeweils einen Anbieter $i \in N^a$ und einen Nachfrager $j \in N^n$. Der Kontrakt $k \in K$ definiert auf Basis des Kontraktraumes einen beliebigen Gütertausch zwischen beiden Transaktionspartnern. Neben den im Kontraktraum modellierten Gütern und Güterkombinationen wird die Existenz einer Währung vorausgesetzt. Der Preis $p \in \mathbb{R}$ definiert den vom Käufer an den Verkäufer zu leistenden monetären Transfer.

DEFINITION 2.2.1.4.a Eine bilaterale Transaktion $tr = (i, j, k, p)$ ist durch die folgenden Eigenschaften definiert:

- die Transaktionspartner $i \in N^a, j \in N^n$,
- den Kontrakt $k \in K$ und
- den Preis $p \in \mathbb{R}$.

Eine derartige bilaterale Transaktion ist geeignet, genau zwei einfache Transaktionsbedürfnisse zu befriedigen.

Transaktionsgewinn

Der individuelle Transaktionsgewinn eines Akteurs ergibt sich direkt aus der Verknüpfung der Bewertungsfunktion $v(k)$ und des Transaktionspreises p, wobei zu berücksichtigen ist, dass der monetäre Transfer vom Käufer an den Verkäufer geleistet wird (siehe Definition 2.2.1.4.b).

DEFINITION 2.2.1.4.b Der Transaktionsgewinn eines Verkäufers $i \in N^a$ beträgt $\pi^i = v^i(k)+p$, der eines Käufers $j \in N^n$ beträgt $\pi^j = v^j(k)-p$.

Ziel des einzelnen Akteurs ist die Maximierung seines individuellen Transaktionsgewinnes, der damit auch das im vorangegangenen Abschnitt angesprochene Ordnungskriterium zur Beurteilung alternativer Transaktionen bildet. Dies beinhaltet, dass beispielsweise aus der Perspektive eines Nachfragers für einen gegebenen Kontrakt immer der geringere Preis vorgezogen wird.

2.2.2. Marktprozess

Überblick

Aufgabe der Marktinstitution ist das Zusammenführen individueller Transaktionswünsche zu wohlfahrtssteigernden Transaktionen. Aus dynamischer

Perspektive beschreibt die Marktinstitution einen Prozess, der Transaktionsbedürfnisse in Transaktionen überführt (vgl. Abbildung 2.2.2.a).

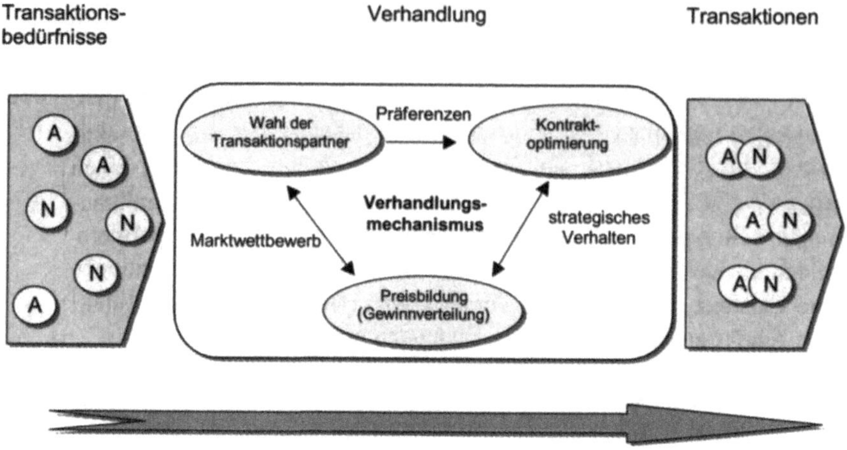

Abb. 2.2.2.a Schematisierter Marktprozess

In der Nomenklatur des Basismodells besteht die Aufgabe der Marktinstitution darin, die angebots- und nachfrageseitigen Transaktionsbedürfnisse auf eine Menge bilateraler Transaktionen anzubilden:

$$f:((v^{a,1},...,v^{a,na}), (v^{n,1},...,v^{n,nn})) \rightarrow (tr^1,...,tr^{nt}) \tag{2.2.2.a}$$

Die konkrete Gestalt eines solchen Marktprozesses oder auch Verhandlungsmechanismus kann sehr unterschiedliche Formen annehmen. Ein wichtiger Aspekt bei der Gestaltung eines Verhandlungsmechanismus besteht darin, dass die Transaktionsbedürfnisse privates Wissen der einzelnen Akteure sind. Die Transaktionsbildung kann daher nicht direkt auf den wahren Transaktionsbedürfnissen der Akteure aufbauen. Aus diesem Grund müssen die Akteure zunächst Signale (beispielsweise in Form von Offerten) abgeben, auf deren Basis dann anschließend die Transaktionsbildung durchgeführt wird. In Folge des gewinnmaximierenden, strategischen Verhaltens der Akteure stimmen die abgegebenen Signale typischerweise nicht mit den wahren Transaktionsbedürfnissen überein. Diese Zusammenhänge werden später in Abschnitt 2.3.3. im Rahmen des Mechanismusdesigns formalisiert. Die Diskussion und der Entwurf konkreter Verhandlungsmechanismen und damit auch der den Akteuren zur Verfügung stehenden Handlungsmöglichkeiten bzw. Signale erfolgt in Teil 3.

Das Ergebnis der Transaktionsbildung lässt sich unter verschiedenen Gesichtspunkten betrachten. Aus gesamtwirtschaftlicher, wohlfahrtsökonomischer Perspektive stehen die Effizienz und die Distribution der erzielten Güterallokation im Mittelpunkt. Das Handeln des einzelnen Akteurs wird demgegenüber ausschließlich durch das Ziel eines maximalen Transaktionsgewinns bestimmt.

Aufbau

In der nachfolgenden Diskussion wird das Verhandlungsproblem in drei Teilaspekte untergliedert, wobei jeder Teilaspekt die Wahl von einem oder zwei der Transaktionsparameter (i, j, k, p) zum Gegenstand hat. Die *Transaktionspartnerwahl* trifft die Wahl von Anbieter und Nachfrager (i, j), die Kontraktoptimierung wählt den Kontrakt (k), und die Preisbildung bestimmt den Transaktionspreis (p). Die drei Teilaspekte werden im Folgenden nacheinander betrachtet, auf die in Abbildung 2.2.2.a dargestellten Interdependenzen wird jeweils im Kontext der einzelnen Teilaspekte eingegangen.

2.2.2.1. Transaktionspartnerwahl

Motivation

Die Notwendigkeit zur Transaktionspartnerwahl besteht in marktorientierten, multilateralen Verhandlungen, da die zur Wohlfahrtssteigerung notwendige Reallokation der Güter (also der Gütertausch) in Form vieler einzelner, bilateraler Transaktionen zwischen der Angebots- und Nachfrageseite durchgeführt wird. Hierbei muss im Rahmen jeder einzelnen Transaktion eine Kontraktoptimierung und eine Gewinnverteilung vorgenommen werden. Der theoretische Gegenpol zu dieser Organisationsform ist eine multilaterale Verhandlung, die zu einer einzigen, globalen multilateralen Transaktion führt. Der Ersparnis der Transaktionspartnerwahl steht dabei die Notwendigkeit einer multilateralen Kontraktoptimierung und Gewinnverteilung gegenüber. Die letztgenannte Alternative einer einzigen, globalen multilateralen Transaktion ist auf Wettbewerbsmärkten allerdings vornehmlich theoretischer Natur, in der Praxis dominieren bilaterale Transaktionen.

Im Rahmen dieser Arbeit werden ausschließlich marktorientierte, multilaterale Verhandlungen betrachtet, die zu bilateralen Transaktionen führen. Es werden jeweils genau zwei Transaktionsbedürfnisse im Rahmen genau einer bilateralen Transaktion befriedigt. In diesem Kontext ist, mit Ausnahme der Situation genau eines Anbieters und genau eines Nachfragers, immer eine Transaktionspartnerwahl notwendig. Die Komplexität der Transaktionspartnerwahl variiert mit der jeweiligen Marktform. Während im Monopol (Monopson) lediglich eine Untermenge der Nachfrager (Anbieter) ausgewählt werden muss, erfordert ein polypolistischer Markt viele paarweise Zuordnungen zwischen Anbietern und Nachfragern.

Marktwettbewerb

Kennzeichnend für das Konzept des Wettbewerbsmarktes ist die Konkurrenz zwischen den beteiligten Akteuren um profitable Transaktionen. Die konkrete Gestalt dieses Wettbewerbs variiert mit den Regeln der jeweiligen Marktinstitution. Eine sehr einfache Marktregel ist der Festpreis eines Monopolisten. Verfügt der Monopolist über eine unbegrenzte Menge des Gutes (und damit quasi über eine unbegrenzte Menge von Transaktionsbedürfnissen), so führt jedes nachfrageseitige Transaktionsbedürfnis mit ausreichender Zahlungsbereitschaft zu einer Transaktion und es besteht folglich kein Wettbewerb. Existiert das betreffende Gut hingegen nur in beschränkter Menge und werden beispielsweise nur die ersten *n* nachfrageseitigen Transaktionsbedürfnisse umgesetzt, so entsteht ein *Zeitwettbewerb* zwischen den Nachfragern.

Im Gegensatz zum Festpreis beinhalten beispielsweise Auktions- und Börsenmechanismen einen *Preiswettbewerb* zwischen den Akteuren. Der Preis einer Transaktion ist hier keine exogen vorgegebene Größe, sondern wird endogen aus dem Wettbewerb zwischen den einzelnen Akteuren bestimmt. Die Existenz eines funktionierenden Preiswettbewerbs ist oft entscheidend für die Effizienz der Transaktionspartnerwahl und damit der gesamten Marktinstitution. Die Abwesenheit eines derartigen Wettbewerbs führt im Preismonopol beispielsweise zu der klassischen Monopolineffizienz.

Auktionsmechanismen existieren in zahlreichen Varianten und sind für die Organisation elektronischer Märkte von zentraler Bedeutung. Einfache Auktionen implementieren den Preiswettbewerb auf einer Marktseite, wie beispielsweise die derzeit im E-Commerce durchgeführten Versteigerungen in Form der Englischen Auktion. Diese Verfahren ermöglichen nur eine einseitige Transaktionspartnerwahl und sind damit auf $(1{:}n)$ Verhandlungen beschränkt. Doppelte Auktionen und Börsenmechanismen erweitern dieses Verhandlungskonzept und ermöglichen einen Preiswettbewerb auf beiden Marktseiten. Mit diesen Verfahren ist eine beidseitige Transaktionspartnerwahl möglich, womit auch $(n{:}m)$ Verhandlungen realisierbar sind. In Teil 3 werden sowohl konventionelle Auktionsmechanismen diskutiert, als auch neue, erweiterte Mechanismen zur Bewältigung derzeit ungelöster Verhandlungsaspekte entwickelt.

2.2.2.2. Kontraktoptimierung

Motivation

Ausgangspunkt jeder bilateralen Transaktion ist ein effizienzsteigernder Kontrakt zwischen einem Anbieter und einem Nachfrager. Beinhaltet der Kontraktraum verschiedene Kontrakte, so besteht die Frage, welcher Kontrakt zwischen zwei Transaktionspartnern die maximale Effizienz besitzt. Die Beantwortung dieser Frage ist von den Präferenzen, also den konkreten Transaktionsbedürfnissen $v(k)$ der Akteure abhängig.

Beispiel

Betrachten wir zur Illustration als Transaktionsgegenstand erneut die Dienstleistung eines Gütertransportes. Angenommen, die möglichen Kontrakte unterscheiden sich in bezug auf die Transportdauer, der Kontraktraum lautet $K = \{k_1, k_2, k_3\}$. Der Nachfrager zieht kürzere Transportdauern vor, dem Anbieter verursachen kürzere Transportdauern höhere Kosten. Abbildung 2.2.2.2.a zeigt eine derartige Situation. An der Abszisse ist der Kontraktraum in Form der verschiedenen Transportdauern abgetragen, die Ordinate gibt die Bewertungen von Anbieter und Nachfrager an.

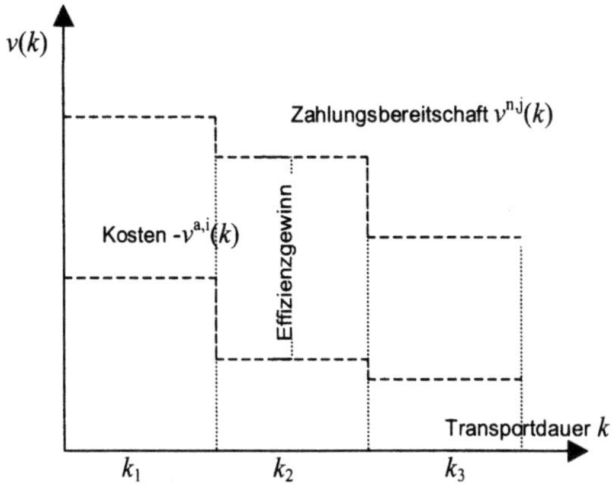

Abb. 2.2.2.2.a Optimaler Transportkontrakt

Die Bewertungsfunktion des Anbieters repräsentiert Kosten und weist in der Regel einen negativen Wert auf. In der Abbildung 2.2.2.2.a ist daher der Wert $-v^{a,i}(k)$ dargestellt. Der Optimalkontrakt $k^* = k_2$ maximiert die Summe $v^{a,i}(k)+v^{n,j}(k)$.

DEFINITION 2.2.2.2.a Ein effizienter Kontrakt $k \in K$ bezüglich zweier Transaktionsbedürfnisse $v^{a,i}$ und $v^{n,j}$ maximiert den Effizienzgewinn $\pi = v^{a,i}(k)+v^{n,j}(k)$. Ein Kontrakt k ist effizient, falls $\forall_{k' \in K}\ \pi(k) \geq \pi(k')$ gilt.

Sind die Präferenzen beider Akteure allgemein bekannt, so handelt es sich bei der Kontraktoptimierung um eine klassische Optimierungsaufgabe.

strategisches Verhalten

Auf realen Märkten sind die individuellen Präferenzen der Akteure hingegen in Regel privates Wissen, sie sind nur den Akteuren selbst bekannt. Es existiert keine zentrale Instanz, der alle zur Lösung der oben angesprochenen Optimierungsaufgabe benötigten Informationen zur Verfügung stehen. Die Kontraktoptimierung erweitert sich damit von einer reinen Optimierungsaufgabe zu einem Verhandlungsproblem. Die Akteure müssen ihre Präferenzen sukzessive offenbaren, um darauf aufbauend einen effizienten Kontrakt zu ermitteln. Da die Informationsverteilung auch für den Aspekt der Preisbildung und Gewinnverteilung von zentraler Bedeutung ist, besteht für die Akteure hierbei der Anreiz, strategisch zu agieren. Dies bedeutet, dass die Akteure in der Regel unter dem Ziel der individuellen Wohlfahrtsmaximierung verfälschte Präferenzen anstelle ihrer wahren Präferenzen offenbaren (vgl. Abschnitt 2.3.3.).

Ein klassisches Beispiel für den Zusammenhang zwischen Informationsverteilung und Preisbildung bietet die Monopolineffizienz, die aus der Unkenntnis des Monopolisten über die individuellen Präferenzen der Akteure resultiert. Hätte der Monopolist diese Information und könnte eine vollständige Preisdifferenzierung vornehmen, so wäre zwar einerseits die Monopolineffizienz aufgehoben, anderseits würde die Konsumentenrente jedoch auf Null sinken. Dieses einfache Beispiel illustriert die Bedeutung der Informationsverteilung und zeigt den Anreiz aufseiten des Konsumenten, seine wahren Präferenzen nicht zu offenbaren.

2.2.2.3. Gewinnverteilung und Preisbildung

Motivation

Die Preisbildung eines Wettbewerbsmarktes teilt die im Rahmen der Transaktionen erzielten Effizienzgewinne zwischen Käufern und Verkäufern auf. Als Preisbildungsverfahren lassen sich grundsätzlich Festpreise und dynamische Wettbewerbspreise unterscheiden. Anwendungsbeispiele sind zum einen Katalogangebote und zum anderen einfache Auktionen. Auch Katalogpreise können wettbewerbsorientiert sein, entscheidend ist hier jedoch, dass der Transaktionspreis nicht dynamisch im Rahmen des Verhandlungsprozesses gewählt wird.

Bedeutung der Währung

Die Existenz von Preisen ist nicht zwingend an das Vorhandensein einer Währung gebunden. So weist beispielsweise auch ein reiner Gütertausch einen Preis in Form des Tauschverhältnisses der transferierten Güter auf. Im Weiteren wird durchgehend die Existenz einer Währung vorausgesetzt (vgl. Definition 2.2.1.4.a). Dem anhand des Kontraktes k spezifizierten Gütertransfer im Rahmen einer Transaktion steht immer ein monetärer Transfer vom Käufer zum Verkäufer in Höhe des Preises p gegenüber.

Die Einführung einer Währung hat gegenüber dem reinen Gütertausch zwei wesentliche Vorteile. Erstens bietet die Währung einen einheitlichen Wertmaßstab, der die Vergleichbarkeit von Transaktionen und damit die Transparenz des Marktes fördert. Zweitens wird es mit Existenz einer Währung möglich, bei der Gewinnverteilung von der Teilbarkeit der transferierten Güter zu abstrahieren und beliebige Wohlfahrtstransfers zwischen den Akteuren vorzunehmen. Die Gewinnverteilung kann damit unabhängig von der Kontraktoptimierung durch eine Preisbildung realisiert werden. Die hierzu notwendige Annahme quasilinearer Nutzenfunktionen wird später in Abschnitt 2.3.1.3. diskutiert.

Auszahlungsraum

Die Zusammenhänge zwischen Transaktionsbedürfnis, Kontrakt, Preis und Transaktionsgewinn lassen sich im Auszahlungsdiagramm veranschaulichen. Abbildung 2.2.2.3.a stellt den Auszahlungsraum zu dem Beispiel eines Transportkontrakts aus Abschnitt 2.2.2.2. dar. Ausgangspunkt der Darstellung sind die Transaktionsbedürfnisse $v^{a,i}(k)$ und $v^{n,j}(k)$ von Verkäufer i und Käufer j. An der Abszisse ist der Transaktionsgewinn des Käufers, an der Ordinate der des Verkäufers abgetragen. Die Wahl des Kontraktes im Rahmen der Kontraktoptimierung definiert in diesem Koordinatensystem eine Gerade der mit Variation des Preises p erreichbaren Gewinnverteilungen. Der Abszissen- und der Ordinatenabschnitt dieser Diagonale entspricht jeweils dem Effizienzgewinn $v^{a,i}(k)+v^{n,j}(k)$ des Kontraktes k, jeder Punkt der Diagonale korrespondiert mit einem Preis des Intervalls $[-v^{a,i}(k), v^{n,j}(k)]$. Die Effizienz der Kontrakte nimmt also mit dem Abstand der Diagonale vom Koordinatenursprung zu.

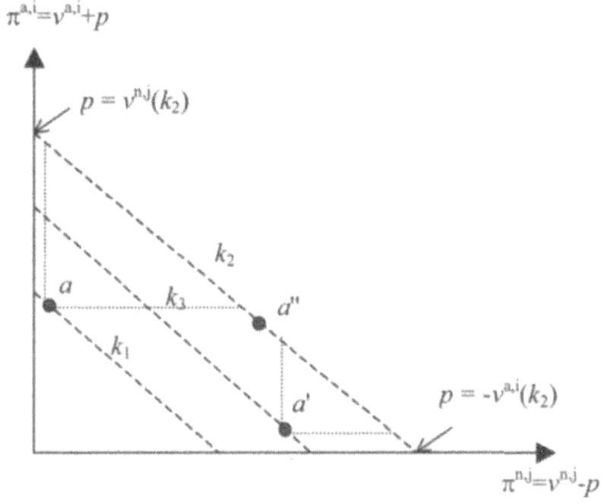

Abb. 2.2.2.3.a Auszahlungsraum

Die Kontraktoptimierung entspricht in dieser graphischen Darstellungsform der Suche einer möglichst weit rechts oben liegenden Diagonale k, die Gewinnverteilung in der Wahl eines Punktes auf dieser Diagonale.

Bedeutung flexibler Preise

Die Abbildung illustriert die Bedeutung einer flexiblen Preisbildung für die Effizienz der Marktinstitution. Angenommen, die in der Abbildung dargestellten Punkte a, a' und a'' repräsentieren fest vorgegebene Preise, und es ist lediglich der Kontrakt frei wählbar. In diesem Szenario sind alle drei angegebenen Punkte Pareto-optimal, wobei jeder der beiden Transaktionspartner einen gesamtwirtschaftlich ineffizienten Kontrakt bevorzugt: Anbieter i präferiert a, Nachfrager j präferiert a', der Punkt a'' wird von keinem der beiden Transaktionspartner präferiert, obwohl er gesamtwirtschaftlich effizient ist.

Ein derartiges Szenario kann beispielsweise ein Katalogangebot von drei Produktvarianten (im Rahmen eines elektronischen Produktkataloges) sein, der Nachfrager würde hier Kontrakt k_3 wählen. Erlaubt die Marktinstitution demgegenüber eine flexible Preisbildung, so verläuft die Pareto-Grenze k_2 durch a'', und es lässt sich zu jeder Transaktion (i,j,k_1,p) und (i,j,k_3,p) mit beliebigem p eine gesamtwirtschaftlich effiziente Transaktion (i,j,k_2,p') angeben, die von beiden Akteuren präferiert wird.

2.2.3. Zusammenfassung und Erweiterungsansätze

Das vorstehend entworfene Basismodell beschreibt das den weiteren Überlegungen zugrunde liegende Verhandlungsproblem. Die Modellierung bildet insbesondere zwei Aspekte ab, die in der gegenwärtigen Praxis elektronischer Märkte fehlen. Dies sind zum einen polypolistische Verhandlungen, und zum anderen Interessensausgleiche bezüglich verschiedener Vertragsinhalte neben dem Transaktionspreis (vgl. auch Abschnitt 1.3.2.). Abbildung 2.2.3.a fasst die Modellelemente in tabellarischer Form zusammen.

Element	Kurzdefinition	siehe Definition
Menge der Marktteilnehmer	$N = (N^a, N^n)$ mit $N^a = \{1, ..., na\}$ und $N^n = \{1, ..., nn\}$	2.2.1.1.a
Kontrakt und Kontraktraum	$k \in K$, bei diskreten Kontrakträumen $K = \{k_1,...,k_{nk}\}$	2.2.1.2.a
einfaches Transaktionsbedürfnis	$v{:}K \rightarrow \mathbb{R}$, für irrelevante Kontrakte $k \in K$ gilt $v(k) = -\infty$.	2.2.1.3.a
Transaktion	$tr = (i, j, k, p)$ mit $i \in N^a, j \in N^n, k \in K$ und $p \in \mathbb{R}$	2.2.1.4.a
Transaktionsgewinn	$\pi^i = v^i(k)+p$ für Verkäufer $i \in N^a$ $\pi^j = v^j(k)-p$ für Käufer $j \in N^n$	2.2.1.4.b

Abb. 2.2.3.a Zusammenfassung der Modellelemente

Bereits die einführende Diskussion des Verhandlungsproblems anhand der drei Teilaspekte Transaktionspartnerwahl, Kontraktoptimierung und Preisbildung sowie ihrer Interdependenzen zeigt die Komplexität der Anforderungen an elektronische Märkte und automatisierte Verhandlungen. Zur systematischen Konstruktion und Analyse wird daher eine formale Modellierungstechnik benötigt, die die exakte Beschreibung leistungsfähiger Verhandlungsmechanismen und darauf aufbauender Automatisierungskonzepte ermöglicht. Die hierzu notwendigen Werkzeuge liefert die Spieltheorie, die Darstellung der hier benötigten Konzepte wird in Abschnitt 2.3. vorgenommen. Im Folgenden werden zunächst die Strukturmerkmale des Basismodells zusammengefasst und anschließend hinsichtlich verschiedener Erweiterungsansätze diskutiert.

2.2.3.1. Genealogie der Strukturmerkmale

Zur Abgrenzung des Basismodells sind in Abbildung 2.2.3.1.a die verschiedenen Strukturmerkmale und -varianten in der Form einer einfachen Genealogie dargestellt. Die Genealogie unterscheidet insgesamt sechs Ebenen. Sie beginnt mit dem allgemeinen Szenario eines elektronischen Marktes und automatisierter Verhandlungen und wird dann anhand der verschiedenen Merkmale entwickelt.

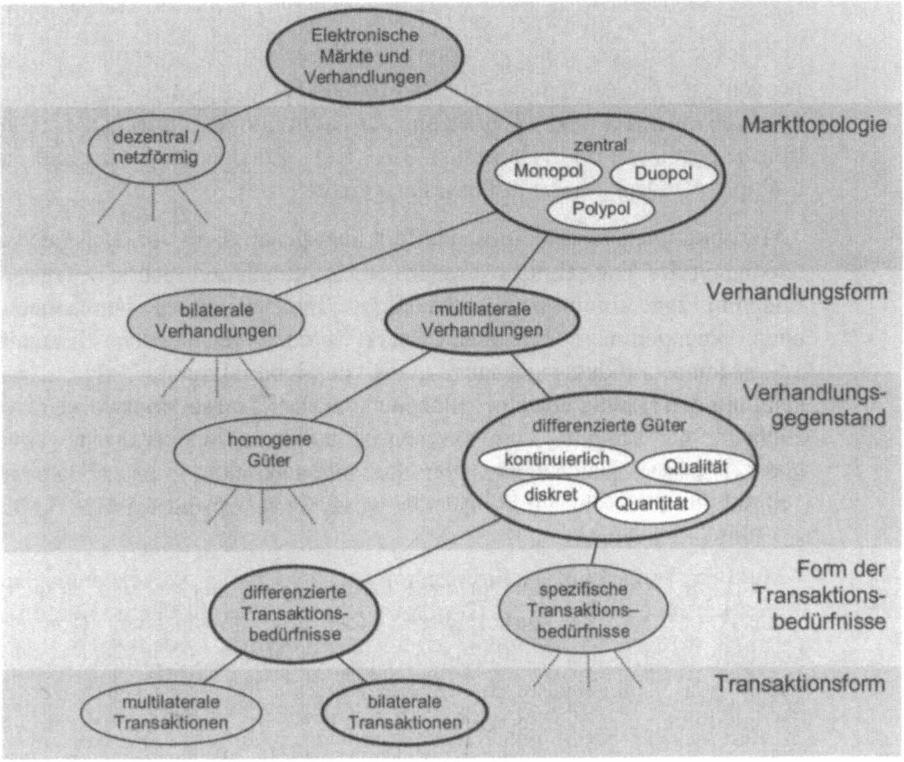

Abb. 2.2.3.1.a Genealogie der Strukturmerkmale

Die fett umrandet dargestellten Strukturmerkmale beschreiben die Schwerpunkte des Basismodells und grenzen den Untersuchungsgegenstand von anderen Szenarien ab. Die alternativen Strukturmerkmale, wie beispielsweise netzförmige Märkte, sind in der Genealogie nur ansatzweise dargestellt. Würden diese Äste weiter fortgeführt, so ergäben sich Teilbäume, die der in der Abbildung dargestellten Genealogie oft ähnlich sind. So sind beispielsweise auch auf dezentralen Märkten verschiedene Formen von Transaktionsbedürfnissen vorstellbar.

Hinsichtlich der ersten drei Strukturmerkmale wurde für das Basismodell jeweils eine sehr allgemeine Modellierung vorgenommen. Für die Abgrenzung des Basismodells sind daher insbesondere die letzten beiden Strukturmerkmale der Genealogie, die Form der Transaktionsbedürfnisse und die Transaktionsform, von Bedeutung. Beide Merkmale werden im Folgenden hinsichtlich ihrer Grenzen und möglicher Erweiterungsansätze diskutiert.

2.2.3.2. Komplexere Transaktionswünsche

Das vorstehend entworfene Modell des einfachen Transaktionsbedürfnisses orientiert sich primär an der Abbildung einzelner, isolierter Transaktionswünsche. Die Komplexität realer Transaktionswünsche kann in Abhängigkeit des jeweiligen Szenarios unterschiedliche Formen annehmen. Im Folgenden wird die Anwendbarkeit des Modells auf komplexere Transaktionswünsche untersucht. Als Abgrenzung zur Definition des einfachen Transaktionsbedürfnisses (vgl. Definition 2.2.1.3.a) wird hierzu der Begriff des multiples Transaktionsbedürfnisses eingeführt.

multiple Transaktionsbedürfnisse

Ein multiples Transaktionsbedürfnis liegt genau dann vor, falls zur Befriedigung des Transaktionswunsches eine Kombination mehrerer Transaktionen in Frage kommt bzw. notwendig ist. Ein Beispiel soll dies verdeutlichen. Angenommen, auf einem Markt werden verschiedene Varianten $1,...,nk$ eines Produktes gehandelt, und der Kontraktraum $K = \{k_1,...,k_{nk}\}$ sieht nur den Handel einzelner Einheiten vor. Der Transaktionswunsch zwei Einheiten der Variante *2* zu erwerben ist damit nicht in Form eines einfachen Transaktionsbedürfnisses abbildbar und auch nicht in einer bilateralen Transaktion umsetzbar. Im Folgenden werden zwei Lösungsansätze für dieses Problem diskutiert.

Erweiterung des Kontraktraumes

Multiple Transaktionsbedürfnisse lassen sich immer auf ein einfaches Transaktionsbedürfnis zurückführen, indem die gewünschten Kontraktkombinationen in den Kontraktraum integriert werden. In dem soeben dargestellten Beispiel müsste ein weiterer Kontrakt k_{nk+1} vorgesehen werden, der inhaltlich einer Verdoppelung von k_2 entspricht. Mit dieser Erweiterung reduziert sich der dargestellte Transaktionswunsch auf ein einfaches Transaktionsbedürfnis und kann durch genau eine bilaterale Transaktion umgesetzt werden.

Als allgemeine Konstruktionsvorschrift zur Gestaltung des Kontraktraumes folgt daraus, dass für jeden möglichen Transaktionswunsch ein entsprechender Kontrakt vorgesehen wird. Voraussetzung einer sinnvollen Differenzierung des Kontraktraumes ist damit umgekehrt ein Szenario, in dem auf mindestens einer Marktseite differenzierte Präferenzen bezüglich verschiedener Kontraktvarianten vorliegen.

Folgt man diesem Ansatz, dann existiert für jede benötigte Konjunktion von Transaktionseigenschaften, wie beispielsweise Qualitäten oder Güterkombinationen, jeweils ein genau Kontrakt. Die Kontrakte bilden damit – in begrifflicher Anlehnung an die mathematische Aussagenlogik – quasi die Fundamentalterme des Marktes. Die differenzierten Transaktionsbedürfnisse bilden darauf aufbauend Disjunktionen dieser Kontrakte, wobei jeder einzelne Kontrakt mit einer monetären Bewertung verknüpft wird.

Der hier vorgeschlagene Ansatz eines vervollständigten Kontraktraumes ist nur dann zweckmäßig, falls für die verschiedenen Kontrakte sowohl

Anbieter als auch Nachfrager existieren. Ist dies nicht der Fall, so ermöglicht die Erweiterung des Kontraktraumes zwar die Reduktion des multiplen Transaktionsbedürfnisses auf ein einfachen Transaktionsbedürfnis, es kann jedoch keine Transaktion zustandekommen, da kein korrespondierendes Transaktionsbedürfnis auf der anderen Marktseite existiert.

Teilbarkeit multipler Transaktionsbedürfnisse

Einen anderen Ansatzpunkt zur Abbildung multipler Transaktionsbedürfnisse bietet die Zerlegung in mehrere einfache Transaktionsbedürfnisse. Ein multiples Transaktionsbedürfnis wird im Folgenden als teilbar bezeichnet, wenn es sich als Menge einfacher Transaktionsbedürfnisse $(v^1,...,v^n)$ darstellen lässt. Jede Einzelkomponente v^i des multiplen Transaktionsbedürfnisses stellt hierbei einen isolierten, unabhängigen Transaktionswunsch dar. Der Gewinn jeder Einzeltransaktion ergibt sich gemäß Definition 2.2.1.4.b unabhängig von anderen Transaktionen, und der Gesamtgewinn eines Nachfragers aus n Transaktionen $(tr^1,...,tr^n)$ lautet $\Sigma^n_{i=1} v^i(k^i) - \Sigma^n_{i=1} p^i$. Eine weitere Vereinfachung ist möglich, falls es sich um n identische einfache Transaktionsbedürfnisse v, also $v^i = v$, handelt. Diese Variante wird im Weiteren als *mehrfaches Transaktionsbedürfnis* bezeichnet.

Als Beispiel eines teilbaren multiplen Transaktionsbedürfnisses sei das Szenario eines ein Massenprodukt fertigenden Monopolisten betrachtet. Der Transaktionswunsch eines derartigen Akteurs besteht in der Regel nicht in einer einzelnen, sondern einer sehr großen Zahl bilateraler Transaktionen. Produziert der Monopolist zu konstanten Stückkosten c_k, so lässt sich sein Transaktionswunsch durch eine Menge einfacher Transaktionsbedürfnisse $v_k = c_k$ abbilden. Liegen demgegenüber beispielsweise positive Skaleneffekte (also abnehmende Grenzkosten) vor, so ist eine direkte Abbildung in Form einfacher Transaktionsbedürfnisse nicht möglich. Das Szenario des Monopolisten wird in Abschnitt 4.2.1. ausführlich diskutiert.

Ein multiples Transaktionsbedürfnis ist unteilbar, falls bei der Zerlegung in einfache Transaktionsbedürfnisse Abhängigkeiten zwischen den Bewertungen der Einzeltransaktionen auftreten. Betrachten wir als Beispiel eines unteilbaren multiplen Transaktionsbedürfnisses das eingangs beschriebene Szenario eines Kontraktraumes $K = \{k_1,...,k_{nk}\}$ mit der Veränderung, dass der Nachfrager den Kontrakt k_2 genau zweimal erwerben möchte und eine Erweiterung des Kontraktraumes aus den obengenannten Gründen nicht zweckmäßig ist. Eine Zerlegung in zwei einfache Transaktionsbedürfnisse bezüglich k_2 ist in diesem Fall nicht durchführbar, da eine einzelne Transaktion für den Nachfrager keinen Wert besitzt, d.h., die Bewertung ergibt sich erst unter der gemeinsamen Berücksichtigung beider Transaktionen.

Spezielle Formen unteilbarer Transaktionsbedürfnisse und Strategien zu ihrer Umsetzung werden später beispielsweise im Kontext des Monopols diskutiert. Einen allgemeinen Ansatzpunkt bietet die nachfolgend diskutierte Modellvariante der multilateralen Transaktion.

2.2.3.3. Multilaterale Transaktionen

Einen weiteren, dritten Ansatzpunkt zur Umsetzung multipler Transaktionsbedürfnisse bietet die Transaktionsform. Hierbei wird der komplexe Transaktionswunsch nicht wie in den beiden im vorangegangenen Abschnitt beschriebenen Ansätzen auf einfache Transaktionsbedürfnisse zurückgeführt, sondern die Transaktionsform wird um multilaterale Transaktionen erweitert. Diese Alternative ist insbesondere dann zweckmäßig, falls die vorangegangenen Ansätze nicht anwendbar sind.

Beispiel

Als Beispiel sei das Szenario eines Nachfragers betrachtet, dessen zu vergebender Großauftrag nur von einer Gruppe kleinerer Anbieter gemeinsam übernommen werden kann. Eine Erweiterung des Kontraktraumes ist in diesem Fall unzweckmäßig, da kein entsprechender Gesamtanbieter (bzw. Generalunternehmer) existiert. Das Transaktionsbedürfnis des Nachfragers ist anderseits unteilbar, da für ihn nur die Gesamtrealisation seines Großauftrages einen Wert besitzt. Insgesamt ist der Transaktionswunsch des Nachfragers damit nur im Rahmen einer multilateralen Transaktion durchführbar, in der die einzelnen bilateralen Kontrakte und Transaktionen zusammengefasst werden. Umgekehrt lassen sich ähnliche Szenarien konstruieren, in denen mehrere Nachfrager ihre Einzelnachfragen kombinieren.

Praxis-relevanz

In der Praxis findet man multilaterale Transaktionen insbesondere auf Märkten mit wenig standardisierten Kontrakten und geringer Transaktionshäufigkeit. Beide Merkmale implizieren eine geringe Eignung für den Einsatz automatisierter Marktsysteme. Märkte mit stark standardisierten Kontrakten und hoher Transaktionshäufigkeit sind demgegenüber typischerweise in der Form bilateraler Transaktionen organisiert.

Die Umsetzung multipler Transaktionsbedürfnisse in multilaterale Transaktionen kann zudem aufseiten des Verhandlungsmechanismus mit großen numerischen Aufwänden verbunden sein. Suchen sowohl Anbieter als auch Nachfrager jeweils mehrere Transaktionspartner, so ergibt sich in der Regel mit zunehmender Zahl der Marktteilnehmer ein exponentielles Wachstums der Transaktionsmöglichkeiten. Insbesondere für die Transaktionspartnerwahl führen diese kombinatorischen Möglichkeiten auf numerisch sehr aufwendige Optimierungsprobleme.

Im Mittelpunkt der weiteren Überlegungen stehen daher Märkte mit bilateralen Transaktionen. Multilaterale Transaktionen werden im Folgenden nur ansatzweise, beispielsweise im Rahmen der share-auction in Abschnitt 3.2.2.2., betrachtet.

2.3. Spieltheoretische Instrumente

Das vorstehend entworfene Basismodell beschreibt den elektronischen Markt als einen Verhandlungsprozess, in dem Transaktionsbedürfnisse in Transaktionen umsetzt werden. Die konkrete Ausgestaltung dieses Prozesses kann unterschiedliche Formen annehmen und beinhaltet zwei eng miteinander verbundene Teilaspekte. Zum einen ist zu definieren, nach welchen Regeln die Akteure miteinander interagieren. Dieses Regelwerk wird als Verhandlungsmechanismus bezeichnet. Aufbauend auf einem konkreten Verhandlungsmechanismus stellt sich als zweiter Teilaspekt die Frage, wie der einzelne Akteur sein Verhalten optimal gestalten kann, d.h. welche Strategie er wählen sollte.

Aufbau und Ziel der Darstellung

Die grundlegenden Konzepte zur Untersuchung beider Teilaspekte liefert im Weiteren die Spieltheorie. Im Mittelpunkt spieltheoretischer Modelle steht die Entscheidung des einzelnen Akteurs, und darauf aufbauend, die strategische Interaktion mehrerer Individuen. Im Folgenden wird zunächst das Konzept des rationalen, nutzenmaximierenden Akteurs vorgestellt. Anschließend werden Modellierungsvarianten und Lösungskonzepte zur Analyse der strategischen Interaktionen mehrerer Akteure betrachtet. Im letzten Schritt wird die in den nachfolgenden Teilen zur Konstruktion elektronischer Märkte eingesetzten Entwurfsmethode konzipiert.

Die nachfolgende Darstellung spieltheoretischer Instrumente orientiert sich sowohl hinsichtlich des gewählten Themenausschnittes als auch in ihrem Umfang an den Erfordernissen der weiteren Untersuchung. In den Abschnitten 2.3.1. und 2.3.2. werden ausschließlich spieltheoretische Grundkonzepte vorgestellt, so dass sich für den spieltheoretisch vorgebildeten Leser ein Überspringen oder "Querlesen" anbietet. Für eine ausführlichere Darstellung der Spieltheorie sei auf die reichhaltige Literatur verwiesen (siehe beispielsweise [Frie86; Myer91; Binm92; Fude93; Holl00]). Eine umfangreiche Aufsatzsammlung zu verschiedenen Themen der Spieltheorie bietet [Auma92; Auma94].

2.3.1. Rationale Akteure

Ein Paradigma der nichtkooperativen Spieltheorie ist das Konzept des Wirtschaftssubjektes oder Akteurs als individuell-rationaler Nutzenmaximierer. Diese Annahme besagt, dass jeder einzelne Akteur alle ihm zur Verfügung stehenden Informationen und Handlungsmöglichkeiten optimal unter dem Ziel der individuellen Wohlfahrtsmaximierung nutzt. Im Folgenden werden ausgewählte nutzentheoretische Grundlagen vorgestellt und zu dem Basismodell in bezug gesetzt. Ausführlichere Darstellungen der Nutzentheorie bieten beispielsweise [Bitz81; Fish92; Bamb94].

2.3.1.1. Präferenzordnung und Nutzenfunktion

Ausgangspunkt der individuellen Nutzenmaximierung sind die Präferenzen des Akteurs. In allgemeiner Form beziehen sich die Präferenzen des Akteurs auf eine Menge alternativer Weltzustände $E = (e_1,...,e_m)$, wobei die Präferenzordnung durch eine Relation der Form "*wird bevorzugt gegenüber*" definiert werden kann.

Nutzenfunktion

Das spieltheoretische Nutzenkonzept besteht darin, jedem Weltzustand e einen Wert $u(e)$ zuzuweisen, sodass $u(e_i) > u(e_j)$ genau dann gilt, falls der Akteur e_i gegenüber e_j präferiert. Falls Indifferenz zwischen zwei Weltzuständen e_i und e_j besteht gilt entsprechend $u(e_i) = u(e_j)$. Eine derartige ordinale Nutzenfunktion $u:E \rightarrow \mathbb{R}$ lässt sich zu jeder Präferenzordnung angeben, die einige grundlegende Plausibilitätskriterien wie Vollständigkeit und Transitivität erfüllt (vgl. [Vari94, S.95]). Entscheidet der Akteur unter Sicherheit, d.h. führt jede seiner Handlungsalternativen zu genau einem Weltzustand, dann besteht sein Entscheidungsproblem in der Wahl der Handlungsalternative, die den maximalen Nutzen bietet.

Beispiel

Betrachten wir als Beispiel ein Szenario mit drei Weltzuständen $E = \{e_1,e_2,e_3\}$. Angenommen, ein Akteur präferiert e_2 gegenüber e_3, e_1 gegenüber e_2 sowie e_1 gegenüber e_3. Diese Präferenzen sind durch verschiedene Nutzenfunktionen abbildbar, beispielsweise eine Funktion u mit $u(e_1) = 3$, $u(e_2) = 2$ und $u(e_3) = 1$ oder eine Funktion u' mit $u'(e_1) = 100$, $u'(e_2) = 10$ und $u'(e_3) = 0$. Das Beispiel verdeutlicht, dass unterschiedliche Nutzenfunktionen dieselbe Präferenzordnung repräsentieren können.

Weltzustände im Basismodell

Im Rahmen des Basismodells ergeben sich die verschiedenen Weltzustände aus der Ausgangsallokation und den durchgeführten Transaktionen. Da allen potenziellen Weltzuständen dieselbe Ausgangsallokation zugrunde liegt, unterscheiden sich die Weltzustände nur hinsichtlich der durchgeführten Transaktionen. Aus der Perspektive eines einzelnen Akteurs ist ausschließlich der im Rahmen der eigenen Transaktionen erzielte Transaktionsgewinn (vgl. Definition 2.2.1.4.b) bewertungsrelevant. Die Präferenzen der Akteure lassen sich daher abbilden, indem der Transaktionsgewinn als Nutzenbewertung herangezogen wird. Führt ein einzelner Akteur mehrere Transaktionen durch, so werden die einzelnen Transaktionsgewinne entsprechend kumuliert. Es sei betont, das die so konstruierte Nutzenfunktion ohne zusätzliche Annahmen rein ordinalen Charakter besitzt.

2.3.1.2. Erwartungsnutzen

Unsicherheit

Die wenigsten Entscheidungen werden in Kenntnis aller Rahmenbedingungen und aller Konsequenzen des eigenen Handelns getroffen. Oft liegt eine Situation vor, in der eine Handlungsalternative zu verschiedenen Weltzuständen führen kann. Angenommen, ein Akteur hat zwei Handlungsalternativen a und b, wobei Alternative a mit Sicherheit zu dem Weltzustand e_2 führt, Alternative b jedoch eine Lotterie zwischen Weltzustand e_1 und e_3 beinhaltet. Diese Erweiterung des Entscheidungsproblems um die Bewertung einer Lotterie kann nicht durch die oben angegebene, ordinale Nutzenfunktion gelöst werden.

Erwartungsnutzen

Die Bewertung von unsicheren Ereignissen bzw. Lotterien ist innerhalb der Spieltheorie Gegenstand der Erwartungsnutzentheorie. Das Grundkonzept bildet hier die Erweiterung der ordinalen Nutzenfunktion hin zu einer Erwartungsnutzenfunktion. Eine derartige Erwartungsnutzenfunktion liefert nicht nur eine ordinale Bewertung sicherer Weltzustände, sondern besitzt zusätzlich die Eigenschaft, dass die erwartete Nutzenauszahlung einer Lotterie die Präferenzen korrekt repräsentiert. In dem obengenannten Beispiel bedeutet dies für eine Erwartungsnutzenfunktion $u{:}E \rightarrow \mathbb{R}$, dass $u(e_2) < p\, u(e_1) + (1\text{-}p)\, u(e_3)$ genau dann gilt, falls die Lotterie gegenüber der sicheren Alternative präferiert wird (p bezeichnet hier die Eintrittswahrscheinlichkeit von e_1). Während bei der Konstruktion der ordinalen Nutzenfunktion im vorhergehenden Abschnitt große Freiheitsgrade bestanden, ist die mit einer Präferenzordnung korrespondierende Erwartungsnutzenfunktionen eindeutig bis auf ordnungserhaltende, lineare Transformationen der Form $u'(e) = a\, u(e) + b$ mit $a,b \in \mathbb{R}$ und $a > 0$ (vgl. [Holl00, S.38]).

Existenz

Für die Existenz einer derartigen Erwartungsnutzenfunktion muss die zugrunde liegende Präferenzordnung einige weitere Plausibilitätskriterien erfüllen (vgl. hierzu auch [Vari94, S.173f.]). Die erste Axiomatisierung der Erwartungsnutzentheorie wurde durch John von Neumann und Oskar Morgenstern in ihrem im Jahre 1944 erschienen Werk The Theory of Games and Economic Behavior (vgl. [Neum47]) vorgenommen. Aus diesem Zusammenhang heraus werden Erwartungsnutzenfunktionen in der Literatur oft auch als *von Neumann-Morgensternsche* Nutzenfunktionen bezeichnet. Mit der Axiomatisierung der Erwartungsnutzentheorie ist eine umfangreiche Diskussion der Angemessenheit dieser Axiome für reale Präferenzen, beispielsweise im Rahmen des Allais-Paradox und des Ellsberg-Paradox, verbunden. Diese Diskussion wird hier nicht weiter dargestellt, einen Überblick bietet beispielsweise [Vari94, S.193ff.].

2.3.1.3. Risikopräferenz

Risikoneutralität

Beziehen sich Lotterien auf monetäre Größen, so stellt sich grundsätzlich die Frage nach der Risikopräferenz der beteiligten Entscheider. Ein einfaches Beispiel soll dies verdeutlichen. Angenommen, ein Akteur kann zwischen einer sicheren Auszahlung von 10 Geldeinheiten und einer Lotterie wählen, die mit gleichen Wahrscheinlichkeiten entweder zu einer Auszahlung von 0 oder 20 Geldeinheiten führt. Ist der Akteur indifferent bezüglich beider Alternativen, d.h. bewertet er die Alternativen ausschließlich anhand der erwarteten Auszahlungen, so liegen *risikoneutrale* Präferenzen vor. Bei Risikoneutralität hat das mit einer Handlungsalternative verbundene Risiko keinen Einfluss auf ihre Bewertung.

Risikoaffinität und -aversion

Wird demgegenüber eine sichere Auszahlung in Höhe des Erwartungswertes der Lotterie vorgezogen, so liegen *risikoaverse* Präferenzen vor, der gegenteilige Fall wird als *risikoaffin* bezeichnet. Das Ausmaß der Risikoaversion bzw. Risikoaffinität eines Akteurs lässt sich beispielsweise anhand der Differenz zwischen dem Erwartungswert und dem Sicherheitsäquivalent einer Lotterie, der sogenannten *Risikoprämie*, beschreiben. Das *Sicherheitsäquivalent* einer Lotterie ist derjenige Betrag einer sicheren Auszahlung, bei dem der Akteur indifferent zu der Lotterie ist. Ist das Sicherheitsäquivalent kleiner als der Erwartungswert der Lotterie, so ist der Akteur risikoavers, andernfalls liegt Risikoaffinität vor. Eine verbreitete Definition der Risikopräferenz bietet das Arrow-Pratt Maß (vgl. [Prat64; Vari94, S.177ff.]).

Lokalität

Die Risikopräferenz eines Akteurs ist eine lokale Eigenschaft, sie kann also mit der Höhe der unsicheren Geldbeträge variieren. Während reale Akteure bei kleinen Beträgen in der Regel risikoneutral agieren, ist mit zunehmenden Beträgen oft auch eine zunehmende Risikoaversion zu beobachten. Im Rahmen dieser Arbeit werden, wie bereits im vorhergehenden Abschnitt angesprochen, grundsätzlich risikoneutrale Akteure unterstellt. Diese Annahme lässt sich dadurch begründen, dass es sich bei jeder einzelnen zu automatisierenden Transaktion jeweils nur um einen kleinen Teilausschnitt der Austauschbeziehungen eines Akteurs handelt. Da große, unternehmenskritische Einzeltransaktionen als Automatisierungsgegenstand grundsätzlich wenig geeignet sind, ist diese Annahme im Rahmen des Untersuchungsgegenstandes unproblematisch.

Erwartungsnutzen im Basismodell

Im Kontext des Basismodells wird der Transaktionsgewinn des Akteurs in der Regel direkt als Erwartungsnutzen verwendet. Es werden also risikoneutrale Entscheider betrachtet, die sich bei ihren Entscheidungen ausschließlich an dem erwarteten Transaktionsgewinn ihrer Handlungsalternativen orientieren. Dieses Vorgehen impliziert eine *geldmetrische Nutzenfunktion*. Die Geldmetrik erlaubt im Gegensatz zur allgemeinen Erwartungsnutzenfunktion den interpersonellen Nutzenvergleich, da über das Maß der Geldeinheit eine objektive Vergleichbasis geschaffen wird. Es handelt sich zudem um eine *quasilineare Nutzenfunktion*, da der Transaktionsgewinn π und damit auch der Erwartungsnutzen linear im Transaktionspreis p ist. Damit ist es grundsätzlich möglich, über den Transaktionspreis einen interpersonellen Nutzentransfer zwischen Transaktionspartnern vorzunehmen.

2.3.2. Strategische Interaktion

Zentraler Untersuchungsgegenstand spieltheoretischer Modelle ist die strategische Interaktion mehrerer Akteure oder Spieler. Das Ergebnis einer derartigen Entscheidungssituation ist nicht nur von dem Verhalten eines einzelnen Spielers und rein zufälliger Einflussgrößen abhängig, sondern maßgeblich durch die Handlungen mehrerer Spieler bestimmt. Aus der Perspektive eines einzelnen Spielers entsteht damit die Notwendigkeit, die Entscheidungen anderer Spieler zu antizipieren und diese Überlegungen in die eigenen Handlungen einfließen zu lassen. Die Basis für derartige Überlegungen liefert die Annahme, dass es sich bei allen beteiligten Spielers um rationale, nutzenmaximierende Entscheider handelt.

Normalform

Das grundlegende spieltheoretische Modell einer derartigen Entscheidungssituation ist die *Normalform* oder auch strategische Form. Die Normalform beschreibt ein konkretes Spiel anhand eines Tupels $\Gamma = (N,S,u)$, bestehend aus der Menge $N = \{1,\ldots,n\}$ aller beteiligten Spieler, dem Strategieraum S und der Erwartungsnutzenfunktion u. Diese drei Komponenten sind allen Teilnehmern zu Spielbeginn bekannt, sie sind gemeinsames Wissen bzw. common knowledge (vgl. [Auma76] zur Formalisierung des common knowledge).

Der *Strategieraum* $S = (S^1,\ldots,S^n)$ enthält die Strategiemengen der beteiligten Spieler. Eine Strategiemenge S^i beinhaltet die Strategien s^i, zwischen denen Spielers i wählen kann. Alle Spieler wählen ihre Strategie einmalig zu Spielbeginn ohne Kenntnis um die Entscheidung der anderen Spieler. Eine Strategie im spieltheoretischen Sinne ist ein vollständiger Handlungsplan, der für jede mögliche Spielsituation eine Handlungsalternative auswählt. Ist ein Spieler beispielsweise im Rahmen eines Spiels mehrmals am Zug, so definiert seine Strategie für jeden Zug die zu wählende Handlungsalternative.

Die *Erwartungsnutzenfunktion* des Spiels ist ein Vektor $u = (u^1,\ldots,u^n)$ individueller Erwartungsnutzenfunktionen u^i, wie sie im vorhergehenden Abschnitt diskutiert wurden. Das Ergebnis eines konkreten Spiels Γ, und damit auch die Nutzenauszahlungen, werden ausschließlich durch das Verhalten oder auch *Strategieprofil* $s \in S$ der beteiligten Spieler bestimmt, d.h. das Strategieprofil $s = (s^1,\ldots,s^n)$ definiert eindeutig die Nutzenauszahlungen nach Abschluss des Spiels. Zur Vereinfachung der Notation kann daher auf die Menge der Weltzustände E verzichtet werden und die Erwartungsnutzenfunktion u wird direkt auf der Strategiemenge S als Abbildung $u{:}S \rightarrow \mathbb{R}^n$ definiert. Führt ein Strategieprofil nicht auf einen sicheren Weltzustand, sondern aufgrund externer Zufallsfaktoren auf eine Lotterie, so wird dem Strategieprofil der Erwartungsnutzen der Lotterie zugeordnet.

Matrixspiele

Beinhaltet ein konkretes Spiel genau zwei Spieler $N = \{1,2\}$ mit diskreten, abzählbaren Strategiemengen, dann bietet die Matrixform eine anschauliche Darstellungsform. In Abbildung 2.3.2.a ist eine derartige Spielmatrix für den Fall $S^1 = S^2 = \{1,2\}$ in allgemeiner Form dargestellt.

	s_1^2	s_2^2
s_1^1	$u^1(s_1^1, s_1^2)$, $u^2(s_1^1, s_1^2)$	$u^1(s_1^1, s_1^2)$, $u^2(s_1^1, s_1^2)$
s_2^1	$u^1(s_1^1, s_1^2)$, $u^2(s_1^1, s_1^2)$	$u^1(s_1^1, s_1^2)$, $u^2(s_1^1, s_1^2)$

Abb. 2.3.2.a Allgemeines 2×2 Matrixspiel

Die Zeilen der Matrix beziehen sich auf die Strategie des Spielers 1, die Spalten entsprechend auf die Strategie des Spielers 2. In den Zellen befinden sich die Nutzenauszahlungen der verschiedenen Strategieprofile. Im Folgenden werden anhand dieses einfachen Modells verschiedene Spielsituationen und Lösungskonzepte diskutiert.

2.3.2.1. Dominante Strategien

Beispiel

Als erste konkrete Spielsituation sei ein Szenario betrachtet, in dem ein Anbieter und ein Nachfrager im Rahmen einer doppelten Auktion über eine Transaktion verhandeln. Angenommen, der Anbieter hat ein Transaktionsbedürfnis $v^a = 1$ und der Nachfrager ein Transaktionsbedürfnis $v^n = 2$. Die Verhandlung erfolgt, indem Anbieter und Nachfrager zunächst verdeckt ihre Forderung o^a bzw. ihr Gebot o^n abgeben. Anschließend werden die Offerten verglichen. Falls das Gebot mindestens die Höhe der Forderung hat, d.h. falls $o^n \geq o^a$ gilt, wird eine Transaktion zum Preis $p = (o^a + o^n)/2$ durchgeführt, andernfalls enden die Verhandlungen endgültig. Als weitere Einschränkung sei angenommen, dass sowohl für den Anbieter als auch für den Nachfrager nur Offerten vom Betrag 0 oder 3 zulässig sind.

Normalform

Beiden Spielern stehen damit jeweils zwei Strategien zur Verfügung. Abbildung 2.3.2.1.a stellt die Nutzenauszahlungen dieses Spiels in Matrixform dar, hierbei repräsentiert Spieler 1 den Anbieter und Spieler 2 den Nachfrager.

	s_1^2 (0)	s_2^2 (3)
s_1^1 (0)	-1, 2	0.5, 0.5
s_2^1 (3)	**0, 0**	2, -1

Abb. 2.3.2.1.a Gleichgewicht in dominanten Strategien

Betrachtet man das Spiel aus der Perspektive des Anbieters, dann bietet die Strategie s_2^1 (hohe Forderung) unabhängig von der Entscheidung des Nachfrager immer eine höhere Auszahlung als s_2^2 (niedrige Forderung). Die Strategie s_2^1 ist damit für Spieler 1 eine dominante Strategie.

Definition

Allgemein wird eine Strategie s^{i*} als dominante Strategie des Spielers i bezeichnet, falls

$$(2.3.2.1.a) \quad u^i(s^{i*}, s^{-i}) \geq u^i(s^i, s^{-i}) \quad \forall s^i \in S^i, \forall s^{-i} \in S^{-i}$$

gilt, wobei S^{-i} den Strategieraum ohne Spieler i bezeichnet. Das Konzept der dominanten Strategie kann weiter in strikte und schwache Dominanz untergliedert werden, dieser Aspekt wird an dieser Stelle jedoch nicht weiter betrachtet.

Aus der Perspektive des Nachfragers stellt sich die Spielsituation ähnlich dar, hier bildet s_1^2 eine dominante Strategie. Die Strategieentscheidung beider Spieler ist damit unabhängig von den Überlegungen des jeweils anderen Spielers, es findet de-facto keine strategische Interaktion statt. Das aus diesen Überlegungen resultierende Strategieprofil (s_2^1, s_1^2) wird als Gleichgewicht in dominanten Strategien bezeichnet.

Gefangenendilemma

Das soeben dargestellte Szenario ist eine Variante der in der Literatur als Gefangenendilemma bezeichneten Spielsituation (die Motivation dieser Namensgebung wird beispielsweise in [Holl00, S.2] beschrieben). Das Gefangenendilemma hat die in Abbildung 2.3.2.1.b dargestellte, allgemeine Form mit den Auszahlungen $b > c > d > a$ und $c+c > a+b$. Die Strategien beider Spieler werden als *kooperieren* (*K*) und *nicht-kooperieren* (*NK*) bezeichnet.

	K	*NK*
K	*c*, *c*	*a*, *b*
NK	*b*, *a*	***d*, *d***

Abb. 2.3.2.1.b Gefangenendilemma

Kennzeichnend für das Gefangenendilemma ist, dass das individuelle Nutzenmaximierungsverhalten der Spieler zu einem ineffizienten Ergebnis führt. Das effiziente Strategieprofil (*K*, *K*) führt für beide Spieler zu einem besseren Resultat als das Gleichgewicht in dominanten Strategien (*NK*, *NK*), es stellt jedoch kein Gleichgewicht dar: Würden sich die beiden Spieler vor Spielbeginn unverbindlich auf dieses Strategieprofil einigen, so würden beide unter dem Ziel individueller Nutzenmaximierung im Spiel von ihrer Absprache abweichen. Die Möglichkeit eines verbindlichen Vertrages würde demgegenüber ein effizientes Ergebnis ermöglichen. Hierzu ist jedoch eine Veränderung des Spiels, beispielsweise um zusätzliche eine Strategie "*ich kooperiere, falls der Kontrahent nicht NK spielt*", notwendig. Das Gefangenendilemma ist ein klassisches Beispiel für strategisches Verhalten und den damit verbundenen Konflikt zwischen Effizienz und Distribution.

2.3.2.2. Nash-Gleichgewicht

Koordinationsspiel

Das vorstehend beschriebene Gleichgewicht in dominanten Strategien bietet ein einfaches und plausibles Lösungskonzept. Existiert in einem Spiel kein derartiges Gleichgewicht, so entsteht für die Akteure die Notwendigkeit, das Verhalten ihrer Mitspieler zu antizipieren. In Abbildung 2.3.2.2.a ist ein einfaches Beispiel einer derartigen Spielsituation, das sogenannte Koordinationsspiel, dargestellt.

	s_1^2	s_2^2
s_1^1	0, 0	1, 1
s_2^1	1, 1	0, 0

Abb. 2.3.2.2.a Koordinationsspiel

In diesem Szenario hängt das für den ersten Spieler optimale Verhalten von der Entscheidung des zweiten Spielers ab. Wählt Spieler 2 die Strategie s_1^2, so ist für Spieler 1 die Strategie s_2^1 optimal, entscheidet er sich dagegen für Strategie s_2^2, so bietet die Strategie s_1^1 für Spieler 1 die maximale Nutzenauszahlung. Diese Überlegungen gelten analog für die Entscheidung von Spieler 2.

Nash-Gleichgewicht

Die Strategieprofile (s_1^1, s_2^2) und (s_2^1, s_1^2) bilden zwei Gleichgewichte, denn keiner der beiden Spieler kann sich durch die Veränderung seiner Strategie verbessern. Würden sich beide Akteure vor Spielbeginn beispielsweise unverbindlich auf das Strategieprofil (s_1^1, s_2^2) verständigen, so besteht für keinen der beiden ein Anreiz, im Spiel von dieser Absprache abzuweichen. John Nash (vgl. [Nash51]) entwickelte dieses als Nash-Gleichgewicht bekannte Konzept eines Strategieprofils, in dem die Entscheidungen aller Spieler zueinander beste Antworten bilden. Allgemein bildet ein Strategieprofil $s^* \in S$ ein Nash-Gleichgewicht, falls

$$(2.3.2.2.a) \qquad u^i(s^{i*}, s^{-i*}) \geq u^i(s^i, s^{-i*}) \quad \forall i \in N, \forall s^i \in S^i$$

gilt. Das Nash-Gleichgewicht ist die Grundlage für eine Vielzahl verfeinerter spieltheoretischer Lösungsansätze.

gemischte Strategien

In den bisherigen Überlegungen wurden ausschließlich reine Strategien betrachtet, d.h. jeder Spieler i wählte genau eine Strategie s^i seiner Strategiemenge S^i. In einigen Spielsituationen ist es darüber hinaus sinnvoll, auch gemischte Strategien zuzulassen. Eine gemischte Strategie eines Spielers i besteht in einer Verteilungsfunktion, die mehr als einer seiner reinen Strategien $s^i \in S^i$ eine Wahrscheinlichkeit größer Null zuordnet. Verwendet ein Spieler eine gemischte Strategie, dann trifft seine Strategiewahl auf Zufallsbasis.

Erweitert man den Strategieraum eines Spiels um gemischte Strategien, so kann sich die Menge der Nash-Gleichgewichte vergrößern. Falls den Akteuren in dem oben dargestellten Koordinationsspiel gemischte Strategien zu Verfügung stehen, dann existiert genau ein weiteres Nash-Gleichgewicht in gemischten Strategien. In diesem Gleichgewicht randomisieren beide Spieler mit gleicher Wahrscheinlichkeit zwischen ihren beiden reinen Strategien. Jeder der beiden Spieler ist hierbei, gegeben des Verhalten des anderen Spielers, indifferent bezüglich seiner beiden reinen Strategien und dem dazwischenliegenden Kontinuum gemischter Strategien und hat damit keinen Anreiz, von seiner Strategien abzuweichen.

Existenz und Eindeutigkeit

Zwei wesentliche Aspekte eines spieltheoretischen Lösungskonzeptes sind die Existenz und die Eindeutigkeit der gelieferten Gleichgewichte. Nicht alle Spiele besitzen ein Nash-Gleichgewicht, für eine große Klasse von Spielen kann jedoch die Existenz mindestens eines Nash-Gleichgewichts gezeigt werden (vgl. [Holl00, S.62ff.]). In vielen Spielen, wie auch dem oben dargestellten Koordinationsspiel, existiert eine Mehrzahl von Nash-Gleichgewichten. Mit der mangelnden Eindeutigkeit der Lösung entsteht hier der Bedarf, die Analyse der Spielsituation anhand weiterer Konzepte fortzuführen. Zu diesem Zweck wurden zahlreiche Verfeinerungen des Nash-Gleichgewichts entwickelt, die es erlauben, die Menge der Gleichgewichte anhand zusätzlicher Plausibilitätsforderungen weiter einzuschränken. Hierzu zählen beispielsweise das propere Gleichgewicht (vgl. [Myer78]) und das Konzept der Trembling-Hand Perfektheit (vgl. [Selt75]).

2.3.2.3. Teilspielperfektheit

Das von Selten (vgl. [Selt65]) entwickelte Konzept der Teilspielperfektheit verfeinert das Nash-Gleichgewicht um ein Kriterium, mit dem einige unplausible Strategieprofile aus der Lösung ausgeschlossen werden. Für die Darstellung des teilspielperfekten Nash-Gleichgewicht wird an dieser Stelle die strategische Spielform informal anhand eines konkreten Beispiels eingeführt (eine formale Definition bietet beispielsweise in [Fude93, S.77ff.]). Als Beispielsszenario dient eine Variante des bereits in Abschnitt 2.3.2.1 diskutierten Verhandlungsproblems zwischen einem Anbieter und einem Nachfrager. Es handelt sich in diesem Fall um eine spezielle Form der als Ultimatum-Game bezeichneten Spielsituation (vgl. z.B. [Pete00c]).

Beispiel

Angenommen, der Anbieter hat ein Transaktionsbedürfnis $v^a = 1$ und der Nachfrager ein Transaktionsbedürfnis $v^n = 5$. Die Verhandlung erfolgt, indem zunächst der Anbieter einen Preis nennt, anschließend entscheidet der Nachfrager, ob er zu diesem Preis kauft. Als Preisalternativen stehen dem Anbieter nur ein hoher Preis von 4 und ein geringer Preis von 2 zur Verfügung. Die extensive Form bildet das Spiel, wie in Abbildung 2.3.2.3.a dargestellt, als Spielbaum ab.

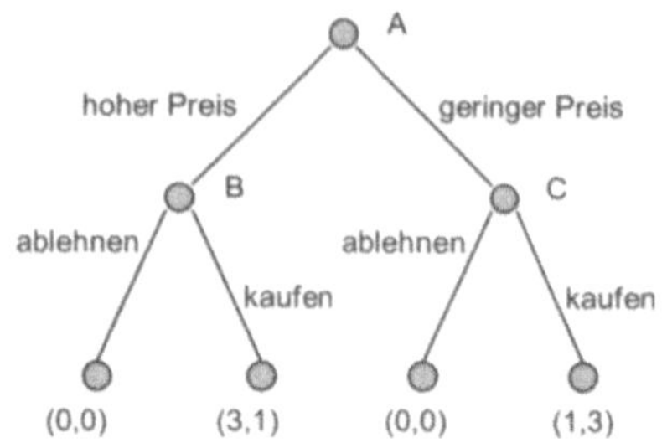

Abb. 2.3.2.3.a Exemplarischer Spielbaum

In Startknoten A ist zunächst der Anbieter am Zug und wählt den Preis. Anschließend entscheidet der Nachfrager in Knoten B bzw. C, ob er zu dem vorgegeben Preis kauft. An den Endknoten sind die Nutzenauszahlungen beider Spieler abgetragen.

Normalform

Die korrespondierende Normalform des Spiels ist in Abbildung 2.3.2.3.b dargestellt. Der Nachfrager verfügt über insgesamt vier Strategien, da jede Strategie für jede Spielsituation (also für Knoten B und Knoten C) eine Handlungsalternative auswählen muss.

	s_1^2 (abl.,abl.)	s_2^2 (abl., kauf.)	s_3^2 (kauf., abl.)	s_4^2 (kauf., kauf.)
s_1^1 hoher Preis	0,0	0,0	**3,1**	**3,1**
s_2^1 geringer Preis	0,0	**1,3**	0,0	1,3

Abb. 2.3.2.3.b Korrespondierende Normalform

In diesem Spiel existieren drei Nash-Gleichgewichte in reinen Strategien (in Abbildung 2.3.2.3.b durch Fettschrift gekennzeichnet). Das Nash-Gleichgewicht (s_2^1,s_2^2) beruht hierbei auf der Drohung des Nachfragers, im Falle eines hohen Preises nicht zu kaufen. Betrachtet man diese Strategie in der extensiven Form, dann ist zu erkennen, dass es sich hierbei um eine unglaubwürdige Drohung handelt: Falls sich der Anbieter für den hohen Preis entscheidet, dann ist es für den Nachfrager eine dominante Strategie, dieses Angebot dennoch zu akzeptieren.

Konzept

Die Idee der Teilspielperfektheit besteht darin, solche unplausiblen Gleichgewichte aus der Lösungsmenge auszuschließen. Als Teilspiel wird ein Teil des Spielbaumes bezeichnet, der ausgehend von einem Startpunkt keine weitere Verbindung zum restlichen Spielbaum besitzt. Eine formale Definition des Teilspiel-Begriffes findet sich beispielsweise [Fude93, S.92ff.]. Das Konzept der Teilspielperfektheit fordert von einem Strategieprofil, dass es in jedem Teilspiel ein Nash-Gleichgewicht bildet. Die Verfeinerung des Nash-Gleichgewichts besteht hier darin, dass ein Strategieprofil auch in Spielsituationen, die im Gleichgewicht nie erreicht werden, gegenseitig beste Antworten beinhalten muss.

In dem oben dargestellten Beispiel existieren zwei Teilspiele, von denen eines in Knoten B und eines in Knoten C beginnt. Das angesprochene Strategieprofil (s_2^1,s_2^2) bildet für das Teilspiel ab Knoten C ein Nash-Gleichgewicht, nicht jedoch für das Teilspiel ab Knoten B. Das Strategieprofil (s_2^1,s_2^2) ist damit nicht teilspielperfekt, dieselben Überlegungen gelten für das Strategieprofil (s_1^1,s_3^2). Damit verbleibt das Strategieprofil (s_1^1,s_4^2) als einziges teilspielperfektes Nash-Gleichgewicht. Das Verfeinerungskriterium Teilspielperfektheit ermöglicht oft eine Eingrenzung der plausiblen Gleichgewichtslösungen, garantiert jedoch kein eindeutiges Ergebnis.

Backward-Induction

Ein konkretes Vorgehen zur Bestimmung teilspielperfekter Nash-Gleichgewichte bietet das Konzept der *Backward-Induction*. Hierbei wird der Spielbaum, ausgehend von seinen Blättern rückwärts zum Startknoten hin analysiert. Im Beispiel werden damit zunächst die Nash-Gleichgewichte der Teilspiele ab Knoten B und C ermittelt, anschließend wird darauf aufbauend die Spielsituation in Knoten A analysiert.

2.3.2.4. Wiederholte Spiele

Die im vorhergehenden Abschnitt verwendete extensive Form modelliert, zusätzlich zu den in der Normalform enthaltenen Elementen, die dynamische Struktur eines Spieles. Das Konzept der Teilspielperfektheit zeigt auf, dass diese zusätzlichen Modellinformationen bei der Suche nach plausiblen Gleichgewichten nützlich sind. Viele reale Spielsituationen besitzen eine derartige dynamische Struktur. Eine spezielle Form bilden die wiederholte Spiele. Dieses Konzept ist eine wichtige Grundlage für die in Teil 3 zu konstruierenden, auktionsbasierten Märkte.

Definition

Ein wiederholtes Spiel liegt vor, falls ein *Basis-* oder *Stufenspiel* $\Gamma = (N,S,u)$ mehrmals hintereinander durchgeführt wird. Die gesamte Folge der Stufenspiele wird als *Superspiel* bezeichnet. Im Weiteren sei $\Gamma(T)$ das T-mal durchgeführte Stufenspiel Γ, der Grenzfall eines unendlich wiederholten Spiels wird entsprechend mit $\Gamma(\infty)$ bezeichnet. In jeder Periode des Superspiels stehen den Spielern als Handlungsalternativen die Strategien des Stufenspiels zur Verfügung, und sie erhalten eine Auszahlung entsprechend der Nutzenfunktion. Im Folgenden wird zunächst die Gestaltung des Strategieraumes und der Nutzenfunktion des Superspieles diskutiert.

open- und closed-loop Strategien

Für die strategischen Alternativen in einem wiederholten Spiel ist maßgeblich, inwieweit es einem Spieler möglich ist, sein Verhalten in einer Periode von den Ergebnissen der Vorperioden abhängig zu machen. Entscheidend für diese Möglichkeit sind die Feedback-Informationen, die ein Spieler nach Abschluss jeder Periode erhält. Ein *open-loop* Szenario liegt genau dann vor, falls der Spieler keine derartigen Informationen erhält, der gegenteilige Fall wird als *closed-loop* bezeichnet (vgl. z.B. [Fude93, S.130ff.]). Im *closed-loop* Fall kann darüber hinaus betrachtet werden, welche Informationen der einzelne Spieler erhält. Dies können beispielsweise das vollständige Strategieprofil oder die individuellen Nutzenauszahlungen jedes Stufenspiels sein.

Nutzenfunktion und Zeitpräferenz

Die Nutzenauszahlung des Superspiels ergibt sich durch Aggregation der Einzelnutzen im Rahmen der Stufenspiele. Der Aspekt der Zeitpräferenz beschreibt hierbei, in welchem Maße die Spieler frühe Auszahlungen gegenüber späteren Auszahlungen bevorzugen. Eine in der Literatur verbreitete Aggregationsform bildet die *Diskontierung* der Nutzenauszahlungen (vgl. auch [Osbo90, S.32ff.]). Die gesamte Nutzenauszahlung eines Superspiels $\Gamma(T)$ ergibt sich hierbei als mit einem Diskontfaktor δ gewichtete Summe

$$\text{(2.3.2.4.a)} \qquad u_{\text{ges}} = \Sigma_{\text{t}}\, \delta^{\text{t}}\, u_{\text{t}}$$

der Einzelauszahlungen. Eine Motivation für diese Form der Zeitpräferenz können beispielsweise Zinskosten oder -gewinne sein. Der Diskontfaktor kann auch die Fortsetzungswahrscheinlichkeit eines wiederholten Spiels beschreiben, also die Wahrscheinlichkeit, mit der ein weiteres Stufenspiel durchgeführt wird. Beträgt der Diskontfaktor $\delta = 1$, so werden die Auszahlungen aller Perioden gleich gewichtet, mit abnehmendem δ werden frühe Auszahlungen in zunehmendem Maße bevorzugt. Eine andere Form der Zeitpräferenz bildet das in Teil 4 im Kontext des Polypolisten betrachtete Zeitlimit *tmax*. Hier existiert ein exogen vorgegebener Termin, bis zu dem alle Nutzenauszahlungen voll in den Gesamtnutzen eingehen, mit dessen Überschreiten jedoch weitere Auszahlungen wertlos werden.

Kooperationsmöglichkeiten

Die Bedeutung von Feedback-Informationen und Zeitpräferenz auf die Gleichgewichtslösung eines Spiels zeigt beispielsweise die Analyse des wiederholten Gefangenendilemmas (vgl. Abschnitt 2.3.2.1.). Im open-loop Fall gilt für jede Periode des Superspiels die Analyse des einmaligen Gefangenendilemmas, und es ist folglich auch im Superspiel keine Kooperation zwischen den Spielern möglich. Diese Aussage gilt demgegenüber nicht in allgemeiner Form für die closed-loop Variante.

Für die folgende Diskussion der Kooperationsmöglichkeiten im wiederholten Gefangenendilemma sei angenommen, dass jeder Spieler am Ende jeder Periode das vollständige Strategieprofil des Stufenspiels beobachten kann. Damit kann jeder Spieler sein Verhalten in jeder Periode $t = 0,...,T\text{-}1$ in Abhängigkeit des bisher beobachteten Spielverlaufes $h^{\text{t}} \in H^{\text{t}} = \{(K,K), (K,NK), (NK,K), (NK,NK)\}^{\text{t}}$ definieren. Eine Strategie kann als eine Folge von Funktionen $\{s_{\text{t}}\}_{\text{t=0}}^{\text{T-1}}$ dargestellt werden, wobei s_{t} das Verhalten in Periode t in Abhängigkeit von h^{t} angibt.

Für das unendlich wiederholte Gefangenendilemma, d.h. das Superspiel $\Gamma(\infty)$, existiert unter diesen Annahmen für den Fall einer diskontbasierten Nutzenfunktion gemäß (2.3.2.4.a) mit hinreichend großem δ ein kooperatives, teilspielperfektes Nash-Gleichgewicht (vgl. [Abre88b] zur Teilspielperfektheit bei Diskontierung). In diesem Gleichgewicht wählen beide Spieler als Strategie, genau solange zu kooperieren (*K*), bis ihr Mitspieler erstmalig nicht kooperiert (*NK*). Falls der Mitspieler in einer beliebigen Periode *t* nicht kooperiert (*NK*), so wird unabhängig von dessen weiterem Verhalten in allen Folgeperiode nicht kooperiert (*NK*). Dieses Verhalten wird in allgemeiner Form als Bestrafungs- oder Trigger-Strategie bezeichnet (vgl. z.B. [Holl00, S.136 ff.]).

unendlich wiederholtes Gefangenendilemma

Die Stabilität dieses Gleichgewichts lässt sich anhand folgender Überlegung prüfen. Wählen beide Spieler die angegebene Trigger-Strategie, dann findet zwischen ihnen ausschließlich Kooperation statt und jeder Spieler erhält als Auszahlung des Superspiels den Betrag $c/(1-\delta)$. Weicht ein Spieler in Periode *t* vom diesem Gleichgewichtspfad ab, so erzielt er in Periode *t* eine zusätzliche Auszahlung von $\delta^t(b-c)$, diesem Gewinn steht jedoch der Verlust der weiteren Kooperation und damit eine Strafe in Höhe von $\delta^{t+1}/(1-\delta)(c-d)$ gegenüber. Ein Abweichen vom Gleichgewichtspfad ist genau dann profitabel, falls der Gewinn die Strafe übersteigt, d.h., falls $\delta^t(b-c) > \delta^{t+1}/(1-\delta)(c-d)$ gilt. Da die angegebenen Triggerstrategien das maximale Strafpotenzial bieten, ist $\delta^* = (b-c)/(b-d)$ der minimale Diskontparameter, für den ein kooperatives Gleichgewicht existiert. Das Modell beschreibt den intuitiven Zusammenhang, dass Kooperation nur dann möglich ist, falls der gemeinsamen Zukunft ausreichender Wert beigemessen wird. Es kann beispielsweise zur Diskussion der Stabilität von Kartellabsprachen eingesetzt werden (vgl. Abschnitt 3.1.4.1. und 4.2.2.2.).

Im endlich wiederholten Gefangenendilemma, d.h. dem Superspiel $\Gamma(T)$, existiert im Gegensatz zur unendlich wiederholten Variante grundsätzlich kein kooperatives Gleichgewicht. In verallgemeinerter Form gilt für endlich wiederholte Spiele mit genau einem Nash-Gleichgewicht, dass ausschließlich eine Wiederholung dieses eindeutigen Nash-Gleichgewichtes ein teilspielperfektes Gleichgewicht des Superspiels darstellt. Besitzt das Stufenspiel demgegenüber mehrere Gleichgewichte, so kann auch Kooperation möglich sein (vgl. [Frie85, Beno85]).

endlich wiederholtes Gefangenendilemma

Die Argumentation für das endlich wiederholte Gefangenendilemma erfolgt über das Konzept der Backward-Induction. In der letzten Periode *T*-1 des Spiels liegt die Entscheidungssituation des einfachen Gefangenendilemmas vor, und es kann keine Kooperation zustandekommen. Damit ist das Verhalten der Spieler in Periode *T*-1 eindeutig determiniert und es wird Periode *T*-2 betrachtet. Da das Verhalten der Spieler in dieser Periode keinen Einfluss auf den weiteren Spielverlauf besitzt (das Verhalten in Periode *T*-1 ist eindeutig definiert), liegt erneut die Entscheidungssituation des einfachen Gefangenendilemmas vor. Diese Argumentation gilt anhand aufeinander aufbauender Iterationsschritte für alle Perioden des Spiels. Das teilspielperfekte Nash-Gleichgewicht schließt damit Kooperation im endlich wiederholten Gefangenendilemma aus. Empirische Untersuchungen zeigen demgegenüber, dass in der Praxis auch Kooperation stattfindet (vgl. [Rapo65; Andr93; Kahn93; Axel84]). Dieses Resultat kann beispielsweise durch unvollständige Information (vgl. [Krep82]), begrenztes Erinnerungsvermögen (vgl. [Neym85; Rubi86; Abre88; Picc92]) und im Rahmen eines evolutionären Gleichgewichtskonzeptes (vgl. [Boyd87; Boyd89; Farr89; Kim94; Pete98, S.36ff.]) erklärt werden.

2.3.2.5. Unvollständige Information

Die bisher betrachteten spieltheoretischen Modelle beschreiben Szenarien vollständiger Information, d.h. jedem einzelnen Spieler sind die Nutzenfunktionen und Handlungsalternativen aller Mitspieler bekannt. In realen Verhandlungssituationen sind demgegenüber oft einzelne Charakteristika eines Akteurs sein privates Wissen, wie beispielsweise die konkrete Gestalt des eigenen Transaktionsbedürfnisses. Derartige Szenarien werden ausgehend von [Hars67] als Bayes'sche Spiele modelliert (vgl. [Holl00, S.77]).

Typbegriff

Die Summe aller Charakteristika eines Spielers wird im Weiteren als Typ bezeichnet. Ein Szenario unvollständiger Information liegt immer dann vor, falls nicht jedem Spieler der Typ jedes Mitspielers bekannt ist. In diesem Fall müssen die Spieler für ihre Strategiewahl zunächst Erwartungen über die Typen ihrer Mitspieler bilden. Neben den Handlungsalternativen und der Nutzenfunktion eines Spielers können auch diese Erwartungen über den Typ anderer Spieler ein Bestandteil seines eigenen Typs sein. Dies beinhaltet, dass die Spieler gegebenenfalls Erwartungen über die Erwartungen ihrer Mitspieler bilden.

Bayes'sches Gleichgewicht

Formal sei $t^i \in T^i$ ein konkreter Typ aus der Menge möglicher Typen des Spielers $i \in N$. Die Erwartungen des Spielers i werden als Funktion $p^i(t^{-i} \mid t^i)$ modelliert, die die erwartete Wahrscheinlichkeit für eine vorgegebene Typkonfiguration t^{-i} der Mitspieler in Abhängigkeit des eigenen Typs t^i angibt. Erweitert man die Normalform um die beiden angesprochenen Modellelemente, so lässt sich ein Spiel unter unvollständiger Information als Tupel $\Gamma = (N,S,u,T,p)$ beschreiben. Der Strategiebegriff wird dahingehend erweitert, dass er einen vollständigen Handlungsplan in Abhängigkeit des Typen eines Spielers angibt. Eine einzelne Strategie eines Spielers i ist damit als Funktion $s^i(t^i)$ darstellbar. Die Nutzenfunktion jedes Spielers wird ebenfalls um den Typ zu einer Funktion $u^i(s^i,s^{-i},t^i)$ erweitert. Damit ergibt sich die Nutzenauszahlung eines Spielers i auf der Basis seiner Erwartungen als

$$(2.3.2.5.a) \qquad u^i(s^i, s^{-i}, t^i) = \Sigma_{t\text{-}i \in T\text{-}i}\, p(t^{-i} \mid t^i)\, u^i(s^i(t^i), s^{-i}(t^{-i}), t^i).$$

Mit den dargestellten Erweiterungen lässt sich das für Spiele mit vollständiger Information konzipierte Nash-Gleichgewicht auf den Fall unvollständiger Information übertragen. Ein *Bayes-Nash Gleichgewicht* oder auch *Bayes'sches Gleichgewicht* ist ein Strategieprofil s^*, für das die Bedingung

(2.3.2.5.b) $$u^i(s^{i*}, s^{-i*}, t^i) \geq u^i(s^i, s^{-i*}, t^i) \qquad \forall i \in N, \forall s^i \in S^i, \forall t^i \in T^i$$

gilt. Im Gegensatz zum zugrunde liegenden Nash-Gleichgewicht beruht das Konzept des Bayes'schen Gleichgewichts zusätzlich auf den Erwartungen p der Spieler. Ausführlichere Darstellungen bieten beispielsweise [Holl00, S.77ff.; Fude93, S.209ff.]. Zum Bayes'schen Gleichgewicht existieren zahlreiche Verfeinerungen, wie die Erweiterung um das in Abschnitt 2.3.2.3. dargestellte Konzept der Teilspielperfekt zum teilspielperfekten Bayes-Nash Gleichgewicht und sequentielle Gleichgewicht (vgl. [Krep82b]).

Anwendbarkeit

Das Bayes'sche Gleichgewicht bietet eine allgemeine und plausible Erweiterung des Nash-Gleichgewichts auf Szenarien mit unvollständiger Information. Der praktischen Anwendung dieses Konzepts stehen jedoch oft zwei Probleme entgegen. Erstens steigt die Komplexität des zu analysierenden Modells mit der Menge der unterschiedlichen Spielertypen und deren voneinander abhängigen Erwartungen sehr schnell, so dass eine analytische Lösung oft unmöglich ist. Mit diesem Komplexitätsaspekt stellt sich zudem die Frage, inwieweit die Rationalität realer Akteure dem Bayes'schen Gleichgewicht genügt. Zweitens lassen sich mit Variation der Erwartungen in der Regel viele verschiedene Gleichgewichte ableiten. Der Aussagewert des Bayes'schen Gleichgewichts über das Resultat realer Verhandlungssituationen ist damit oft gering. Einen Ansatzpunkt zur Lösung beider Probleme bietet die Beschränkung der Menge der zulässigen Spielertypen und ihrer Erwartungen anhand zusätzlicher Plausibilitätskriterien. Die *common prior* Annahme besteht beispielsweise darin, für die Erwartungen aller Spieler eine gemeinsame, objektive a priori Wahrscheinlichkeitseinschätzung vorzusehen (vgl. z.B. [Holl00, S.79ff.]).

2.3.3. Mechanismusdesign

Das klassische Vorgehen der Spieltheorie besteht in der *Rekonstruktion* und Analyse realer Szenarien. Hierzu wird zunächst die zu untersuchende Entscheidungssituation modelliert, um anschließend anhand von Rationalitätsannahmen und Gleichgewichtsüberlegungen das Verhalten der Akteure und das daraus resultierende Spielergebnis zu analysieren. Der Ansatz des Mechanismusdesigns beschreibt umgekehrt einen *Konstruktionsprozess*. Hier bildet ein gewünschtes Spielergebnis den Ausgangspunkt für die Konstruktion eines geeigneten Spieles.

Aufbau

Im Kontext des Basismodells besteht die Aufgabenstellung in der Konstruktion von Verhandlungsmechanismen, die vorgegebenen Kriterien möglichst gut genügen. Im Folgenden wird zunächst die Fragestellung des Mechanismusdesigns am konkreten Fall des Basismodells formalisiert. Anschließend wird eine Typologie verschiedener Entwurfsmethoden entwikkelt und das in den nachfolgenden Teilen zur Konstruktion elektronischer Märkte eingesetzte Vorgehen konzipiert. Abschließend werden einige Kriterien zur Bewertung konkreter Verhandlungsmechanismen diskutiert.

2.3.3.1. Problemdefinition

Den Ausgangspunkt des Mechanismusdesigns bildet die Fragestellung, wie die Regeln eines Spieles gestaltet werden sollen, damit ein gewünschtes Spielergebnis erzielt wird. Im Mittelpunkt steht damit die Analyse der Zusammenhänge zwischen dem Konzept des Verhandlungsmechanismus, also der Regeln anhand derer Anbieter und Nachfrager miteinander verhandeln, und dem Konzept der Allokationsregel.

Allokations-regel

Im Rahmen des Basismodells wurde die Aufgabe der Marktinstitution als eine Abbildung $f{:}((v^{a,1},...,v^{a,na}), (v^{n,1},...,v^{n,nn})) \rightarrow (tr^1,...,tr^{nt})$ der angebots- und nachfrageseitigen Transaktionsbedürfnisse auf eine Menge bilateraler Transaktionen beschrieben (vgl. 2.2.2.a). Überträgt man dies auf das spieltheoretische Modell, dann lässt sich das Transaktionsbedürfnis v^i eines Akteurs i als Typ $t^i \in T^i$ abbilden, und eine Menge bilateraler Transaktionen $(tr^1,...,tr^{nt})$ entspricht einem Weltzustand $e \in E$. Anzumerken ist, dass der Typ t^i eines Akteurs neben dem Transaktionsbedürfnis v^i weitere Eigenschaften wie beispielsweise dessen Erwartungen beinhalten kann (vgl. Abschnitt 2.3.2.5). Die Aufgabe der Marktinstitution besteht damit in verallgemeinerter Form in einer Abbildung

$$(2.3.3.1.a) \quad f{:}\ (t^{a,1},...,t^{a,na}), (t^{n,1},...,t^{n,nn})) \rightarrow (tr^1,...,tr^{nt}).$$

Diese Abbildung oder *Allokationsregel f* definiert das Spielergebnis in Abhängigkeit der Ausgangsbedingungen.

Mechanismus

Ein Mechanismus besteht im Rahmen des Basismodells aus einem Tupel (S,g). Das erste Element ist der Strategieraum $S = (S^{a,1},...,S^{a,na},S^{n,1},...,S^{n,nn})$, er beinhaltet die Strategiemengen der einzelnen Anbieter und Nachfrager. Es sei angemerkt, dass hier der einfache Strategiebegriff eines vollständigen, vom Spielertyp unabhängigen Handlungsplanes gemeint ist (Abschnitt 2.3.2. und 2.3.2.5.). Das zweite Element ist die Abbildung

$$(2.3.3.1.b) \quad g{:}\ (s^{a,1},...,s^{a,na}), (s^{n,1},...,s^{n,nn})) \rightarrow (tr^1,...,tr^{nt}),$$

die zu jedem Strategieprofil $s \in S$ einen Weltzustand $e = (tr^1,...,tr^{nt})$ wählt. Handelt es sich bei dem Mechanismus (wie bei dem später in Teil 3 entwikkelten *kpi*-Auktionsmodell) um ein wiederholtes Spiel, so ist die Strategiemenge S maßgeblich von der vom Stufenspiel des Mechanismus gelieferten Feedback-Information (vgl. Abschnitt 2.3.2.4., open- vs. closed-loop) abhängig. In diesem Zusammenhang sind dann zusätzlich die vom Mechanismus bereitgestellten Informationen (vgl. das polypolistische Automatisierungskonzept in Teil 4) zu entwerfen.

Entwurfsziel

Das Ziel beim Entwurf einer Marktinstitution besteht in der Regel darin, eine vorgegebene Allokationsregel zu implementieren. Da die individuellen Transaktionsbedürfnisse (also die Typen) private Information der Akteure sind, kann die Allokationsregel nicht direkt auf den Markt angewendet werden. Zur Umsetzung einer Allokationsregel f muss daher zunächst ein Mechanismus (S,g) gestaltet werden. Abbildung 2.3.3.1.a illustriert den Zusammenhang zwischen Mechanismus und Allokationsregel.

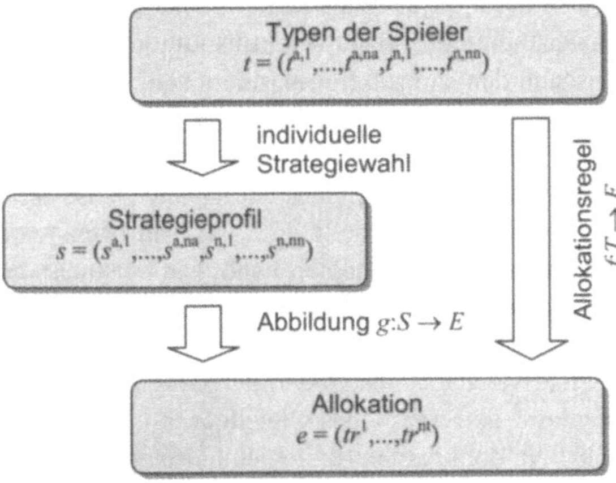

Abb. 2.3.3.1.a Mechanismus und Allokationsregel

In einer konkreten Marktsituation wählt jeder Spieler i auf Basis seines Typs t^i (also seines Transaktionsbedürfnisses v^i und seiner Erwartungen) zunächst eine Strategie s^i, anschließend liefert die Abbildung g auf Basis des so entstandenen Strategieprofils s eine Allokation $e = (tr^1,...,tr^{nt})$. Die Darstellung verdeutlicht, dass der Zusammenhang zwischen Mechanismus (S,g) und Allokationsregel f über die individuelle Strategiewahl der Spieler hergestellt wird. Zur Analyse der hierbei auftretenden strategischen Interaktion werden die in den vorangegangenen Abschnitten dargestellten Rationalitätsannahmen und Gleichgewichtskonzepte benötigt.

2.3.3.2. Entwurfsmethoden

Im Folgenden wird mit dem direkten und dem indirekten Ansatz zunächst eine einfache Typologie alternativer Entwurfsmethoden entwickelt und diskutiert (vgl. auch [Pete00]). Anschließend wird die in dieser Arbeit eingesetzte Methode in die Typologie eingeordnet.

direkter Ansatz

Als direkter Ansatz wird hier die der Literatur zum Mechanismusdesign zugrunde liegende, deduktive Entwurfsmethode bezeichnet. Einen umfangreichen Überblick über diese klassische Form des Mechanismusdesigns bietet [Fude93, S.243ff.]. Das Vorgehen des direkten Ansatzes lässt sich in drei Schritten zusammenfassen:

1. wähle eine Allokationsregel,
2. wähle ein Gleichgewichtskonzept und
3. (versuche) einen Mechanismus zu entwerfen.

Den Ausgangspunkt bildet hier die Wahl einer Allokationsregel f, das Ziel kann hier beispielsweise eine effiziente Marktinstitution mit egalitärer Gewinnaufteilung zwischen den Transaktionspartnern sein. Bevor der Mechanismus (S,g) konstruiert wird, muss zunächst ein Gleichgewichtskonzept gewählt werden. Die verschiedenen Gleichgewichtskonzepte variieren in den Annahmen, die über das Verhalten der Spieler, also den Schritt "individuelle Strategiewahl" in Abbildung 2.3.3.1.a., getroffen werden. Mechanismen auf Basis dominanter Strategien benötigen beispielsweise weniger Annahmen als Mechanismen auf Basis Bayes'scher Strategien und sind damit stabiler im Hinblick auf Veränderungen des Szenarios. Aus dieser Perspektive ist der erste Mechanismustyp dem letzteren immer vorzuziehen. Allerdings sind nicht alle als Bayes'sches Gleichgewicht implementierbaren Allokationsregeln auch in dominanten Strategien umsetzbar.

Die Problematik des eigentlichen Mechanismusdesigns im dritten Schritt lässt sich anhand folgender Überlegung illustrieren. Als naiver Mechanismus bietet sich an, für jeden Spieler eine Strategiemenge $S^i = T^i$ vorzusehen, so dass jeder Spieler anhand einer Strategiewahl $s^i = t^i$ seinen eigenen Typ offenbart, worauf dann anschließend eine beliebige vorgegebene Allokationsregel f angewendet werden kann. Der hier vorgeschlagene Mechanismus führt jedoch nur dann zum Ziel, falls die Abbildung $g = f$ für alle Spieler anreizkompatibel ist, d.h. falls alle Spieler unter dem Ziel individueller Nutzenmaximierung die Strategie $s^i = t^i$ wählen. Falls sich einzelne Spieler durch strategisches Verhalten, d.h. durch Wahl einer Strategie $s^i \neq t^i$, verbessern können, scheitert diese Vorgehensweise.

Ein grundlegendes Ergebnis der Theorie des Mechanismusdesigns ist die Aussage, dass bei unvollständiger Information nicht jede Allokationsregel implementiert werden kann. Die Literatur fokussiert hier auf die Implementierung effizienter Allokationen. Myerson und Satterthwaite [Myer83] zeigen für ein bilaterales Verhandlungsmodell, dass sich keine effiziente Allokation als Bayes'sches Gleichgewicht implementieren lässt, in [Cram87] findet sich ein auf multilaterale Verhandlungen erweitertes Modell. Eine ausführliche Darstellung der in der Literatur vorliegenden Modelle bietet [Fude93, S.275ff.]. Die Ergebnisse zeigen, dass in der Regel keine exakte Implementierung von f möglich ist, so dass nach Näherungslösungen gesucht werden muss.

Der strikt analytische Aufbau des direkten Ansatzes bietet sowohl Vorteile als auch Nachteile. Falls diese Methode erfolgreich ist, liefert sie eine analytisch exakte und vollständige Lösung des Entwurfsproblems. In komplexen Szenarien, wie beispielsweise dynamischen Marktmodellen mit stochastisch ein- und austretenden Akteuren ist dieser Ansatz jedoch aus Komplexitätsgründen in der Regel nicht durchführbar.

indirekter Ansatz

Der indirekte Ansatz bietet eine analytisch-experimentell gemischte Entwurfsmethode für Szenarien, in denen der direkte Ansatz aus Komplexitätsgründen nicht anwendbar ist. Den Ausgangspunkt bildet hier der heuristische Entwurf eines Mechanismus. Anschließend werden die Strategien der Spieler konstruiert und die damit implizierte Allokationsregel untersucht. Das Vorgehen lässt sich wie folgt zusammenfassen:

1. entwerfe heuristisch einen Mechanismus,
2. entwerfe die Strategien (heuristisch oder analytisch) und
3. untersuche die implizierte Allokationsregel (experimentell oder analytisch).

Die Grundidee des indirekten, heuristischen Mechanismusdesigns ist es, auf bereits bestehenden Mechanismen mit bekannten Eigenschaften aufzubauen. Das bedeutendste Gebiet derartiger Mechanismen sind die Auktionsverfahren, ein ausführlicher Überblick folgt in Teil 3. Ein wesentlicher Vorteil des indirekten Ansatzes besteht darin, dass im Entwurfsprozess analytische und experimentelle Elemente kombiniert werden können, womit die Konstruktion komplexerer und leistungsfähigerer Mechanismen möglich wird. Der Entwurf der Strategien kann entweder heuristisch oder analytisch erfolgen, die implizierte Allokationsregel kann experimentell oder ebenfalls analytisch untersucht werden.

Eine derartige, indirekte Entwurfsmethode wird beispielsweise im Bereich der Multi-Agenten-Systeme (MAS), einem Teilgebiet der Informatik, eingesetzt (zu MAS vgl. Abschnitt 4.1.1.2.). Hier werden typischerweise sowohl die Mechanismen als auch die Strategien heuristisch konzipiert, und die resultierende Allokationsregel wird experimentell im Rahmen eines Softwaresystems untersucht (vgl. beispielsweise [Frie93b, S.19; Clif97]). Dieses Vorgehen beinhaltet das inhärente Problem, dass nicht gezeigt wird, ob die beobachteten Allokationen mit einem Gleichgewicht in Strategien korrespondieren. Die hier erzielten Ergebnisse besitzen damit wenig Aussagewert über das Verhalten eines realen Marktes.

Eine robustere Entwurfsmethode besteht darin, die Strategien analytisch auf Basis exakter Rationalitäts- und Gleichgewichtskonzepte zu konstruieren, aber weiterhin ein Softwaresystem zur experimentellen Untersuchung der implizierten Allokationsregel einzusetzen. Der Vorteil besteht hier darin, dass der explizite Einsatz eines Gleichgewichtskonzeptes die strategische Stabilität der beobachteten Allokationen sicherstellt. Eine Einschränkung besteht demgegenüber weiterhin darin, dass die experimentelle Untersuchung in der Regel nur eine unvollständige Beschreibung der implizierten Allokationsregel liefert.

Um eine formale und vollständige Beschreibung der Allokationsregel eines heuristisch konstruierten Mechanismus zu erhalten, muss auch der dritte Schritt des indirekten Ansatzes analytisch durchgeführt werden. Viele grundlegende Ergebnisse der Auktionstheorie, wie beispielsweise Vickrey's Revenue-Equivalence Theorem [Vick61], wurden auf diesem Wege erzielt. Für komplexe Modelle mit einer Vielzahl dynamischer und stochastischer Komponenten ist diese Methode jedoch aus Komplexitätsgründen nicht durchführbar.

gewählte Methode

Für die weitere Konstruktion elektronischer Märkte wird aus den angesprochenen Komplexitätsgründen ein indirekter Ansatz gewählt. Zunächst wird in Teil 3 ein für das Basismodell geeigneter Verhandlungsmechanismus auf der Basis auktionstheoretischer Grundlagen entwickelt. Anschließend werden in Teil 4 die Strategien für verschiedene Akteure wie den Polypolisten und den Monopolisten analytisch konzipiert. Die Allokationsregel des so entworfenen Marktsystems wird dann experimentell anhand von Fallstudien untersucht. In Teil 5 wird zunächst das hierzu benötigte Softwaresystem konstruiert, mit dem anschließend in Teil 6 konkrete Szenarien untersucht werden.

2.3.3.3. Bewertungskriterien

Im Folgenden werden einige Kriterien zur Bewertung konkreter Verhandlungsmechanismen hinsichtlich ihrer Eignung für elektronische Märkte in der Form des Basismodells diskutiert. Die hier dargestellten Kriterien fließen zum einen in den Konstruktionsprozess, insbesondere im Rahmen des *kpi*-Auktionsmodells (vgl. Abschnitt 3.3.) ein, und bilden zum anderen eine Grundlage für die in Teil 6 durchgeführten Fallstudien.

Angemessenheit

Grundlegendes Bewertungskriterium ist die Angemessenheit des Verhandlungsmechanismus an das seitens des Basismodells vorgegebene Marktszenario. Hierzu zählt insbesondere eine adäquate Umsetzung der Verhandlungsaspekte Transaktionspartnerwahl, Kontraktoptimierung und

Preisbildung. Klassische Verhandlungsmechanismen bieten hier unzureichende Möglichkeiten. Die klassische einfache Auktionen erlaubt beispielsweise nur eine einseitige Transaktionspartnerwahl und bietet keine Kontraktoptimierung. Dieser später in Teil 3 erzielte Befund motiviert anschließend die Konzeption der *kpi*-Auktion.

Effizienz

Der Effizienz eines Verhandlungsmechanismus beschreibt, in welchem Umfang die in einer konkreten Marktsituation maximal möglichen Transaktionsgewinne tatsächlich ausgeschöpft werden. Als Maß bietet sich hier beispielsweise der Effizienzgrad

$$\text{(2.3.3.3.a)} \quad \eta = \frac{\text{realisierte Summe der Transaktionsgewinne}}{\text{theoretisch erzielbares Maximum}}$$

an. Da sich der Effizienzgrad auf eine konkrete Marktsituation, d.h. auf eine konkrete Menge von Transaktionsbedürfnissen, bezieht, kann ein spezifischer Verhandlungsmechanismus in Abhängigkeit der Marktsituationen unterschiedlich effizient sein. Der Effizienzaspekt betrachtet das Allokationsergebnis aus der Perspektive eines utilitaristischen Wohlfahrtsmaximierers, es ist hierbei also unerheblich, wie die Transaktionsgewinne zwischen den Individuen aufgeteilt werden.

Akzeptanz

Für den Erfolg einer Marktinstitution ist in der Regel ausschlaggebend, dass sich eine ausreichende Anzahl von Individuen freiwillig zur Teilnahme an dem betreffenden Markt entscheidet. Falls es sich bei dem betrachteten Szenario nicht um ein diktatorisches System handelt, dann kann die Wahl des Verhandlungsmechanismus theoretisch als ein Meta-Spiel betrachtet werden, in dem die zukünftigen Marktteilnehmer über die Regeln ihrer Marktinstitution abstimmen. In diesem Meta-Spiel agieren die Individuen wiederum als rationale Nutzenmaximierer.

Die Akzeptanz eines konkreten Verhandlungsmechanismus ist zum einen vom Effizienzgrad, zum anderen von der Distribution der erzielten Transaktionsgewinne abhängig. In verschiedenen ökonomischen Szenarien, wie beispielsweise dem Monopol und dem Polypol, sind in diesem Zusammenhang unterschiedliche Verteilungen durchsetzbar. Für die Beurteilung eines Verhandlungsmechanismus im Rahmen eines elektronischen Marktes ist daher wesentlich, inwieweit die erzielten Allokationen nicht nur effizient, sondern auch unter ökonomischen Gesichtspunkten plausibel sind.

Stabilität und Robustheit

Die Stabilität und Robustheit des von einem Verhandlungsmechanismus gelieferten Ergebnisses bemisst sich insbesondere an den drei folgenden Fragestellungen:

- Ist die Existenz einer Gleichgewichtslösung gesichert ?
- Ist die Gleichgewichtslösung eindeutig ?
- Welches Konzept liegt dem Gleichgewicht zugrunde ?

Die möglichen Konsequenzen eines uneindeutigen Gleichgewichts sind beispielsweise am Koordinationsspiel erkennbar (vgl. Abschnitt 2.3.2.2.). Gelingt es den Spielern nicht, sich auf ein gemeinsames Gleichgewicht zu verständigen, so können sogar in Abwesenheit kompetitiver Aspekte Ineffizienzen auftreten. Das zugrundegelegte Gleichgewichtskonzept entscheidet darüber hinaus, welche Annahmen für die Existenz des konkreten Gleichgewichtes gelten müssen. Während beispielsweise im Fall eines Gleichgewichts in dominanten Strategien jeder Spieler ausschließlich seine individuellen Präferenzen kennen muss, erfordert das Bayes'sche Gleichgewicht komplexe Erwartungen über das Verhalten der Mitspieler (vgl. Abschnitt 2.3.2.5.).

Automatisierbarkeit

Die Automatisierbarkeit eines Verhandlungsmechanismus erfordert neben der Stabilität und Robustheit seiner Ergebnisse auch, dass die mit der praktischen Durchführung auftretenden Optimierungsprobleme numerisch lösbar sind. Dieses Kriterium ist beispielsweise in Abschnitt 3.3.3.4.3. für die Bewertung alternativer Formen der Transaktionspartnerwahl und Kontraktoptimierung maßgeblich.

3. Auktionen und Börsenmechanismen

Auktionen werden seit weit über eintausend Jahren in den unterschiedlichsten Bereichen, wie beispielsweise dem Handel mit Immobilien, Ölfeldern, Antiquitäten oder Sendefrequenzen eingesetzt (für einen Überblick vgl. [Smit90]). Neben diesen klassischen Anwendungsbereichen findet derzeit ein zunehmender Einsatz im Rahmen des E-Commerce statt (vgl. Abschnitt 1.3.2.3). Der Begriff der Auktion ist von dem lateinischen Wort augere ("vergrößern, steigern") abgeleitet, wobei hier die Vorstellung einer klassischen Versteigerung mit sich wechselseitig überbietenden Akteuren zugrunde liegt. Aus theoretischer Perspektive beschreiben Auktionen eine allgemeine Form multilateraler Verhandlungen, bei denen die Akteure anhand von Offerten interagieren. Hierzu zählen auch komplexe Märkte wie Wertpapierbörsen. Einführungen in die Auktionstheorie bieten beispielsweise [Milg85b; Mask85; Milg87; McAf87; Milg89; Wils92; Wolf96].

Gliederung

Im Folgenden werden Auktionen als Grundlage für die Konstruktion eines für das Basismodell aus Abschnitt 2.2. geeigneten Verhandlungsmechanismus eingesetzt. Zur Einführung wird zunächst das grundlegende Modell der Auktionstheorie, die einfache Auktion, vorgestellt. Da dieses Konzept nur sehr eingeschränkte Verhandlungsmöglichkeiten bietet, werden anschließend die im Kontext des Basismodells notwendigen Erweiterungen diskutiert und mit den in der Literatur vorhandenen Lösungsansätzen verglichen. Hierauf aufbauend wird dann als neues Modell die *kpi*-Auktion entwickelt. Dieses Verfahren deckt die Anforderungen des Basismodells ab und bildet im Weiteren die Grundlage für die Konstruktion elektronischer Märkte.

3.1. Einfache Auktionen

Einfache Auktionen entsprechen dem klassischen Szenario, in dem ein einzelner Anbieter einmalig genau ein Gut unter mehreren Nachfragern versteigert. Im betriebswirtschaftlichen Kontext wird dieses Verfahren auch oft mit vertauschten Rollen eingesetzt, d.h. viele Anbieter konkurrieren im Rahmen einer sogenannten Ausschreibung um den Auftrag seitens eines Nachfragers. Die weitere Darstellung erfolgt durchgehend für den ersteren Fall einer Verkaufsauktion, die dargestellten Zusammenhänge gelten jedoch ohne Einschränkung analog für den umgekehrten Fall einer Einkaufsauktion.

Im Folgenden werden zunächst einige Grundlagen einfacher Auktionen diskutiert und darauf aufbauend die vier klassischen Auktionsformen vorgestellt. Anschließend werden die Mechanismen unter dem Gesichtspunkt der optimalen Auktion und des Revenue-Equivalence Theorems verglichen. Eine Diskussion verschiedener Kollusionsansätze beschließt die Thematik einfacher Auktionen.

3.1.1. Grundlagen

Das Szenario der einfachen Auktion lässt sich als ein spezieller Fall des in Abschnitt 2.2. entwickelten Basismodells darstellen. Die Menge der Marktteilnehmer besteht hier immer aus genau einem Anbieter und einer Vielzahl von Nachfragern, wobei zwischen beiden Marktseiten nur genau ein Kontrakt gehandelt wird. In einfachen Auktionen findet damit grundsätzlich nur eine einseitige Transaktionspartnerwahl und keine Kontraktoptimierung statt (vgl. Abschnitt 2.2.2.).

Notation

Unter diesen Rahmenbedingungen lässt sich die Notation der Modellelemente gegenüber dem Basismodell aus Abschnitt 2.2. wie folgt vereinfachen. Da nur genau ein Kontrakt existiert, werden die Transaktionsbedürfnisse nicht als Abbildung $v{:}K \rightarrow \mathbb{R}$, sondern als Wert $v \in \mathbb{R}$ modelliert. Der Reservationspreis des Anbieters wird hierbei mit v^a und die Zahlungsbereitschaften der Nachfrager $1,\ldots,nn$ mit $v^1,\ldots,v^{nn}$ bezeichnet.

3.1.1.1. Auktionsablauf

Der Ablauf einer einfachen Auktion lässt sich in die Schritte Auktionsstart, Bietphase, Auktionsende und Transaktionsbildung gliedern (vgl. Abbildung 3.1.1.1.a).

Auktionsstart

Der Auktionsstart markiert den Beginn der Bietphase und ist oft mit einem Mindestgebot $o^a \in \mathbb{R}$ seitens des Anbieters verbunden. Dieses Mindestgebot kann als eine Offerte interpretiert werden, die der Anbieter auf sein eigenes Auktionsgut abgibt. Die Abwesenheit eines Mindestgebotes kann formal mit $o^a = -\infty$ dargestellt werden.

Bietphase

In der Bietphase geben die Nachfrager $i \in N^n$ einmalig oder wiederholt Gebote $o^i \in \mathbb{R}$ ab, die Auktionstheorie unterscheidet diesbezüglich zwischen *offenen* und *verdeckten* Auktionen. In offenen Auktionen erfolgen die Gebote der Nachfrager allgemein sichtbar, und jeder Teilnehmer hat die Möglichkeit, mit seinem Verhalten auf die bisherigen Gebote zu reagieren.

Verdeckte Auktionen halten demgegenüber die Gebote der Nachfrager geheim, so dass hier jeder Nachfrager in der Regel maximal ein Gebot abgibt.

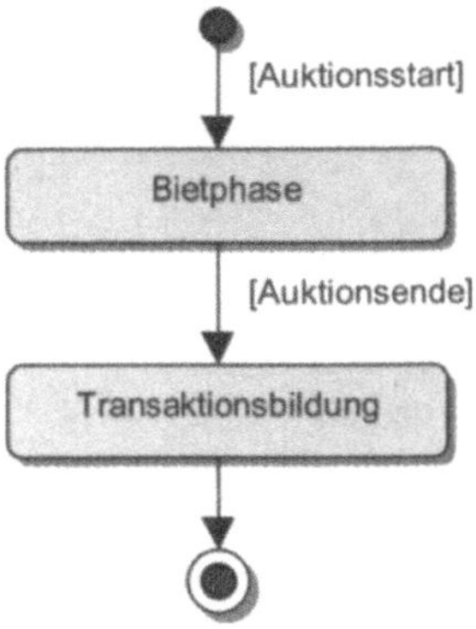

Abb. 3.1.1.1.a Schematisierter Auktionsablauf

Auktionsende

Das Ende der Bietphase (im Weiteren Auktionsende) kann beispielsweise anhand eines festen Zeitpunktes vorgegeben sein. Dieses Verfahren wird oft in verdeckten Auktionen eingesetzt. In offenen Auktionen kann ein fest vorgegebener Zeitpunkt jedoch dazu führen, dass zu Auktionsende ein Bieterwettlauf entsteht, in dem derjenige Nachfrager gewinnt, der das letzte gültige Gebot abgibt. Um derartige Effekte zu vermeiden, wird in offenen Auktionen in der Regel ein Countdown der Form "zum ersten, zum zweiten, ..." eingesetzt, der die Auktion mit jedem neuen Gebot um einen vorgegebenen Zeitraum verlängert.

Transaktionsbildung

Nach Abschluss der Bietphase wird im Rahmen der Transaktionsbildung anhand der Gebote entschieden, welcher Nachfrager das Auktionsgut zu welchem Preis erhält. In allen im Weiteren betrachteten einfachen Auktionen erhält immer der Nachfrager mit dem höchsten Gebot den Zuschlag. Wird das Mindestgebot o^a nicht überboten, so verbleibt das Auktionsgut beim Anbieter.

Hinsichtlich der Preisbildung existieren verschiedene Varianten. Als *Erstpreis* wird der Betrag des höchsten Gebotes, also das Gebot des Auktionsgewinners bezeichnet. Der *Zweitpreis* entspricht analog dem zweithöchsten Gebot, in komplexeren Auktionen wird darüber hinaus in allgemeiner Form der *i*-te Preis verwendet. In einfachen Auktionen zahlt in der Regel ausschließlich der Auktionsgewinner einen Betrag in Höhe des Erst- oder Zweitpreises, man spricht dementsprechend von Erstpreis- und Zweitpreis-Auktionen. Daneben existieren andere Verfahren wie beispielsweise die All-Pay-Auction, in der jeder Bieter unabhängig davon, ob er den Auktionszuschlag erhält, zu einer Zahlung in Höhe seines Gebotes verpflichtet ist (vgl. [Kris97]).

3.1.1.2. Modellvarianten

Ein großer Teil der auktionstheoretischen Ergebnisse zu einfachen Auktionen bezieht sich auf das sogenannte Benchmark-Model. Das Benchmark-Model wurde von McAfee und McMillan (vgl. [McAf87]) aufgestellt und beschreibt einen Satz von Modelleigenschaften. Im einzelnen sind dies folgende Annahmen:

- risikoneutrale Akteure,
- private values Modell,
- symmetrische Akteure und
- rein gebotsabhängige Preisbildung.

Im Folgenden werden die verschiedenen Annahmen vorgestellt und hinsichtlich möglicher Modellvarianten diskutiert.

risikoneutrale Akteure

Die erste Annahme betrifft die Risikopräferenz der Akteure. Das Benchmark-Model unterstellt hier risikoneutrale Akteure, also Entscheider, die ihre Handlungsalternativen ausschließlich anhand der erwarteten monetären Auszahlung beurteilen. Dies beinhaltet, dass der erwartete Gewinn π als Erwartungsnutzen interpretiert werden kann (vgl. auch Abschnitt 2.3.1.3.).

private values Modell

In der auktionstheoretischen Literatur werden zwei grundlegende Modellvarianten hinsichtlich der Informationsverteilung und den damit verbundenen Unsicherheiten unterschieden. Im *private values* Modell wird der Zahlungsbereitschaft v^i jedes Nachfragers i eine Verteilungsfunktion F^i zugrundegelegt. Die Verteilungsfunktionen F^i sind gemeinsames Wissen (common knowledge) aller Akteure, die einzelnen Zahlungsbereitschaften hingegen private Informationen. Die konkreten Transaktionsbedürfnisse der einzelnen Nachfrager sind damit voneinander stochastisch unabhängig. Im *common value* Modell ist demgegenüber der objektive Wert v des Auktionsgutes für alle Nachfrager identisch, jedoch unbekannt. Die subjektive Erwartung v^i jedes Nachfrager i entstammt hier einer gemeinsamen Verteilungsfunktion F, die common knowledge ist. Milgrom und Weber [Milg82] entwerfen mit den "affiliated distributions" ein Modell, das die beiden Grundformen miteinander verbindet (vgl. auch [Das97, S.12f.; McAf87, S.706ff.]).

Das private values Modell eignet sich zur Beschreibung von Szenarien, in denen die objektiven Eigenschaften des Auktionsgutes bekannt sind und die subjektive Bewertung eines Akteurs nicht von dem Verhalten anderer Akteure abhängt. Dies ist beispielsweise bei Beschaffungen für den Eigenbedarf in der Regel zutreffend. Ein typisches Beispiel für ein common value Szenario bildet ein unerschlossenes Ölfeld, dessen Ölmenge unbekannt ist, jedoch von den einzelnen Nachfragern auf Basis privater Probebohrungen geschätzt wird.

Die dritte Annahme betrifft die Vielfalt vorhandener Nachfragertypen. Symmetrische Akteure liegen vor, falls alle Nachfrager dieselbe Form besitzen. Dies beinhaltet im Benchmark-Model, dass der Zahlungsbereitschaft aller Nachfrager dieselbe Verteilungsfunktion *F* zugrunde liegt. Modelle mit asymmetrischen Akteuren beinhalten demgegenüber verschiedene Klassen von Nachfragern, denen beispielsweise unterschiedliche Verteilungsfunktionen zugrunde liegen.

symmetrische Akteure

Bezüglich der Transaktionsbildung des Auktionsverfahrens fordert das Benchmark-Model, dass der Auktionspreis ausschließlich von den in der Auktion abgegebenen Geboten abhängt. Diese Eigenschaft besitzen beispielsweise Erstpreis- und Zweitpreis-Auktionen. Eine rein gebotsabhängige Preisbildung liegt demgegenüber nicht vor, falls weitere Eigenschaften der Nachfrager in die Preisbildung einbezogen werden.

rein gebotsabhängige Preisbildung

3.1.2. Klassische Auktionsformen

Vier Auktionstypen dominieren sowohl in der Praxis als auch in der Theorie: die Englische Auktion, die Vickrey-Auktion, die Holländische Auktion und die verdeckte Erstpreisauktion. Diese vier Auktionstypen lassen sich anhand der in Abschnitt 3.1.1.1 vorgestellten Varianten der Bietphase und der Preisbildung wie in Abbildung 3.1.1.2.a dargestellt charakterisieren.

	Erstpreis	Zweitpreis
offen	Englische Auktion	–
verdeckt	verdeckte Erstpreisauktion / Holländische Auktion	Vickrey-Auktion

Abb. 3.1.1.2.a Klassische Auktionsformen

Im Folgenden werden diese vier Grundtypen jeweils zunächst vorgestellt und anschließend anhand des Benchmark-Model diskutiert

3.1.2.1. Englische Auktion

Die Englische Auktion ist die am weitesten verbreitete Auktionsform, die Mehrzahl der derzeit im E-Commerce durchgeführten Auktionen basiert auf diesem Verfahren. Der Mechanismus besteht in einer offenen Erstpreisauktion, in der der Preis solange erhöht wird, bis genau ein interessierter Nachfrager verbleibt. Das Erhöhen des Preises kann auf unterschiedliche Weise erfolgen. Das klassische Vorgehen besteht darin, dass die Nachfrager ihre

Ablauf

Offerten gegenseitig überbieten, bis für einen vorgegebenen Zeitraum ("zum ersten, zum zweiten, ...") keine weiteren Gebote erfolgen. Um ein zügiges Fortschreiten der Auktion zu gewährleisten, wird für neue Gebote oft eine Mindesterhöhung hinsichtlich des aktuellen Höchstgebotes gefordert. Eine Variante der Englischen Auktion besteht darin, dass vom Anbieter bzw. Auktionator initiativ ein kontinuierlich steigender Betrag genannt wird, in dessen Verlauf die Nachfrager sukzessive die Verhandlung verlassen.

Der Ablauf einer auf gegenseitigem Überbieten basierenden Englischen Auktion ist in Abbildung 3.1.2.1.a schematisiert dargestellt.

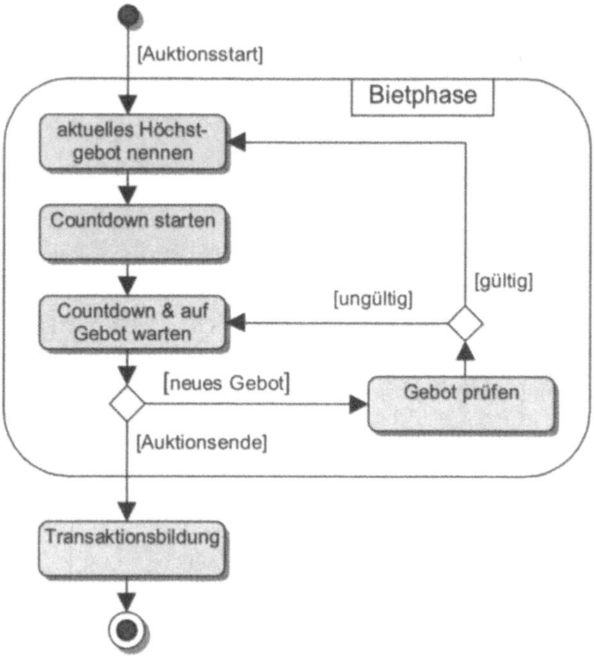

Abb. 3.1.2.1.a Schematisierter Ablauf der Englischen Auktion

Unabhängig von der Form der Preiserhöhung besteht die strategische Entscheidung eines Nachfragers in der Wahl des Maximalgebotes o^i, bis zu dem er an der Auktion teilnimmt. Eine Strategie besteht in einer Bietfunktion $s^i(v^i)$, die zu jedem Transaktionsbedürfnis v^i ein Maximalgebot o^i definiert.

dominante Strategie

Dominante Strategie der Englischen Auktion ist, an der Verhandlung solange teilzunehmen, wie der Preis die eigene Zahlungsbereitschaft nicht übersteigt. Der Nachfrager i wählt also die Strategie $s^i(v^i) = v^i$. Ordnet man die Zahlungsbereitschaften der Nachfrager in absteigender Reihenfolge $(v^1, v^2, ..., v^{nn})$, so erhält der Nachfrager mit der höchsten Zahlungsbereitschaft den Auktionszuschlag zum Preis $p = s^2(v^2) = v^2$ und erzielt damit einen

Gewinn in Höhe der Differenz zwischen seiner und der zweithöchsten Zahlungsbereitschaft, also $\pi^1 = (v^1 - v^2)$. Der Gewinn des Verkäufers ergibt sich aus der Differenz zwischen dem zweithöchsten Gebot v^2 und der eigenen Bewertung v^a, und beträgt damit $\pi^a = v^2 - v^a$. Die Erwartungswerte dieser Größen folgen aus der zugrundegelegten Verteilung F.

3.1.2.2. Vickrey-Auktion

Ablauf

In der Vickrey-Auktion geben die Nachfrager einmalig verdeckte Gebote ab, wobei das höchste Gebot den Zuschlag erhält und als Preis der Betrag des zweithöchsten Gebotes zu zahlen ist. Es handelt sich bei diesem Mechanismus folglich um eine verdeckte Zweitpreisauktion. Die Strategie eines Nachfragers i besteht wie in der Englischen Auktion in einer Bietfunktion $s^i(v^i)$.

Präferenzoffenbarung

Ein charakteristisches Merkmal dieser Auktionsform besteht darin, dass es eine dominante Strategie der Nachfrager ist, ihre Präferenzen zu offenbaren, also ein Gebot in Höhe ihrer wahren Zahlungsbereitschaft abzugeben. Entscheidend für diese Eigenschaft ist, dass aus der Perspektive eines Nachfragers i die Höhe des eigenen Gebotes o^i ausschließlich darüber entscheidet, ob er den Auktionszuschlag erhält. Der im Falle des Auktionszuschlages zu zahlende Preis ist demgegenüber durch das zweithöchste Gebot bestimmt und damit von dem Gebot des Auktionsgewinners unabhängig. Es sei $o^{-i,max} = max_{j \neq i}\, o^j$ das höchste Fremdgebot, also das maximale Gebot aller anderen Nachfrager. Der Nachfrager i erhält den Auktionszuschlag genau dann, falls $o^i > o^{-i,max}$ gilt. Anderseits ist der Auktionszuschlag für ihn genau dann profitabel, falls $v^i > o^{-i,max}$ gilt. Hieraus folgt direkt die dominante Strategie $s^i(v^i) = v^i$.

Die Vickrey-Auktion führt damit zu demselben Ergebnis wie die Englische Auktion, d.h. der Nachfrager mit der höchsten Zahlungsbereitschaft v^1 erhält das Gut zum Preis $p = v^2$ und erzielt damit einen Gewinn von $\pi^1 = (v^1 - v^2)$. Der Gewinn des Verkäufers ist ebenfalls mit dem Ergebnis der Englischen Auktion identisch.

3.1.2.3. Holländische Auktion

Ablauf

Die Holländische Auktion ist dadurch charakterisiert, dass seitens des Anbieters bzw. Auktionators ein kontinuierlich sinkender Preis genannt wird. Den Auktionszuschlag erhält derjenige Nachfrager, der als erster den aktuellen Preis akzeptiert. Dieses Verfahren wird beispielsweise in den Niederlanden bei der Versteigerung von Schnittblumen eingesetzt. Die Strategie eines Nachfragers i besteht auch hier in einer Bietfunktion $s^i(v^i)$, die den höchsten akzeptierten Preis o^i in Abhängigkeit des Transaktionsbedürfnisses v^i angibt.

In der Holländischen Auktion existiert, anders als in den beiden vorhergehenden Auktionsformen, keine dominante Strategie. Präferenzoffenbarung $s^i(v^i) = v^i$ führt in diesem Mechanismus zu einem erwarteten Gewinn von Null. Folglich ist es für jeden Nachfrager i zweckmäßig, eine Bietfunktion der Form $s^i(v^i) \leq v^i$ zu wählen. Das Ziel besteht darin, für den Fall, dass die eigene Zahlungsbereitschaft v^i das höchste Fremdgebot $o^{-i,max} = max_{j \neq i}\, s^j(v^j)$ übersteigt, ein geringfügig höheres Gebot $o^i > o^{-i,max}$ zu wählen. Da die Wahl des eigenen Gebotes unter Unsicherheit über das Verhalten der anderen Nachfrager erfolgt, entsteht die Situation, dass mit abnehmendem Gebot o^i einerseits der Gewinn bei Auktionszuschlag $\pi^i = (v^i - o^i)$ steigt, anderseits jedoch auch die Wahrscheinlichkeit des Auktionszuschlages sinkt.

Bayes-Nash Gleichgewicht

Die optimale Bietfunktion s^i eines Nachfragers i hängt von den Bietfunktionen s^{-i} der restlichen Nachfrager ab, sodass kein Gleichgewicht in dominanten Strategien existiert. Da die Zahlungsbereitschaften v^{-i} der Kontrahenten nur in Form der Verteilung F bekannt sind, liegt eine Situation unvollständiger Information vor. Die Konstruktion eines entsprechenden Bayes-Nash Gleichgewichtes wird beispielsweise in [McAf87] dargestellt. Die Bietfunktionen der Nachfrager lauten in diesem Gleichgewicht wie folgt:

$$s^i(v^i) = v^i - {}_{-\infty}\!\int^{vi} [F(x)]^{nn-1}\, dx \,/\, [F(v^i)]^{nn-1} \qquad (3.1.2.3.a)$$

Der rechte Term der Differenz gibt hierbei an, um welchen Betrag ein Nachfrager i sein Gebot o^i gegenüber seiner Zahlungsbereitschaft v^i absenkt, die Funktion F bezeichnet die Verteilung der Zahlungsbereitschaften. Zur Existenz und Eindeutigkeit dieser Gleichgewichte siehe auch [Milg85].

3.1.2.4. Verdeckte Erstpreisauktion

Ablauf

Der Ablauf der verdeckten Erstpreisauktion erfolgt ähnlich der Vickrey-Auktion. Die Nachfrager geben ebenfalls einmalig verdeckte Gebote ab, wobei das höchste Gebot gewinnt. Im Gegensatz zur Vickrey-Auktion zahlt der Auktionsgewinner jedoch einen Betrag in Höhe seines eigenen Gebotes.

Entscheidend für die Analyse der verdeckten Erstpreisauktion ist, dass die hier vorliegende Entscheidungssituation der Nachfrager strategisch äquivalent zur Holländischen Auktion ist. In beiden Mechanismen müssen die Nachfrager, basierend auf ihren Erwartungen bezüglich des Verhaltens der anderen Nachfrager, ihre Gebote planen. Damit gelten die bereits für die Holländische Auktion angestellten Überlegungen auch für die verdeckte Erstpreisauktion. Andersherum ist damit die Holländische Auktion als verdeckte Erstpreisauktion zu klassifizieren.

3.1.3. Optimale Auktionen und Revenue-Equivalence

Allen einfachen Auktionen liegt ein monopolistisches Szenario zugrunde, in dem ein einzelner Anbieter einer Vielzahl von Nachfragern gegenübersteht. Besitzt der Anbieter die Möglichkeit, den Auktionsmechanismus frei zu wählen, so stellt sich die Frage nach der optimalen Auktionsform, d.h. welcher Auktionsmechanismus den maximalen erwarteten Gewinn bietet.

Revenue-Equivalence Theorem

Eine grundlegende Aussage hierzu liefert das Revenue-Equivalence Theorem. Es besagt, dass der erwartete Gewinn des Anbieters unter den Annahmen des Benchmark-Model in den vier vorstehend dargestellten Auktionsformen identisch ist. Der erwartete Auktionspreis entspricht hierbei der zweithöchsten Zahlungsbereitschaft der Nachfrager. Für die Englische Auktion und die Vickrey-Auktion ist dieses Resultat offensichtlich. Es lässt sich zeigen, dass dies auch für das Bayes-Nash Gleichgewicht der Holländischen Auktion und der verdeckten Erstpreisauktion gemäß 3.2.1.3.a gilt. Das Revenue-Equivalence Theorem bezieht sich auf den erwarteten Gewinn des Verkäufers, nicht jedoch das konkrete Ergebnis einer einzelnen Auktion. So gilt beispielsweise, dass die Varianz des erwarteten Gewinns in der Englischen Auktion und der Vickrey-Auktion kleiner ist als in der Holländischen Auktion und der verdeckten Erstpreisauktion. Ein risikoaverser Anbieter zieht folglich die ersten beiden Auktionsmechanismen vor (vgl. auch [Das97, S.10]).

Das Revenue-Equivalence Theorems wurde von Vickrey [Vick61] aufgestellt und in zahlreichen darauf aufbauenden Arbeiten erweitert und verallgemeinert (vgl. [Myer81; Rile81]). Es gilt auch für andere Auktionsformen, wie beispielsweise die in Abschnitt 3.1.1.1. angesprochene All-Pay-Auction. Alle Auktionsformen im Gültigkeitsbereich des Revenue-Equivalence Theorems haben die Eigenschaft, dass der Nachfrager mit der höchsten Zahlungsbereitschaft (einschließlich des Mindestgebotes des Verkäufers) den Auktionszuschlag erhält. Diese Mechanismen führen damit immer zu einer Pareto-optimalen Allokation.

optimale Auktionen

An die Aussage des Revenue-Equivalence Theorems schließt sich die Frage an, ob außerhalb seines Gültigkeitsbereiches Auktionsformen existieren, die dem Anbieter einen höheren erwarteten Gewinn bieten. Hier gilt, dass die vier vorstehend dargestellten Auktionsformen optimal sind, falls zusätzlich ein entsprechendes Mindestgebot des Anbieters eingeführt wird (vgl. [McAf87, S.724]). Bei entsprechender Verteilung F der Zahlungsbereitschaften unter den Nachfragern kann dieses Mindestgebot dazu führen, dass keine Pareto-optimale Allokation erzielt wird.

Die Gültigkeit des Revenue-Equivalence Theorems ist eng an die Annahmen des Benchmark-Model gebunden. Wird nur eine der zugrundegelegten Annahmen aufgegeben, so verliert das Theorem seine Gültigkeit.

Insgesamt ist der Geltungsbereich damit für eine direkte praktische Anwendung gering, die grundlegende Aussage ist jedoch in vielen komplexeren Szenarien von zentraler Bedeutung.

3.1.4. Kollusion in Auktionen

Ein Problem der Auktionspraxis besteht darin, dass Akteure die Auktionsregeln mit dem Ziel der Bereicherung unterlaufen. Alle Kollusionsansätze basieren darauf, die der Auktion zugrunde liegende Wettbewerbssituation dahingehend zu manipulieren, dass die Konkurrenz entweder erhöht oder gesenkt wird. Im Folgenden werden drei Kollusionsansätze anhand einfacher Auktionen diskutiert, die zugrunde liegenden Konzepte sind jedoch auch auf komplexere Auktionsformen anwendbar.

3.1.4.1. Bieterkartell

Im Mittelpunkt aller Auktionsformen steht der Wettbewerb vieler Nachfrager um eine profitable Transaktion. Ein grundsätzlicher Kollusionsansatz besteht darin, dass die Nachfrager diese Konkurrenzsituation in der Form eines expliziten oder impliziten Kartells reduzieren oder vollständig aufbrechen um damit einen geringeren Transaktionspreis erzielen. Einen Überblick hierzu bieten beispielsweise [Hend89].

Grund-konzept

Das Grundkonzept lässt sich anhand der Englischen Auktion illustrieren, und ist in der Auktionspraxis nicht unüblich (vgl. hierzu [McAf87]). Bei nicht-kooperativem Verhalten überbieten sich die Nachfrager genau solange gegenseitig, bis der Preis p die zweithöchste Zahlungsbereitschaft v^2 erreicht hat (vgl. Abschnitt 3.1.2.1.). Den Auktionszuschlag erhält der Nachfrager mit der höchsten Zahlungsbereitschaft v^1 und erzielt damit einen Gewinn von $\pi^1 = v^1 - v^2$. Gelingt es den Nachfragern demgegenüber, vor Auktionsbeginn ein Kartell zu bilden, so können sie ihr Verhalten dahingehend abstimmen, dass genau ein Nachfrager ein Gebot in Höhe des Mindestgebotes v^a abgibt. Das so zum Preis v^a ersteigerte Gut kann anschließend unter den Kartellmitgliedern, beispielsweise in Form einer Vickrey-Auktion, erneut versteigert werden, wobei der Preis v^2 erzielt wird. Der damit entstandene Kartellgewinn beträgt $\pi^{Kartell} = v^2 - v^a$ und wird zwischen den Kartellmitgliedern aufgeteilt. Die Möglichkeit einer anreizkompatiblen Aufteilung des Kartellgewinns wird beispielsweise in [McAf92] untersucht. Weitere Arbeiten zu Kollusionsmechanismen sind [Grah87; Grah90; Mail91].

Auktionsform

Die Möglichkeit zu einer Kartellbildung in einem konkreten Szenario hängt von vielen Parametern ab. Einen wesentlichen Aspekt bildet die Auktionsform. Robinson [Robi85] zeigt auf, dass sich Zweitpreis-Auktionen besser als Erstpreis-Auktionen zur Kartellbildung eignen. In einer Zweitpreis-Auktion bietet genau ein Kartellmitglied die maximale Zahlungsbereitschaft innerhalb des Kartells. Alle anderen Kartellmitglieder enthalten sich eines Gebotes, und senken damit den erwarteten Zweitpreis. Für die Kartellmitglieder besteht kein Anreiz, diese Absprache zu brechen, da hierzu die maximale Zahlungsbereitschaft überboten werden müsste. Ein Kartell in einer Erstpreisauktion erfordert demgegenüber, dass die Kartellmitglieder ihre Gebote reduzieren. Für jedes Kartellmitglied besteht damit der Anreiz, die Kartellabsprache durch ein höheres Gebot zu brechen.

wiederholte Auktionen

Ein typisches Kartellszenario sind wiederholte Auktionen mit identischen Nachfragern. Dieses Szenario eignet sich besonders zur Kartellbildung, da der Kartellbruch eines Mitgliedes in den Folgeauktionen bestraft werden kann. Als Modell bietet sich hier das unendlich wiederholte Gefangenendilemma an. Das Gleichgewicht in Triggerstrategien zeigt beispielsweise auf, wie die Bewertung zukünftiger Auktionen die Stabilität des Kartells beeinflusst (vgl. Abschnitt 2.3.2.4). Voraussetzung für ein derartiges "Kartellgleichgewicht" ist, dass ein Kartellbruch erkannt und bestraft werden kann. Der Kartellbildung lässt daher entgegenwirken, indem die Auktionsgewinner nicht veröffentlicht werden, womit dem Gleichgewicht in Triggerstrategien das Strafpotenzial entzogen wird.

Kosten und Nutzen

Einen weiteren Aspekt bilden die mit der Kartellbildung verbundenen Koordinationskosten. In Auktionsmärkten mit wechselnden Nachfragern und vielen kleinen Transaktionen sind die Koordinationsaufwände typischerweise höher als der zu erzielende Kartellgewinn. Die Möglichkeit zur Kartellbildung besteht damit grundsätzlich eher in Auktionen mit einem kleinen und festen Nachfragerkreis.

Anbieter-strategie

Vermutet der Anbieter das Vorliegen eines Kartells, so reagiert er zweckmäßigerweise, indem er das Mindestgebot erhöht. Die Wahl des Mindestgebotes erfolgt dabei so, als stünde der Anbieter einem einzelnen Nachfrager gegenüber, dessen Zahlungsbereitschaft sich aus der höchsten Zahlungsbereitschaft der Kartellmitglieder ergibt. Dies beinhaltet, dass sich das optimale Mindestgebot mit zunehmender Zahl der Kartellmitglieder erhöht (vgl. auch [McAf87]).

3.1.4.2. Informationshandel

Verdeckte Auktionen sind dadurch gekennzeichnet, dass nur der Anbieter bzw. Auktionator von den Geboten der Nachfrager Kenntnis erhält. Diese private Information kann, in Abhängigkeit der Auktionsform, für einzelne Nachfrager profitabel sein. Ausgangspunkt des Informationshandels ist die Existenz eines Auktionators, der als Stellvertreter des konkreten Anbieters in einer Auktion auftritt. Der Kollusionsansatz besteht darin, dass der Auktionator diese Information an einen Nachfrager verkauft.

Grundkonzept

Das Grundkonzept des Informationshandels lässt sich anhand der verdeckten Erstpreis-Auktion illustrieren. In dieser Auktionsform wählen die Nachfrager ihre Gebote auf Basis ihren Erwartungen über die Transaktionsbedürfnisse ihrer Konkurrenten (vgl. Abschnitt 3.1.2.4.). Für den Nachfrager mit der höchsten Offerte o^1 bietet die Kenntnis um die zweithöchste Offerte o_2 einen Manipulationsgewinn von $\pi^M = o^1 - o^2$, da jede Offerte $o^{1'} > o^2$ ebenfalls zum Auktionszuschlag führt. Dieser Manipulationsgewinn beschreibt den Wert der privaten Information des Auktionators und kann im Rahmen eines Informationshandels zwischen Auktionator und Nachfrager geteilt werden.

Anwendbarkeit

Ein Informationshandel ist nur dann zweckmäßig, falls die Rollen des Auktionators und des Anbieters von verschiedenen Individuen wahrgenommen werden, andernfalls würde der Auktionator gegen seine eigenen Interessen als Anbieter handeln. Voraussetzung eines Informationshandels ist darüber hinaus, dass die private Information des Auktionators für mindestens einen Nachfrager von Wert ist. Dies ist beispielsweise in der Vickrey-Auktion grundsätzlich nicht der Fall, da hier ein Gleichgewicht in dominanten Strategien vorliegt. Der Kollusionsansatz des Informationshandels zeigt auf, dass die Rolle des Auktionators, und damit auch die des elektronischen Marktes, Manipulationsmöglichkeiten beinhalten kann. Als Konsequenz sollte die Rolle des Auktionators von einer unabhängigen Instanz, einer sogenannten "trusted third party", wahrgenommen werden.

3.1.4.3. Phantom-Gebote

Das Grundkonzept des Phantom-Gebotes (engl. phantom bid) besteht darin, dass der Anbieter verdeckt anhand eigener Gebote die nachfrageseitige Konkurrenz und damit auch den Auktionspreis erhöht. Im Folgenden wird dieses Kollusionskonzept anhand der Englischen Auktion und der Vickrey-Auktion diskutiert.

Englische Auktion

In der Literatur wird der Einsatz von Phantom-Geboten insbesondere im Rahmen der Englischen Auktionen berichtet (vgl. [Smit90]). Hier tritt der Anbieter oder Auktionator verdeckt auf der Nachfrageseite auf und erzeugt dort durch Phantom-Gebote den Anschein einer höheren Konkurrenz. Dabei besteht jedoch grundsätzlich das Risiko, mit einem Phantom-Gebot dauerhaft das höchste Fremdgebot zu überbieten, und damit selbst den Auktionszuschlag zu erhalten. Insofern sind Phantom-Gebote mit einem Mindestgebot vergleichbar, das in offenen Auktionen jedoch dynamisch dem Verhandlungsgeschehen angepasst werden kann.

In wiederholten Auktionen besteht darüber hinaus die Möglichkeit, anhand von Phantom-Geboten zunächst das maximale Fremdgebot zu ermitteln, um in einer weiteren Auktion genau diesen Auktionspreis (anhand "künstlicher" Konkurrenz oder eines Mindestgebotes) zu erzielen. Die erneute Versteigerung desselben Auktionsgutes und der damit verbundene Manipulationsversuch darf jedoch nicht erkannt werden. Andernfalls kann ein mit der Coase-Conjecture vergleichbares Szenario entstehen, in dem die Preispolitik des Anbieters antizipiert wird (vgl. hierzu [Coas72; Tiro93]). Die Möglichkeit zu einer unbemerkten, erneuten Versteigerung besteht insbesondere bei standardisierten Gütern, demgegenüber ist ein derartiges Vorgehen bei einmaligen Gütern wie Kunstwerken oder Immobilien leicht erkennbar.

Vickrey-Auktion

In der Vickrey-Auktion ist für den Auktionator ebenfalls eine Manipulation anhand von Phantom-Geboten möglich. In der unmanipulierten Vickrey-Auktion geben alle Nachfrager *i* ein Gebot in Höhe ihrer Zahlungsbereitschaft $o^i = v^i$ ab, woraus für den Anbieter ein Gewinn in Höhe der Differenz zwischen dem zweithöchsten Gebot o^2 und seiner eigenen Bewertung v^a resultiert (vgl. Abschnitt 3.1.2.2.). Die Information des Auktionators über den Betrag von o^2 kann hier dazu genutzt werden, ein Phantomgebot $o^{2\prime}$ abzugeben, dass geringfügig niedriger als o^1 ist und den Transaktionsgewinn des Anbieters von $\pi^a = v^2 - v^a$ auf $\pi^{a\prime} = v^1 - v^a$ erhöht. Insbesondere in verdeckten Auktionen sollte die Rolle des Auktionators daher von einer unabhängigen Instanz im Sinne einer "trusted third party" wahrgenommen werden.

3.2. Erweiterungsansätze

Vergleicht man die Möglichkeiten der einfachen Auktionsverfahren mit den im Rahmen des Basismodells in Abschnitt 2.2 definierten Anforderungen an einen leistungsfähigen elektronischen Markt, so werden verschiedene Einschränkungen deutlich. Im Rahmen einfacher Auktionen kann jeweils nur genau eine Transaktion durchgeführt werden, es findet keine Kontraktoptimierung statt und es sind keine polypolistischen Verhandlungen möglich.

In der auktionstheoretischen Literatur existiert eine Vielzahl erweiterter Auktionsformen, die Teilaspekte der obengenannten Gesamtfragestellung lösen. Im Folgenden werden hiervon verschiedene Auktionsformen, gegliedert nach den Teilaspekten mehrfache Transaktionen, differenzierte Kontrakte und polypolistische Verhandlungen, diskutiert. Auf dieser Basis wird dann im darauffolgenden Abschnitt das Modell der allgemeinen *kpi*-Auktion entwickelt.

3.2.1. Mehrfache Transaktionen

Als Erweiterung des Szenarios der einfachen Auktion sei angenommen, dass der Anbieter nicht über genau ein einfaches Transaktionsbedürfnis v^a, sondern über insgesamt x derartige, identische Transaktionsbedürfnisse verfügt. Diese Form wird im Weiteren als mehrfaches Transaktionsbedürfnis bezeichnet (vgl. auch Abschnitt 2.2.3.2.). Falls nicht anders angegeben gelte zusätzlich, dass die Anzahl seiner Transaktionsbedürfnisse kleiner als die Anzahl der Nachfrager ist, d.h. dass $x < nn$ gilt. Die Nachfrager besitzen weiterhin jeweils genau ein einfaches Transaktionsbedürfnis. Diese Modellierung schließt differenzierte Nachfragemengen aus, ein dahingehend erweitertes Modell wird in Abschnitt 3.2.2.2. diskutiert.

Formen

Für dieses Szenario eignen sich grundsätzlich zwei Auktionsformen, dies sind zum einen die simultanen Auktionen und zum anderen die wiederholten Auktionen. In simultanen Auktionen werden in genau einer Versteigerung bis zu x Transaktionen gleichzeitig durchgeführt. In wiederholte Auktionen werden mehrere Versteigerungen nacheinander durchgeführt, wobei jeweils maximal eine Transaktion zustande kommt. Beide Grundformen lassen sich darüber hinaus miteinander kombinieren. Im Folgenden werden zunächst die simultanen Auktionen, anschließend die wiederholten Auktionen diskutiert.

3.2.1.1. Simultane Auktionen

Ablauf

Der Ablauf simultaner Auktionen (engl. simultaneous auctions) gliedert sich wie die einfachen Auktionen in die Schritte Auktionsstart, Bietphase, Auktionsende und Transaktionsbildung (vgl. Abschnitt 3.1.1.1.). Die Bietphase erfolgt in der Regel verdeckt, wobei jeder Nachfrager wie in verdeckten einfachen Auktionen maximal ein Gebot abgibt. In der Transaktionsbildung erhalten die Nachfrager mit den x höchsten Geboten den Auktionszuschlag, führen also jeweils eine Transaktion mit dem Anbieter durch.

einheitliche und diskriminierende Preise

Hinsichtlich der Preisbildung wird zwischen einheitlichen und diskriminierenden Preisen unterschieden. Bei einheitlichen Preisen zahlen alle Auktionsgewinner einen identischen Betrag. In der Regel ist dies bei x Transaktionen ein Preis in Höhe des x+1 höchsten Gebotes. Ordnet man die Gebote in absteigender Reihenfolge, so gilt $p = o^{x+1}$. Diese Auktionsform weist Analogien zur einfachen Vickrey-Auktion auf, insbesondere ist die Präferenzoffenbarung auch hier eine dominante Strategie. In der Praxis wird auch oft das x-höchste Gebot als einheitlicher Preis verwendet. Bei diskriminierenden Preisen zahlen die Auktionsgewinner demgegenüber einen Betrag in Abhängigkeit ihres Gebotes. In der Regel ist dies ein Betrag in Höhe ihres Gebotes, d.h. jeder Nachfrager i mit einem der x höchsten Gebote zahlt einen Preis von $p^i = o^i$. Diese Auktionsform entspricht im Fall $x = 1$ der verdeckten Erstpreisauktion.

Vergleich

Für die beiden simultanen Auktionsformen gilt analog dem Revenue-Equivalence Theorem, dass der erwartete Gewinn des Anbieters im Rahmen des Benchmark-Model identisch ist (vgl. [McAf87, S.724]). Dieses Resultat ist wiederum von den Annahmen des Benchmark-Model abhängig. Wird beispielsweise die Risikoneutralität der Nachfrager durch risikoaverses Verhalten ersetzt, so bietet die Variante diskriminierender Preise für den Anbieter einen höheren erwarteten Gewinn als die Variante mit einheitlichen Preisen (vgl. [Webe83]). Zahlreiche Literaturangaben hierzu finden sich in [McAf87, Fußnote 23].

3.2.1.2. Wiederholte Auktionen

Ablauf

Der Ablauf wiederholter Auktionen (engl. sequential auctions) stellt aus spieltheoretischer Perspektive ein wiederholtes Spiel dar, in dem ein beliebiger Auktionsmechanismus als Stufenspiel eingesetzt wird (vgl. Abschnitt 2.3.2.4.). Für das Durchführen mehrfacher Transaktionen eignen sich bereits die vier einfachen Auktionsformen aus Abschnitt 3.1.2. Grundsätzlich können jedoch beliebige Auktionen, auch die simultanen Auktionen des vorhergehenden Abschnitts, als Stufenspiel verwendet werden.

Wiederholte Auktionen ermöglichen neben mehrfachen Transaktionen auch einen zeitlich differenzierten Handel. Der letztere Aspekt ist für die Konstruktion elektronischer Märkte von zentraler Bedeutung, da auch hier ein kontinuierlicher bzw. wiederholter Handel möglich sein sollen. Die Definition einer wiederholten Auktion beinhaltet neben dem Stufenspiel insbesondere die Spezifikation, welche Informationen die Nachfrager im Anschluss an jede einzelne Auktion erhalten. Diese Informationen sind maßgeblich für die strategischen Möglichkeiten der Spieler (vgl. Abschnitt 2.3.2.4., open- und closed-loop). Die Konstruktion entsprechender Informationsmodelle erfolgt später in Teil 4 für die allgemeine *kpi*-Auktion.

auktionstheoretische Ergebnisse

Theoretische Ergebnisse zu wiederholten Auktionen liegen insbesondere für den (auch in diesem Abschnitt zugrundegelegten) Fall vor, dass jeder Nachfrager genau ein einfaches Transaktionsbedürfnis besitzt. Unter diesen Rahmenbedingungen gilt für verschiedene Auktionsformen analog dem Revenue-Equivalence Theorem, dass der erwartete Gewinn des Anbieters identisch ist (vgl. [Klem99, S.29]). Diese Resultate beziehen sich auch auf den Vergleich simultaner und wiederholter Auktionen (vgl. [Wils92, Fußnote 3]).

Die in der Literatur untersuchten Modelle wiederholter Auktionen gehen in der Regel von einer fest vorgegebenen Angebotsmenge x und einer bekannten Anzahl von Nachfragern nn aus. Ein realer auktionsbasierter Markt wird demgegenüber viele stochastische Elemente beinhalten, wie beispielsweise kontinuierlich in den Markt ein- und austretende Nachfrager. Derartige Szenarien sind aufgrund ihrer Komplexität in der Regel analytisch unlösbar (vgl. Abschnitt 2.3.3.2.). Zur Diskussion der Angemessenheit auktionstheoretischer Modelle für reale Märkte siehe auch [Leng98].

3.2.2. Differenzierte Kontrakte

Differenzierte Kontrakte und die damit verbundene Kontraktoptimierung sind ein weiterer Verhandlungsaspekt, der von einfachen Auktionen nicht abgebildet wird (vgl. Abschnitt 2.2.). In der auktionstheoretischen Literatur existieren mit den multidimensionalen Auktionen und den kombinatorischen Auktionen zwei Ansätze, die für die Konstruktion eines derartigen elektronischen Marktes von Bedeutung sind. Diese nachfolgend dargestellten Konzepte erlauben jedoch nur eine einseitige Transaktionspartnerwahl, also (1:*n*) Verhandlungen mit genau einem Anbieter oder alternativ genau einem Nachfrager (vgl. auch Abschnitt 2.2.2.1.). Ein allgemeines Auktionsmodell zu kontraktdifferenzierten, polypolistischen Verhandlungen wird in Abschnitt 3.3. mit der kpi-Auktion entwickelt.

3.2.2.1. Multidimensionale Auktionen

Ausgangspunkt

Motivation für das Konzept multidimensionaler Auktionen (engl. multidimensional auctions) sind Beschaffungsvorgänge der öffentlichen Hand (vgl. z.B. [Thie88; Che93; Bran97]). Größere Beschaffungsvorgänge werden im G2B-Bereich oft in der Form von Ausschreibungen durchgeführt, im Rahmen derer potenzielle Lieferanten anhand ihrer Angebote um einen Auftrag konkurrieren. Für die Auswahl des günstigsten Angebotes sind hier neben dem Preis oft weitere Eigenschaften, wie Lieferzeitpunkte und Produktqualitäten, maßgeblich. Die Rollen von Anbietern und Nachfragern sind in diesem Szenario gegenüber den vorhergehenden Modellen vertauscht: Ein einzelner Nachfrager versteigert einen Auftrag unter vielen Anbietern. Der Rollentausch ist aus auktionstheoretischer Perspektive jedoch unbedeutend, alle Ergebnisse gelten für beide Rollenaufteilungen.

Notation

Die folgende Darstellung multidimensionaler Auktionen verwendet das in der Literatur übliche Szenario eines einzelnen Nachfragers und vieler Anbieter. Die Nomenklatur wurde im Sinne einer durchgängigen Darstellung auf das Basismodell aus Abschnitt 2.2. übertragen. Der Kontraktraum K beinhaltet die Menge aller möglichen Angebote, das Transaktionsbedürfnis des Nachfragers v^{n} ordnet jedem Angebot $k \in K$ eine maximale Zahlungsbereitschaft zu. Die Transaktionsbedürfnisse $v^{1},...,v^{na}$ der Anbieter können als individuelle Kostenfunktionen interpretiert werden.

Ablauf

Der Ablauf gliedert sich wie die einfachen Auktionen in die Schritte Auktionsstart, Bietphase, Auktionsende und Transaktionsbildung (vgl. Abschnitt 3.1.1.1.). Bei Auktionsstart gibt der Nachfrager zunächst eine Bewertungsfunktion bekannt, auf deren Basis die Anbieter ihre Offerten gestalten. Die Bietphase erfolgt verdeckt, wobei jeder Anbieter i genau eine Offerte $o^{i} = (k^{i}, p^{i})$, bestehend aus einem Kontrakt k^{i} und einem Preis p^{i}, abgibt. Die zu Auktionsstart bekanntgegebene Bewertungsfunktion $b(o)$ (engl.

"scoring rule") definiert eine für den Nachfrager verbindliche Ordnung auf der Menge aller Offerten in Form einer Abbildung $b:K \times \mathbb{R} \rightarrow \mathbb{R}$, wobei die Offerte mit der höchsten Bewertung den Auktionszuschlag erhält.

Auf Basis der verbindliche Bewertungsfunktion nehmen die Anbieter autonom eine einseitige Kontraktoptimierung vor. Für jeden Anbieter i mit Kostenfunktion v^i existiert zu jeder Bewertung y eine gewinnmaximale Offerte $o^{i*} = (k^{i*}, p^{i*})$, die das Optimierungsproblem $argmax_o\,(p^i\text{-}v^i(k^i))$ unter der Nebenbedingung $b(o) = y$ löst. Wird wie in [Che93] eine quasilineare Bewertungsfunktion $b(o) = b'(k)\text{-}p$ unterstellt, so ist der optimale Kontrakt k^{i*} unabhängig vom Bewertungsziel y und das Optimierungsproblem reduziert sich auf die Bestimmung des effizienten Kontraktes $k^{i*} = argmax_k\,(b'(k)\text{-}v^i(k))$.

auktionstheoretische Ergebnisse

Die anbieterseitige Kontraktoptimierung reduziert das multidimensionale Verhandlungsproblem auf eine eindimensionale Verhandlung, in der ein Wert y in bezug auf die Bewertungsfunktion geboten wird (vgl. [Thie88]). In der Literatur wird bislang ausschließlich der Fall qualitativ differenzierter Offerten betrachtet (einen kurzen Überblick hierzu bietet auch [Klem99, Abschnitt 11]). Die Qualität $q = k$ ist hierbei eine eindimensionale Größe, wobei anbieterübergreifend gilt, dass die Bereitstellung einer höheren Qualität k größere Kosten $v(k)$ verursacht.

Thiel (vgl. [Thie88]) modelliert den Fall, dass die Bewertungsfunktion des Nachfragers seinen wahren Präferenzen entspricht, womit $\pi^n(k,p) = b(k,p)$ gilt. Hieraus folgt direkt, dass die anbieterseitige Kontraktoptimierung zu einem effizienten Ergebnis führt. Che (vgl. [Che93]) untersucht darauf aufbauend verschiedene Auktionsmechanismen, deren Varianten "first-score" und "second-score" mit Erstpreis- und Zweitpreis-Auktionen vergleichbar sind. Es wird gezeigt, dass beide Auktionsformen für den Nachfrager bei Präferenzoffenbarung $b(o) = v^n\text{-}p$ denselben erwarteten Gewinn liefern. Besitzt der Nachfrager die Möglichkeit, eine beliebige Bewertungsfunktion verbindlich zu wählen, so führt dies zu einer gegenüber seinen wahren Präferenzen verzerrten Bewertungsfunktion, in der die Qualität unterbewertet wird. In [Bran97] wird die Fragestellung untersucht, welche Ergebnisse sich bei Nachfragern mit untereinander korrelierten Kostenfunktionen ergeben. Es wird gezeigt, dass in diesem Fall ein zweiperiodiger Auktionsmechanismus optimal ist. Die Fokussierung auf Fragestellungen der öffentlichen Hand spiegelt sich hier darin wider, dass als Ziel die Maximierung der Gesamtwohlfahrt untersucht wird.

In der multidimensionalen Auktion wird die Bewertungsfunktion des Nachfragers vor Auktionsbeginn verbindlich bekanntgegeben. Dieses Vorgehen kann in mehrerer Hinsicht problematisch sein. Für den G2B-Bereich argumentiert [Che93], dass die Bekanntgabe einer ex-ante optimalen, verbindlichen Bewertungsfunktion ex-post zu ineffizienten Transaktionen führen kann. Zudem kann der Nachfrager aus rechtlichen Gründen die Veröffentlichung einer für ihn verbindlichen Bewertungsfunktion ablehnen. Überträgt man das Szenario von der öffentlichen Hand auf den privatwirtschaftlichen Bereich, dann treten weitere Argumente gegen eine derartige Veröffentlichung hinzu. Während beispielsweise das staatliche Monopol für die in der Literatur oft genannte Beschaffung von Waffensystemen rechtlich gesichert ist, sind privatwirtschaftliche Monopole in der Regel umkämpft, also dem potenziellen Eintritt von Konkurrenten ausgesetzt. In einem derartigen Wettbewerb ist die private Information um die eigenen Präferenzen ein wertvolles Gut, das der Monopolist nicht offenbaren möchte. Dies gilt insbesondere im Kontext wiederholter Auktionen (vgl. Abschnitt 3.2.1.2.).

Das hier vorgestellte Modell der multidimensionalen Auktion ist auf eindimensionale, qualitativ differenzierte Kontrakträume mit der zusätzlichen Annahme einer anbieterübergreifend monotonen Kostenfunktion beschränkt. Diese Einschränkungen gelten jedoch nur für die vorliegenden analytischen Ergebnisse. Der zugrunde liegende Auktionsmechanismus ist demgegenüber für beliebige Kontrakträume einsetzbar. Darüber hinaus ist das Verfahren jedoch nicht auf polypolistische Verhandlungen übertragbar.

3.2.2.2. Kombinatorische Auktionen

Das Gebiet der kombinatorischen Auktionen beinhaltet Verhandlungsmechanismen, die zu multilateralen Transaktionen, also zu Transaktionen zwischen mehr als zwei Akteuren, führen (vgl. Abschnitt 2.2.1.4.). Im Rahmen des Basismodells wurde diese Transaktionsform ausgegrenzt (vgl. dazu auch die Diskussion in Abschnitt 2.2.3.3.). Eine kurze Darstellung kombinatorischer Auktionen erfolgt hier dennoch, da dieses Gebiet einen für die weitere Konzeption interessanten Teilaspekt beinhaltet. Es sei angemerkt, dass der Begriff der kombinatorischen Auktion nicht eindeutig definiert ist, der Terminus wird zum Teil auch synonym mit dem Begriff multidimensionaler Auktionen verwendet.

share-auction

Im Folgenden wird das Konzept kombinatorischer Auktionen anhand eines konkreten Beispiels, der von Wilson vorgeschlagenen share-auction (vgl. [Wils79]), dargestellt. Neben diesem Verfahren existieren in der Literatur eine Vielzahl weiterer Konzepte, in deren Mittelpunkt zumeist die numerischen Aufwände im Rahmen der Transaktionsbildung stehen. Die share-auction ist für die weitere Untersuchung interessant, da sich das dort verwendete Konzept einer (Kontrakt-) differenzierten Offerte in veränderter Form in der später konstruierten *kpi*-Auktion wiederfindet.

Ausgangspunkt der share-auction ist ein Szenario, in dem ein Anbieter ein in Anteile ("shares") teilbares, homogenes Auktionsgut besitzt. Aufseiten der Nachfrager liegen differenzierte Transaktionsbedürfnisse vor, die jeweils die maximale Zahlungsbereitschaft in Abhängigkeit der zugeteilten Menge angeben. Ziel der share-auction ist es, in genau einer Verhandlung das gesamte Auktionsgut für den Anbieter gewinnmaximal unter den Nachfragern aufzuteilen.

Ablauf

Der Ablauf gliedert sich wiederum in die Schritte Auktionsstart, Bietphase, Auktionsende und Transaktionsbildung (vgl. Abschnitt 3.1.1.1.). In der Bietpase gibt jeder Nachfrager *i* verdeckt eine Funktion $D^i(p)$ ab, die seine Nachfrage in Abhängigkeit des Preises definiert. Die Gesamtmenge des Auktionsgutes sei auf den Betrag 1 normiert, so dass jede Nachfragefunktion eine Abbildung $D^i: \mathbb{R} \rightarrow [0,1]$ darstellt. Es wird angenommen, dass die Nachfragefunktionen im Preis schwach monoton fallend sind.

Die Transaktionsbildung erfolgt, indem zunächst der Gleichgewichtspreis p^* gesucht wird, für den $\Sigma_i D^i(p^*) = 1$, also quasi Markträumung, gilt. Die Lösung dieser Gleichung ist nur dann mit Sicherheit möglich, falls das Auktionsgut beliebig teilbar ist und die Nachfragefunktionen stetig sind. Andernfalls muss das Verfahren um Regeln für den Umgang mit Unstetigkeiten ergänzt werden. Gemäß der Lösung p^* wird das Auktionsgut den Nachfragern zugeteilt, d.h. Nachfrager *i* erhält den Anteil $D^i(p^*)$. Hinsichtlich der Preisbildung kann wie in simultanen Auktionen zwischen einheitlichen und diskriminierenden Preise unterschieden werden. Bei einheitlichen Preisen zahlt jeder Nachfrager *i* einen Betrag von $p^i = p^* D^i(p^*)$, bei diskriminierenden Preisen wird ein Betrag $p^i = argmax_p (D^i(p^*) = D^i(p))$ in Höhe der für die Menge $D^i(p^*)$ maximalen Zahlungsbereitschaft gewählt. Daneben sind weitere Preisbildungsverfahren möglich, wie beispielsweise in Analogie zur Vickrey-Auktion (vgl. [Wils92, S.251]).

auktionstheoretische Ergebnisse

Das Modell der share-auction ist von mehreren Autoren untersucht worden. Die hier vorgenommene Darstellung folgt [Wils79]. Für den Fall eines einheitlichen Preises zeigt [Wils79] die Existenz von Gleichgewichten, in denen der Anbieter einen sehr viel kleineren Gewinn als bei einer ungeteilten Versteigerung aller Anteile erzielt. Dieses Ergebnis lässt sich als Kollusion zwischen den Nachfragern interpretieren. Back und Zender (vgl. [Back93]) zeigen, dass diskriminierende Preise zu einem höheren Wettbewerb zwischen den Nachfragern führen können und somit für den Anbieter profitabler sind. Insgesamt sind die vorliegenden analytischen Ergebnisse zur share-auction jedoch uneindeutig. Weitere Darstellungen zur share-auction bieten [Hans88; Anto92; Wils92; Klem99].

3.2.3. Polypolistische Verhandlungen

Auktionsmechanismen für polypolistische Verhandlungen werden in der Literatur als *doppelte Auktionen* oder auch als *Börsenmechanismen* bezeichnet. Der Begriff der doppelten Auktion beschreibt ein wesentliches Merkmal dieser Verhandlungsmechanismen: Auf beiden Marktseiten bestehen symmetrische Handlungsmöglichkeiten, wobei Anbieter Verkaufsofferten und Nachfrager Kaufofferten vornehmen. In der Praxis werden doppelte Auktionen insbesondere auf Börsenmärkten eingesetzt und haben sich dort als effiziente Verhandlungsmechanismen erwiesen (vgl. auch Abschnitt 1.4.1.2.). Eine Aufsatzsammlung zu verschiedenen Aspekten doppelter Auktionen bietet [Frie93].

Formen

Doppelte Auktionen existieren in zahlreichen Varianten. Eine Einschränkung in allen derzeit vorhandenen Konzepten besteht darin, dass ausschließlich der Handel homogener Güter modelliert wird. Kontraktdifferenzierte Verhandlungen, wie sie im vorhergehenden Abschnitt betrachtet wurden, sind mit doppelten Auktionen nicht möglich. Im Folgenden wird als Grundform zunächst die einmalige doppelte Auktion vorgestellt. Anschließend werden mit der wiederholten und der kontinuierlichen doppelten Auktion zwei erweiterte Konzepte diskutiert.

3.2.3.1. Einmalige doppelte Auktionen

Ausgangspunkt der doppelten Auktion ist ein polypolistisches Szenario, in dem eine Menge von Anbietern $N^a = \{1,...,na\}$ einer Menge von Nachfragern $N^n = \{1,...,nn\}$ gegenübersteht. Da ausschließlich homogene Güter gehandelt werden, lassen sich die individuellen Transaktionsbedürfnisse gegenüber dem Basismodell aus Abschnitt 2.2. zu einem Wert $v \in \mathbb{R}$ vereinfachen. Die Transaktionsbedürfnisse der Anbieter werden hierbei mit $v^{a,1},...,v^{a,na}$ und die der Nachfrager entsprechend mit $v^{n,1},...,v^{n,nn}$ bezeichnet.

Ablauf

Der Ablauf gliedert sich wiederum in die Schritte Auktionsstart, Bietphase, Auktionsende und Transaktionsbildung (vgl. Abschnitt 3.1.1.1.). In der Bietphase geben die Anbieter i und Nachfrager j genau eine Offerte $o^{a,i} \in \mathbb{R}$ bzw. $o^{n,j} \in \mathbb{R}$ verdeckt ab. Im Rahmen der Transaktionsbildung werden diese Offerten anschließend zu bilateralen Transaktionen zusammengeführt. Die doppelte Auktion fungiert damit als eine "Clearing-Stelle" zum Auflösen von Kaufs- und Verkaufsordern, die in der englischsprachigen Literatur auch als clearing-house bezeichnet wird. In der deutschsprachigen Literatur ist daneben der Begriff der Gesamtkursermittlung üblich.

Die Transaktionsbildung findet in der Regel wie folgt statt: Zunächst werden die Offerten der Anbieter in aufsteigender Reihenfolge und die Offerten der Nachfrager in absteigender Reihenfolge geordnet, d.h., es werden Vektoren $(o^{a,1}, o^{a,2},...)$ und $(o^{n,1}, o^{n,2},...)$ gebildet. Diese Vektoren werden als diskrete Angebots- bzw. Nachfragekurven interpretiert, und es wird als Transaktionsmenge das maximale x gesucht, für das $o^{a,x} \leq o^{n,x}$ gilt. Entsprechend dieser Transaktionsmenge werden zwischen den ersten x Anbietern und Nachfragern Transaktionen durchgeführt. Das Vorgehen ist in Abbildung 3.2.3.1.a skizziert.

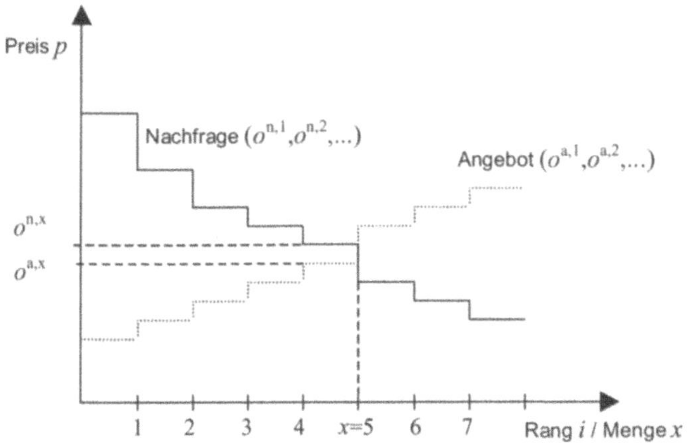

Abb. 3.2.3.1.a Transaktionsbildung in der einmaligen doppelten Auktion

Hinsichtlich der Preisbildung können grundsätzlich einheitliche und diskriminierende Preise unterschieden werden. Bei einheitlichen Preisen ist es für die individuellen Transaktionsgewinne unerheblich, welcher Käufer mit welchem Verkäufer eine Transaktion durchführt. In der Regel wird als einheitlicher Preis ein Betrag $p \in [o^{a,x},o^{n,x}]$ gewählt, beispielsweise der Mittelwert $p = (o^{a,x}+o^{n,x})/2$. Mit zunehmender Anzahl an Marktteilnehmern schrumpft typischerweise das Preisintervall $[o^{a,x},o^{n,x}]$ und es ergibt sich ein näherungsweise eindeutiger Gleichgewichtspreis. Bei diskriminierenden Preisen wird demgegenüber für jede Transaktion $y = 1,...,x$ ein individueller Betrag, beispielsweise der Mittelwert von Angebots- und Nachfrageofferte $p^y = (o^{a,y}+o^{n,y})/2$, gewählt. Im Kontext diskriminierender Preise hat die Wahl der Transaktionspartner in der Regel Einfluss auf die individuellen Transaktionsgewinne.

Das soeben dargestellte Verfahren zielt auf eine effiziente Lösung, wobei sich die Effizienz an dem Bewertungsüberschuss entsprechend der Fläche zwischen Angebots- und Nachfragekurve bemisst. Wird dieses Effizienzziel aufgegeben, so kann bei diskriminierenden Preisen beispielsweise die Transaktionsmenge erhöht werden. Die maximale Transaktionsmenge (unter den Nebenbedingungen $o^{a,y} \leq o^{n,y}$ und $p^y \in [o^{a,y},o^{n,y}]$ für jede Transaktion y) ergibt sich, indem den Nachfrageofferten $o^{n,j}$ in absteigender Reihenfolge jeweils die höchste Angebotsofferte $o^{a,i} \leq o^{n,j}$ zugeordnet wird. In dem in Abbildung 3.2.3.1.a dargestellten Beispiel können so alle Offerten in Transaktionen umgesetzt werden. Ein weiteres Ziel neben der Effizienzmaximierung und der Umsatzmaximierung kann beispielsweise die Gleichverteilung der Effizienzgewinne sein. Varianten auktions-theoretische Ergebnisse

Eine erste Analyse der doppelten Auktion wurde von Chatterjee und Samuelson für das Szenario genau eines Anbieters und genau eines Nachfragers vorgenommen (vgl. [Chat83]). Für den Fall einer Preisbildung in Form des Mittelwertes aus Angebots- und Nachfrageofferte wird die Existenz eines symmetrischen Gleichgewichts gezeigt, in dem aufgrund des strategischen Verhaltens beider Spieler nicht alle wohlfahrtssteigernden Transaktionen zustande kommen. Myerson und Satterthwaite [Myer83] zeigen, dass dieses Gleichgewicht insofern optimal ist, als dass kein anderer Verhandlungsmechanismus existiert, der zu einem effizienteren Resultat führt. Leininger, Linhart und Radner [Lein89] zeigen, dass neben diesem Gleichgewicht noch weitere Gleichgewichte existieren (vgl. auch Abschnitt 2.3.3.2 zu den Grenzen effizienter Verhandlungen).

Wilson [Wils85] untersucht erstmalig das Modell der doppelten Auktion für ein Szenario mehrerer Anbieter und Nachfrager, und zeigt die Effizienz bei hinreichend vielen Marktteilnehmern. Rustichini, Satterthwaite und Williams [Rust94] untersuchen die Effizienz der doppelten Auktion in Abhängigkeit der Zahl der Marktteilnehmer. Ein Ergebnis besteht darin, dass mit zunehmender Zahl der Marktteilnehmer der Anreiz zu strategischem Verhalten abnimmt, womit auch die Effizienzverluste hieraus sinken (vgl. hierzu auch [Satt89]).

McAfee [McAf89] entwirft eine doppelte Auktion, in der die dominante Strategie jedes Akteurs in der Präferenzoffenbarung besteht. Die Transaktionsbildung erfolgt hier, indem nicht $x = argmax_x\ o^{a,x} \leq o^{n,x}$ Transaktionen, sondern nur Transaktionen zwischen den ersten x-1 Anbietern und Nachfrager gebildet werden. Die Käufer zahlen einheitlich den Betrag $o^{n,x}$, die Verkäufer erhalten als Erlös einheitlich den Betrag $o^{a,x}$. Das Grundkonzept besteht hier analog der Vickrey-Auktion darin, dass der von einem Akteur zu zahlende bzw. erhaltene Betrag vollständig unabhängig von der Höhe seiner eigenen Offerte ist. Der Mechanismus weist jedoch zwei Schwachpunkte auf. Erstens wird die x-te Transaktion nicht durchgeführt, womit Effizienzpotenziale ungenutzt bleiben. Zweitens besteht der in der Regel unerwünschte Effekt, dass der Mechanismus einen Gewinn von $x\ (o^{n,x}-o^{a,x})$ erwirtschaftet.

Eine einfache Erweiterung der doppelten Auktion bietet das Konzept der in Abschnitt 3.2.2.2. dargestellten share-auction. In der doppelten share-auction geben die Akteure wie in der einfachen share-auction Angebots- bzw. Nachfragefunktionen anstelle einfacher Gebote ab. Basierend auf diesen Offerten wird zunächst die aggregierte Angebots- und Nachfragefunktion des Marktes gebildet, anschließend wird wie in der konventionellen doppelten Auktion verfahren (vgl. hierzu beispielsweise [Wils92] und die dort angegebene Literatur). Diese Erweiterung ist jedoch nur dann möglich, falls genau ein homogenes Gut mit quantitativer Differenzierung gehandelt wird und schwach monoton fallende Nachfragefunktionen vorliegen. Das Verfahren ist damit beispielsweise nicht auf Szenarien mit differenzierten Gütern übertragbar.

3.2.3.2. Wiederholte und kontinuierliche Varianten

In der Praxis werden insbesondere zwei Varianten des vorstehend beschriebenen Verfahrens eingesetzt, dies sind die wiederholten und die kontinuierlichen doppelten Auktionen. Beide Varianten werden im Folgenden kurz vorgestellt.

wiederholte doppelte Auktion

Die wiederholte doppelte Auktion kombiniert die einmalige doppelte Auktion mit dem in Abschnitt 3.2.1.2. dargestellten Konzept der wiederholten Auktion. Diese Erweiterung ermöglicht insbesondere einen zeitlich differenzierten Handel. Das Verfahren der wiederholten doppelten Auktion wird beispielsweise auf Börsenmärkten angewendet. Hier wird die einmalige doppelte Auktion quasi als Stufenspiel des Superspiels Börsenmarkt eingesetzt.

kontinuierliche doppelte Auktion

Eine spezielle Form des wiederholten Handels bietet die kontinuierliche doppelte Auktion (engl. continous double auction (CDA) oder open outcry auction). In diesem Verfahren ist die Trennung zwischen Bietphase und Transaktionsbildung aufgehoben. Es können kontinuierlich Offerten abgegeben werden, und es wird jede Transaktionsmöglichkeit sofort umgesetzt. Die Abgabe einer Offerte kann in *aktiver* und *passiver* Form vorgenommen werden. Domowitz [Domo93] unterscheidet anhand der Marktseite die passiven Offerten "ask" und "bid" sowie die aktiven Offerten "hit" und "take". Eine passive Offerte besteht darin, ein Angebot oder eine Nachfrage offen auf dem Markt zu einem Preis p anzubieten. Mit einer aktiven Offerte kann eine derartige passive Offerte zu dem vorgegebenen Preis p angenommen werden. Die entsprechende Transaktion wird sofort durchgeführt. Da in diesem Verfahren kein Auktionsende im üblichen Sinne existiert, muss der Gültigkeitszeitraum der Offerten definiert werden. Hierzu können die Offerten um ein Verfallsdatum ergänzt werden, oder den Akteuren wird die Möglichkeit eingeräumt, Offerten bei Bedarf zurückzunehmen.

auktionstheoretische Ergebnisse

Die Literatur zu wiederholten und kontinuierlichen doppelten Auktionen ist, bedingt durch die hohe Komplexität der Szenarien, zum überwiegenden Teil empirischer Natur und lässt sich in Feldstudien realer Märkte, Laborexperimente mit Menschen und Computersimulationen einteilen. Einen ausführlichen Überblick hierzu bietet [Frie93b]. Insgesamt lässt sich feststellen, dass die verschiedenen Formen doppelter Auktionen in den meisten empirischen Studien zu weitgehend effizienten Ergebnissen führen. Als Referenzpunkt können hierbei Preise entsprechend einem Walrasianischen Gleichgewicht dienen. Die Allgemeingültigkeit dieses Resultats ist derzeit jedoch nicht durch formale, spieltheoretische Modelle abgesichert (vgl.

[Wils92, S.260 f.]). Einen der wenigen analytischen Ansätze zur kontinuierlichen doppelten Auktion liefert Wilson [Wils87].

3.3. Allgemeines *kpi*-Auktionsmodell

Alle vorgestellten Auktionsformen haben die Eigenschaft, dass sie nur eine unvollständige Abbildung des mit dem Basismodell in Abschnitt 2.2. entworfenen Verhandlungsproblems ermöglichen. Die verschiedenen Konzepte kontraktdifferenzierter Auktionen lassen einerseits keine polypolistischen Verhandlungen zu, anderseits berücksichtigen die doppelten Auktionen keine differenzierten Kontrakte.

Ausgehend von diesem Befund wird nachfolgend mit der *kpi*-Auktion ein allgemeines Modell entwickelt, das *k*ontraktdifferenzierte, *p*olypolistische und *i*terierte Verhandlungen ermöglicht. Im Mittelpunkt steht zunächst die (heuristische) Konstruktion des Verhandlungsmechanismus. Die analytische Konstruktion geeigneter Automatisierungskonzepte erfolgt anschließend in Teil 4 (vgl. Abschnitt 2.3.3.2. zur Wahl der Entwurfsmethode).

3.3.1. Grundmodell

Im Folgenden wird das Grundmodell der allgemeinen *kpi*-Auktion entwickelt. Zunächst wird das Konzept der kontraktdifferenzierten Offerte vorgestellt, anschließend wird der Ablauf der *kpi*-Auktion diskutiert. Auf dieser Grundlage werden in den darauffolgenden Abschnitten verschiedene Varianten der Transaktionsbildung entworfen und analysiert.

3.3.1.1. Kontraktdifferenzierte Offerten

Ausgangspunkt kontraktdifferenzierter Verhandlungen sind die individuellen Präferenzen der Akteure in Form differenzierter Transaktionsbedürfnisse. Eine effiziente Kontraktwahl erfordert, dass Anbieter und Nachfrager ihre Präferenzen in den Verhandlungsprozess einbringen können. In den multidimensionalen Auktionen erfolgt dies in Form der Bewertungsfunktion (vgl. Abschnitt 3.2.2.1.), in der share-auction geben die Akteure individuelle Nachfragefunktionen ab (vgl. Abschnitt 3.2.2.2.). Das entsprechende Konzept der *kpi*-Auktion wird als kontraktdifferenzierte Offerte bezeichnet.

Definition

Eine kontraktdifferenzierte Offerte ist eine Funktion, die zu jedem Kontrakt $k \in K$ eine Teilofferte $o(k)$ angibt. Im Gegensatz zu den multidimensionalen Auktionen und der share-auction werden keine einschränkenden Annahmen bezüglich der Eigenschaften dieser Funktion getroffen. Die

Teilofferten sind alternativ zueinander, d.h. es wird ein Transaktionswunsch bezüglich genau einer Transaktion ausgedrückt. Mehrfache Transaktionsbedürfnisse können anhand mehrerer Offerten umgesetzt werden.

DEFINITION 3.3.1.1.a Eine einfache kontraktdifferenzierte Offerte ist eine Funktion $o{:}K \rightarrow \mathbb{R}$. Für irrelevante Kontrakte $k \in K$ besitzt die Funktion nachfrageseitig den Wert $o(k) = -\infty$ und angebotsseitig den Wert $o(k) = \infty$.

Die Definition der kontraktdifferenzierten Offerte erfolgt weitgehend analog zum einfachen Transaktionsbedürfnis (vgl. Definition 2.2.1.3.a.). Aus der Perspektive des Mechanismusdesigns lässt sich das Konzept dahingehend interpretieren, dass jeder Spieler i eine Strategiemenge $S^i = T^i$ entsprechend seiner möglichen Typen besitzt. In Teil 4 wird gezeigt, dass in der Regel keine Präferenzoffenbarung $s^i = t^i$ erfolgt. Diese Interpretation setzt voraus, dass der Typ eines Akteurs ausschließlich in seinem Transaktionsbedürfnis besteht und alle Erwartungen, wie im private values Modell, common knowledge sind.

3.3.1.2. Auktionsablauf

Der Ablauf der *kpi*-Auktion ist in die Schritte Auktionsstart, Bietphase, Auktionsende, Transaktionsbildung und Informationsverteilung gegliedert (vgl. Abbildung 3.3.1.2.a).

Auktionsstart

Der Mechanismus ist als wiederholte Auktion konzipiert und ermöglicht so, einen zeitlich differenzierten Handel durchzuführen (vgl. Abschnitt 3.2.1.2.). Die nachfolgend dargestellten Schritte werden damit zyklisch durchlaufen, wobei der Auktionsstart den Beginn eines Iterationszyklus markiert. In der Regel wird der Auktionsstart in fest vorgegebenen Zeitintervallen durchgeführt, in diesem Fall bezeichnet die Auktionsfrequenz die Anzahl der Iterationen pro Zeiteinheit.

Bietphase

Die Bietphase erfolgt verdeckt, wobei jeder Anbieter i und Nachfrager j genau eine kontraktdifferenzierte Offerte $o^{a,i}$ bzw. $o^{n,j}$ abgibt. Die Beschränkung auf genau eine Offerte erfolgt an dieser Stelle ausschließlich zur Vereinfachung der Notation. Im Kontext mehrfacher Transaktionsbedürfnisse können auch mehrfache Offerten zugelassen werden.

Auktionsende

Das Ende der Bietphase wird, wie auch in anderen verdeckten Auktionen, anhand einer festen Auktionsdauer vorgegeben. Am Auktionsende liegen die kontraktdifferenzierten Offerten aller Akteure vor, hierbei sei

$$oa = (o^{a,1}, o^{a,2}, \dots, o^{a,na}) \qquad (3.3.1.2.a)$$

der angebotsseitige und

(3.3.1.2.b) $on = (o^{n,1}, o^{n,2},..., o^{n,nn})$

der nachfrageseitige Offertenvektor.

Transaktionsbildung

Die Transaktionsbildung erfolgt auf Basis der Offertenvektoren *oa* und *on* und liefert als Ergebnis einen Transaktionsvektor

(3.3.1.2.c) $tr^* = (tr^1, tr^2, ..., tr^{nt})$,

bestehend aus bilateralen Transaktionen $tr = (i,j,k,p)$ gemäß Definition 2.2.1.4.a. Die Transaktionsbildung ist in zwei Teilschritte gegliedert. Im ersten Schritt erfolgt die Transaktionspartnerwahl und Kontraktoptimierung mit dem Ziel der Effizienzmaximierung, im zweiten Schritt wird dann die Preisbildung vorgenommen. Zu beiden Teilschritten werden in den Abschnitten 3.3.2. und 3.3.3. alternative Konzepte entwickelt und miteinander verglichen.

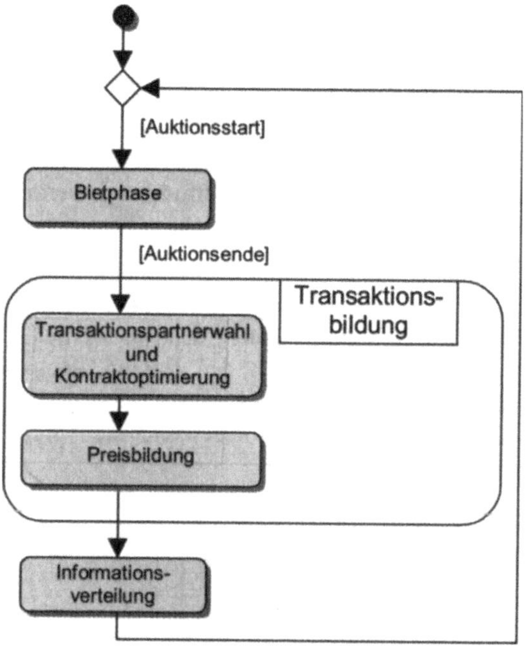

Abb. 3.3.1.2.a Ablauf der kpi-Auktion

Informationsverteilung

Im Anschluss an die Transaktionsbildung erhalten alle Akteure Informationen über das Auktionsgeschehen. Diese Informationen sind im Rahmen der wiederholten Auktion maßgeblich für die strategischen Möglichkeiten der Spieler (vgl. Abschnitt 2.3.2.4. und 3.2.1.2.). Die Ausgestaltung dieser Informationen wird zunächst ausgeklammert und später in Teil 4 im Rahmen der Erwartungsbildung des polypolistischen Automatisierungskonzeptes ausführlich diskutiert. Mit der Informationsverteilung endet eine Iteration innerhalb des *kpi*-Auktionsmodells, und es können Akteure in den Verhandlungsprozess ein- oder austreten. Der nächste Auktionsstart erfolgt entsprechend der Auktionsfrequenz.

3.3.2. Transaktionspartnerwahl und Kontraktoptimierung

reduzierte Transaktionen

Der erste Schritt der Transaktionsbildung entscheidet, welche Akteure miteinander eine Transaktion durchführen und welche Kontrakte hierbei gewählt werden. Die Preisbildung erfolgt anschließend in einem zweiten Schritt. Zur Vereinfachung der Notation werden im Kontext der Transaktionspartnerwahl und Kontraktoptimierung reduzierte Transaktionen betrachtet. Eine reduzierte Transaktion ist ein Tripel $trr = (i,j,k)$, also eine Transaktion, deren Preis unspezifiziert ist. Die Menge aller reduzierten Transaktionen lautet entsprechend $TRR = (1,...,na)\times(1,...,nn)\times K$.

Ein zulässiger reduzierter Transaktionsvektor $trr^* = (trr^1,trr^2,...,trr^{nt})$ hat die Eigenschaft, dass jede Offerte in maximal einer Transaktion auftritt. Die Menge aller zulässigen reduzierten Transaktionsvektoren wird mit TRR^* bezeichnet. Im Rahmen dieses Modells besteht die Transaktionspartnerwahl und Kontraktoptimierung in der Wahl eines Transaktionsvektors $trr^* \in TRR^*$.

Bewertungsüberschuss

In den meisten Auktionsmechanismen basiert die Transaktionsbildung auf einer Ordnungsrelation über der Menge der Offerten. In Auktionen mit homogenen Kontrakten, sowohl in den einfachen Auktionen als auch in komplexeren Verfahren wie den doppelten Auktionen, wird als Ordnungskriterium in der Regel direkt der Betrag der Offerten verwendet. In den multidimensionalen Auktionen wird das Ordnungskriterium durch die Bewertungsfunktion bereitgestellt.

Für die *kpi*-Auktion ist ein auf einzelnen Offerten basierendes Ordnungskriterium nicht sinnvoll definierbar, da ein sowohl polypolistisches als auch kontraktdifferenziertes Szenario vorliegt. Zur Transaktionsbildung wird daher zunächst eine Ordnung über den (potenziellen) Transaktionen *TRR* anstelle einer Ordnung über Offerten definiert. Das grundlegende Ordnungskriterium ist der Bewertungsüberschuss $b(trr) = o^{n,j}(k)-o^{a,i}(k)$ einer reduzierten Transaktion $trr = (i,j,k)$, also die Differenz zwischen einer Nachfrageofferte $o^{n,j}$ und einer Angebotsofferte $o^{a,i}$. Dieses Ordnungskriterium wird auf die Menge der Transaktionsvektoren TRR^* übertragen, indem der Bewertungsüberschuss $b(trr^*)$ eines reduzierten Transaktionsvektors $trr^* = (trr^1,trr^2,...,trr^{nt})$ als die Bewertungssumme der darin enthaltenen Einzeltransaktionen definiert wird.

DEFINITION 3.3.2.a Der Bewertungsüberschuss einer reduzierten Transaktion $trr = (i,j,k)$ beträgt $b(trr) = o^{n,j}(k)\text{-}o^{a,i}(k)$. Der Bewertungsüberschuss eines Transaktionsvektors $trr^* = (trr^1, trr^2, \ldots, trr^{nt})$ lautet $b(trr^*) = \Sigma_{trr \in trr^*} b(trr)$.

Der Bewertungsüberschuss $b(trr)$ ist mit dem Konzept des Transaktionsgewinns vergleichbar, basiert jedoch auf den Offerten der Transaktionspartner anstelle der Transaktionsbedürfnisse (vgl. Abschnitt 2.2.1.4.). Sind die Offerten der Transaktionspartner mit ihren Transaktionsbedürfnissen identisch, liegt also Präferenzoffenbarung $o^{a,i} = v^{a,i}$ und $o^{n,j} = v^{n,j}$ vor, dann entspricht der Bewertungsüberschuss der Summe der Transaktionsgewinne beider Transaktionspartner, d.h. dann gilt $b(trr) = \pi^{a,i} + \pi^{n,j}$. Verhalten sich die Akteure demgegenüber strategisch, so differieren der Bewertungsüberschuss und die Summe der Transaktionsgewinne in der Regel.

weiteres Vorgehen

Die drei nachfolgend konstruierten Verfahren zur Transaktionspartnerwahl und Kontraktoptimierung basieren auf der Maximierung des Bewertungsüberschusses. Dieses Vorgehen erfolgt mit dem Ziel einer effizienten Allokationslösung, die allerdings nicht immer erreicht wird. Die Ursache besteht darin, dass die Akteure bei der Gestaltung ihrer Offerten strategisch agieren, also nicht ihre wahren Präferenzen offenbaren, womit auch der Bewertungsüberschuss und die Summe der Transaktionsgewinne voneinander abweichen. Prinzipiell lassen sich, wie bereits in Abschnitt 3.2.3.1. diskutiert, auch andere Optimierungsziele, wie beispielsweise die Maximierung der Transaktionsanzahl, verfolgen. Diese alternativen Zielsetzungen werden im Weiteren nicht näher untersucht.

3.3.2.1. Gesamtoptimum

Verfahren

Das Verfahren des Gesamtoptimums führt die Transaktionspartnerwahl und die Kontraktoptimierung durch, indem ein Transaktionsvektor mit maximalem Bewertungsüberschuss gesucht wird. Formal ergibt sich der maximale Bewertungsüberschuss b_{GO} als Lösung des Optimierungsproblems $max_{trr^* \in TRR^*} b(trr^*)$. Die Lösungsmenge TRR_{GO}^* sei die Menge der Transaktionsvektoren $trr^* \in TRR^*$ mit maximalem Bewertungsüberschuss b_{GO}. Die Lösung dieses Problems lässt sich konzeptuell in vier Schritte gliedern (vgl. Abbildung 3.3.2.1.a).

In den ersten beiden Schritten wird zunächst der Suchraum aufgebaut, in dem anschließend die Suche nach optimalen Transaktionsvektoren stattfindet. Die Lösungsmenge TRR_{GO}^* des Optimierungsproblems ist nicht immer eindeutig, sondern kann in Abhängigkeit der Offertenvektoren (oa,on) auch mehrere gleichwertige Transaktionsvektoren beinhalten. In diesem Fall ist in einem weiteren Schritt die Wahl eines Transaktionsvektors $trr^* \in TRR_{GO}^*$

erforderlich. Dies kann beispielsweise auf Zufallsbasis durchgeführt werden. Alternativ können auch die Abgabezeitpunkte der an den Transaktionen beteiligten Offerten zur Auswahl herangezogen werden.

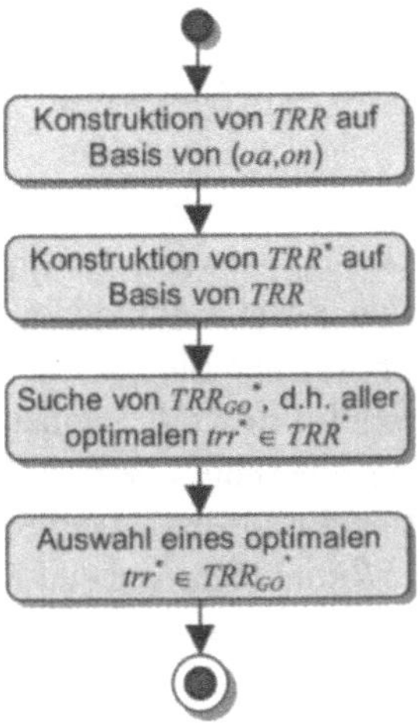

Abb. 3.3.2.1.a Verfahren des Gesamtoptimum

Der eigentliche Optimierungsprozess kann in Abhängigkeit des Szenarios mit großen numerischen Aufwänden verbunden sein. Die Menge reduzierter Transaktionen *TRR* hat die Größe $|TRR| = na\ nn\ |K|$, wächst also linear mit der Anzahl der Angebotsofferten, der Nachfrageofferten und der Kontrakte. Bei der Konstruktion der Menge der Transaktionsvektoren TRR^* treten erhebliche kombinatorische Effekte auf. Bezüglich der Basisgrößen *na*, *nn* und $|K|$ liegt in der Regel ein exponentielles Wachstum von $|TRR^*|$ vor, das bereits bei kleinen Basisgrößen zu numerisch unlösbaren Suchräumen führt. numerischer Aufwand

Zur Illustration sei das Szenario $na = 10$, $nn = 20$ und $|K| = 5$ betrachtet. Betrachtet man hier ausschließlich die Menge der Transaktionsvektoren, in denen jeder Anbieter eine Transaktion durchführt, dann ergeben sich bereits insgesamt

(3.3.2.1.a) $$(20\ 5)(19\ 5)...(12\ 5)(11\ 5) = 6.547\ 10^{18}$$

alternative Transaktionsvektoren. Berücksichtigt man die Möglichkeit, dass einzelne Anbieter keine Transaktion durchführen, so erhöht sich die Zahl der zu berücksichtigenden Transaktionsvektoren weiter. Die hier vorgenommene Skizze lässt anderseits auch Aspekte unberücksichtigt, die den Suchraum einschränken können. So können beispielsweise zwei Teilmengen der Transaktionsmenge *TRR* bei der Suche unberücksichtigt bleiben. Dies ist zum einen die Menge aller reduzierten Transaktionen $trr = (i,j,k)$, zu denen eine Transaktion $trr' = (i,j,k')$ mit $b(trr') > b(trr)$ existiert, und zum anderen die Menge aller Transaktionen mit negativem Bewertungsüberschuss. Insgesamt ist jedoch festzustellen, dass der mit dem Gesamtoptimum verbundene numerische Aufwand die Anwendbarkeit dieses Verfahrens auf Szenarien geringer Komplexität einschränkt.

3.3.2.2. Iterative Näherungslösung

Verfahren

Ein vereinfachtes Vorgehen der Transaktionspartnerwahl und Kontraktoptimierung besteht darin, den reduzierten Transaktionsvektor in einem iterativen Prozess zu konstruieren (vgl. Abbildung 3.3.2.2.a). Hierbei wird zunächst der Suchraum in Form der Menge aller reduzierten Transaktionen *TRR* aufgebaut, anschließend werden die reduzierten Transaktionen *trr* mit dem höchsten Bewertungsüberschuss $max_{trr \in TRR}\, b(trr)$ gesucht. Dieses Teilproblem ist erheblich leichter lösbar als die Suche nach dem Gesamtoptimum, da der Suchraum *TRR* im Gegensatz zu TRR^* nur linear mit der Zahl der Anbieter, der Nachfrager und der Kontrakte wächst.

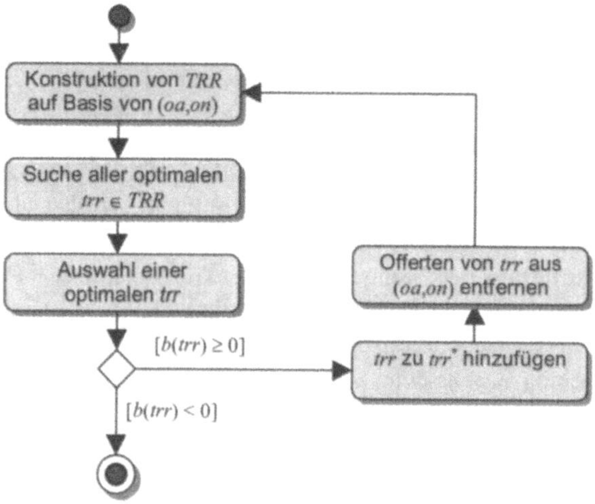

Abb. 3.3.2.2.a Verfahren der iterativen Näherungslösung

Die Lösung dieser Optimierungsaufgabe kann wie im Fall des Gesamtoptimums uneindeutig sein und die Auswahl einer konkreten Transaktion *trr*, beispielsweise auf Zufallsbasis, erfordern. Ist der Bewertungsüberschuss der Transaktion *trr* größer oder gleich Null, so wird *trr* dem Transaktionsvektor trr^* hinzugefügt. Anschließend werden die beiden an der Transaktion $trr = (i,j,k)$ beteiligten Offerten $o^{a,i}$ und $o^{n,j}$ aus den Offertenvektoren (*oa,on*) entfernt und es wird eine weitere Iteration des Verfahrens gestartet, wobei zunächst der Suchraum *TRR* entsprechend aktualisiert wird. Das Verfahren endet, sobald eine optimale Transaktion einen negativen Bewertungsüberschuss $b(trr) < 0$ aufweist.

Der iterative Konstruktionsprozess kann eine Vielzahl (zufallsbasierter) Auswahlentscheidungen beinhalten. In Abhängigkeit dieser Entscheidungen produziert das Verfahren für gegebene Offertenvektoren (oa,on) verschiedene Transaktionsvektoren trr^*. Die Menge aller anhand der iterativen Näherungslösung zu (oa,on) generierbaren Transaktionsvektoren wird mit TRR_{IN}^* bezeichnet. Die Eigenschaften der so konstruierten Transaktionsvektoren werden in Abschnitt 3.3.2.4. ausführlich diskutiert.

3.3.2.3. Dynamisierte Iteration

Verfahren

Eine dritte Variante der Transaktionspartnerwahl und Kontraktoptimierung bietet die dynamisierte Iteration. Das Verfahren besteht darin, nur die erste Iteration der soeben beschriebenen, iterativen Näherungslösung durchzuführen, womit sich das in Abbildung 3.3.2.3.a dargestellte Vorgehen ergibt. Diese Variante liefert Transaktionsvektoren mit maximal einer Einzeltransaktion, die Menge optimaler Transaktionsvektoren wird mit TRR_{DI}^* bezeichnet.

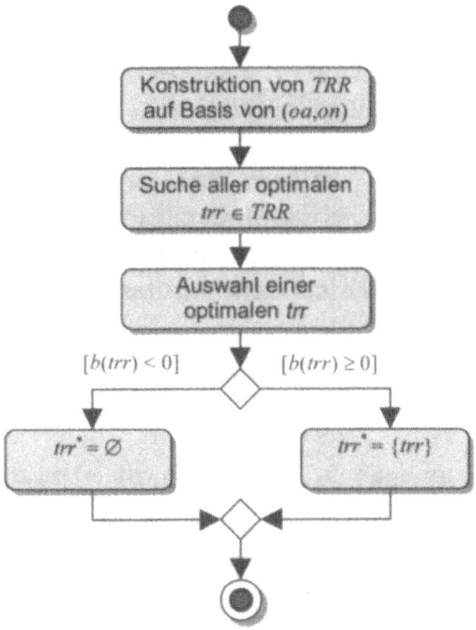

Abb. 3.3.2.3.a Verfahren der dynamisierten Iteration

Die dynamisierte Iteration lässt im Rahmen einer einzelnen Auktion potenziell viele Transaktionen mit positivem Bewertungsüberschuss unberücksichtigt. Im Rahmen einer wiederholten Auktion finden sich die Iterationszyklen der iterativen Näherungslösung jedoch auf der Auktionsebene wieder.

Rück-kopplung

Ein wesentlicher Unterschied der dynamisierten Iterationen zu den beiden zuvor dargestellten Verfahren besteht darin, dass mit jeder einzelnen Transaktion auch jeweils eine Auktion endet. Da die Akteure am Ende jeder Auktion Informationen über das Marktgeschehen erhalten, besteht hier eine erheblich höhere Rückkopplung vom Marktgeschehen zu den Akteuren (vgl. Abschnitt 2.3.2.4., open- und closed-loop). In der dynamisierten Iteration haben die Akteure die Möglichkeit, nach jeder einzelnen Transaktion ihre Erwartungen an den Markt anzupassen und entsprechende, neue Offerten abzugeben.

Mengen-restriktion

Da in der dynamisierten Iteration maximal eine Transaktion pro Auktion durchgeführt wird, ist die maximale Transaktionsmenge durch die Auktionsfrequenz nach oben beschränkt. Diese Beschränkung besteht im Fall des Gesamtoptimums und der iterativen Näherungslösung nicht, hier können beliebig viele Transaktionen simultan durchgeführt werden. Für die Effizienz der dynamisierten Iteration ist daher in besonderem Maße eine hinreichende Auktionsfrequenz notwendig.

3.3.2.4. Vergleichende Bewertung

Im Folgenden werden die drei Verfahren der Transaktionspartnerwahl und Kontraktoptimierung miteinander verglichen und hinsichtlich ihrer Anwendbarkeit auf verschiedene Szenarien diskutiert. Zunächst werden die Gemeinsamkeiten der drei Verfahren betrachtet. Anschließend werden anhand eines konkreten Beispiels die Unterschiede zwischen dem Gesamtoptimum und den iterativen Verfahren hinsichtlich verschiedener Effizienzaspekte herausgearbeitet. Eine Zusammenfassung beschließt die vergleichende Bewertung.

3.3.2.4.1. Äquivalenzen

Zwischen dem Gesamtoptimum, der iterativen Näherungslösung und der dynamisierte Iteration bestehen in Abhängigkeit des Szenarios zahlreiche Gemeinsamkeiten. Im Weiteren stehen zunächst die statischen Aspekte der drei Verfahren im Mittelpunkt. Das dynamische Verhalten der Akteure wird in Teil 4 konzipiert und in Teil 6 anhand von Fallstudien weiter untersucht.

iterative Verfahren

Die Konzepte der iterativen Näherungslösung und der dynamisierten Iteration unterscheiden sich ausschließlich darin, dass der Iterationsprozess im ersten Fall innerhalb einer Auktion erfolgt und sich im zweiten Fall auf eine Sequenz von Auktionen verteilt. Insofern führen beide Verfahren bei Vernachlässigung zeitlicher Aspekte (also der Transaktionszeitpunkte) zu denselben Transaktionen.

Damit diese Äquivalenz gilt, müssen die Akteure im Fall der dynamisierten Iteration in jeder Auktion dieselben Offerten abgeben, und es dürfen keine weiteren Akteure in die Verhandlungen eintreten. In der Praxis sind diese beiden Annahmen jedoch oft unzutreffend. Zum einen verändern die Akteure ihre Offerten mit jeder Auktion aufgrund neuer Marktinformationen und der fortschreitenden Zeit. Zum anderen treten im Verlauf der Zeit neue Akteure mit neuen Offerten in den Markt ein, während andere Akteure den Markt verlassen. Dieser Aspekt wurde in Abschnitt 3.3.2.3. als erhöhte Rückkopplung charakterisiert. Die iterative Näherungslösung und die dynamisierte Iteration sind damit nur unter statischen Gesichtspunkten äquivalent, und können in konkreten Szenarien in Abhängigkeit des dynamischen Verhaltens der Akteure zu differierenden Resultaten führen.

homogene Kontrakte

Das Szenario homogener Kontrakte ist dadurch charakterisiert, dass nur genau ein Kontrakt gehandelt wird, d.h. dass $|K| = 1$ gilt. In diesem Szenario besteht eine Offerte in einem Wert $o \in \mathbb{R}$, und ein bewertungsmaximaler Transaktionsvektor kann wie folgt gebildet werden: Zunächst werden die Offertenvektoren *oa* und *on* in aufsteigender bzw. absteigender Reihenfolge geordnet, d.h. es wird je eine diskrete Angebots- und Nachfragekurve gebildet. Der maximale Bewertungsüberschuss entspricht hier der links vom Schnittpunkt liegenden Fläche zwischen beiden Kurven (vgl. hierzu Abschnitt 3.2.3.1., insbesondere Abbildung 3.2.3.1.a). Es ist leicht zu sehen, dass die beiden iterativen Verfahren zu einem Transaktionsvektor führen, der diesen maximalen Bewertungsüberschuss erzielt. Alle drei Verfahren sind damit im Szenario homogener Kontrakte hinsichtlich des Bewertungsüberschusses äquivalent.

einfache Auktionen

Das Szenario der einfachen Auktion liegt vor, falls einer der Offertenvektoren *oa* und *on* genau eine Offerte beinhaltet, d.h. falls $na = 1$ oder $nn = 1$ gilt. Es kann maximal eine Transaktion durchgeführt werden, entsprechend ist in beiden iterativen Verfahren nur ein Iterationsschritt erforderlich. Hieraus folgt direkt, dass das so erzielte Ergebnis mit dem Gesamtoptimum identisch ist. Dieses Resultat gilt auch für kontraktdifferenzierte Verhandlungen und analog für das Szenario der simultanen Auktion, in der aufseiten des Auktionators mehrere identischen Offerten vorliegen (vgl Abschnitt 3.2.1.1.).

3.3.2.4.2. Effizienzaspekte

Die vorstehend dargestellten Äquivalenzen gelten für einfache Szenarien. In komplexen Szenarien mit kontraktdifferenzierten, polypolistischen Verhandlungen erzielen die verschiedenen Verfahren demgegenüber oft unterschiedliche Ergebnisse. Im Folgenden wird zunächst ein konkretes Beispielszenario einer Transaktionspartnerwahl und Kontraktoptimierung dargestellt, anhand dem anschließend verschiedene Effizienzaspekte diskutiert werden.

Beispiel

In dem in Abbildung 3.3.2.4.2.a dargestellten Szenario findet ein kontraktdifferenzierter Handel mit zwei Kontrakten $K = \{1,2\}$ statt. Auf der Angebots- und der Nachfrageseite befinden sich jeweils zwei Akteure, die Offertenvektoren lauten $oa = ((1,2),(9,12))$ und $on = ((11,5),(7,11))$. Die Menge *TRR* der (potenziellen) Transaktionen lautet entsprechend

$$TRR = \{(1,1,1), (1,1,2), (1,2,1), (1,2,2), (2,1,1), (2,1,2), (2,2,1), (2,2,2)\}, \quad (3.3.2.4.2.a)$$

und die Menge TRR^* beinhaltet insgesamt $|TRR^*| = 17$ Transaktionsvektoren.

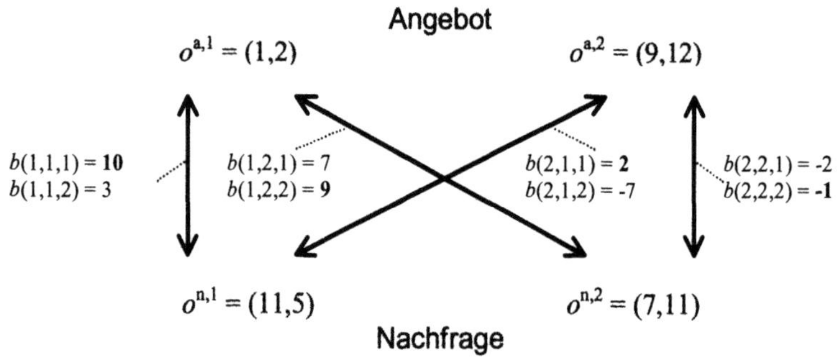

Abb. 3.3.2.4.2.a Beispiel zur Transaktionspartnerwahl und Kontraktbildung

Das Gesamtoptimum liefert die Lösungsmenge $TRR_{GO}^* = \{((1,2,2), (2,1,1))\}$, also ein eindeutiges Ergebnis, das keine Auswahl eines Transaktionsvektors $trr^* \in TRR_{GO}^*$ erforderlich macht. Der damit erzielte Bewertungsüberschuss beträgt $b_{GO} = b(trr^*) = 11$. Die iterativen Verfahren wählen demgegenüber im ersten Iterationsschritt die Transaktion $trr = (1,1,1)$ mit dem höchsten Bewertungsüberschuss $b(1,1,1) = 10$. Nachdem diese Transaktion gewählt wurde sind keine weiteren Transaktionen möglich, und der insgesamt erzielte Bewertungsüberschuss beträgt $b_{IN} = b_{DI} = 10$.

gesamtwirtschaftliche Effizienz

Der Vergleich beider Ergebnisse zeigt auf, dass die iterativen Verfahren zu einer aus gesamtwirtschaftlicher Perspektive ineffizienten Allokation führen können. Die Ursache dieser Ineffizienz ist darin begründet, dass die iterativen Verfahren "myopisch" die bewertungsmaximalen Transaktionen in absteigender Reihenfolge wählen und damit eine insgesamt effizientere Folge von Transaktionen blockieren können. Diese Effizienzverluste können nur in kontraktdifferenzierten, polypolistischen Szenarien auftreten, da die Verfahren in einfachen Szenarien äquivalent sind (vgl. Abschnitt 3.3.2.4.1).

Das Ausmaß der Effizienzverluste ist von der konkreten Gestalt der Offertenvektoren abhängig und nach oben auf einen Betrag in Höhe des halben maximalen Bewertungsüberschusses beschränkt. Die letztere Eigenschaft ergibt sich direkt aus folgender Überlegung: Die Effizienzverluste treten immer genau dann auf, wenn im Gesamtoptimum zwei Transaktionen $trr^1 = (1,1,\text{-})$ und $trr^2 = (2,2,\text{-})$ gewählt werden, die in den iterativen Verfahren durch eine Transaktion $trr' = (1,2,\text{-})$ oder $trr' = (2,1,\text{-})$ blockiert werden. Dies setzt jedoch voraus, dass $b(trr') \geq b(trr^1)$ und $b(trr') \geq b(trr^2)$ gilt und begrenzt die maximalen Effizienzverluste auf den genannten Wert.

Eindeutigkeit des Bewertungsüberschusses

Alle drei Verfahren der Transaktionspartnerwahl und Kontraktoptimierung beinhalten Auswahlentscheidungen bei der Konstruktion des Transaktionsvektors trr^*, womit grundsätzlich Lösungsmengen mit mehreren alternativen Transaktionsvektoren entstehen können. Das Gesamtoptimum besitzt hierbei die Eigenschaft, dass alle Transaktionsvektoren $trr^* \in TRR_{GO}^*$ einen identischen Bewertungsüberschuss von $b_{GO} = max_{\,trr^* \in TRR^*}\, b(trr^*)$ aufweisen. Für die dynamisierte Iteration gilt im Rahmen einer einzelnen Auktion ein eindeutiger Bewertungsüberschuss von $b_{DI} = max_{\,trr \in TRR}\, b(trr)$.

Die iterative Näherungslösung erzielt demgegenüber keinen grundsätzlich eindeutigen Bewertungsüberschuss. Als Beispiel sei die angebotsseitige Offerte $o^{a,1} = (1,2)$ in Abbildung 3.3.2.4.2.a zu $o^{a,1} = (2,2)$ modifiziert. In diesem Szenario existieren zwei alternative Transaktionen $b(1,1,1) = b(1,2,2) = 9$ mit maximalem Bewertungsüberschuss. Abhängig davon, welche der beiden Transaktionen (1,1,1) und (1,2,2) im ersten Iterationsschritt gewählt wurde, ist im zweiten Iterationsschritt eine weitere Transaktion (2,1,1) möglich. Die iterative Näherungslösung erzeugt hier die Menge möglicher Transaktionsvektoren $TRR_{IN}^* = \{((1,1,1)), ((1,2,2), (2,1,1))\}$, und liefert damit keinen eindeutigen Bewertungsüberschuss, d.h. es existiert kein einheitlicher Wert $b_{IN} = b(trr^*)$ für alle $trr^* \in TRR_{IN}^*$. Diese Mehrdeutigkeit gilt analog für den anhand der dynamisierten Iteration in einer Folge von Auktionen erzielten Bewertungsüberschuss. Der beschriebene Effekt kann nur in kontraktdifferenzierten, polypolistischen Szenarien auftreten.

individuelle Effizienz

Der von den verschiedenen Verfahren erzielte Bewertungsüberschuss bietet ein Maß für die Allokationseffizienz aus gesamtwirtschaftlicher Sicht. Für die Akzeptanz eines konkreten Verfahrens seitens der beteiligten Akteure ist darüber hinaus erforderlich, dass die erzielten Allokationen auch aus individueller Perspektive effizient sind (vgl. Abschnitt 2.3.3.3.). Das Gesamtoptimum kann dieses Ziel verletzten, da es die Individualinteressen der Akteure der Effizienz der gesamtwirtschaftlichen Allokation unterordnet.

Das Individualinteresse jedes Akteurs besteht in einem hohen Transaktionsgewinn. Im Folgenden sei angenommen, dass der von einem Akteur erzielte Transaktionsgewinn positiv mit dem Bewertungsüberschuss seiner Transaktionen korreliert ist. Das Individualinteresse des Akteurs besteht damit in Transaktionen mit einem hohen Bewertungsüberschuss. Diese Annahme ist beispielsweise zutreffend, falls Durchschnittspreise $p = (o_k^{a,i} + o_k^{n,j})/2$ eingesetzt werden. Unter dieser Annahme ist in dem oben dargestellten Beispiel für Anbieter 1 und Nachfrager 1 die Transaktion (1,1,1) mit $b(1,1,1) = 10$ optimal. Das Gesamtoptimum wählt demgegenüber den Transaktionsvektor ((1,2,2), (2,1,1)), der beiden Akteuren jeweils eine Transaktion mit geringerem Bewertungsüberschuss zuordnet und damit ihre Individualinteressen verletzt. In den iterativen Verfahren tritt dieses Problem nicht auf, da hier in absteigender Reihenfolge bewertungsmaximale Transaktionen gebildet werden.

Soll der soeben skizzierte Effekt im Gesamtoptimum vermieden werden, so müssen Kompensationszahlungen zwischen Transaktionen, beispielsweise in der Form einer entsprechenden Preisbildung eingeführt werden. Damit ergibt sich jedoch ein insgesamt sehr komplexes Verfahren, dessen Ergebnis seitens der Akteure schwer nachvollziehbar und planbar ist.

3.3.2.4.3. Zusammenfassung

Alle drei Varianten der Transaktionspartnerwahl und Kontraktoptimierung liefern in einfachen Szenarien identische Lösungen, die darüber hinaus den Ergebnissen konventioneller Auktionsverfahren entsprechen. In Szenarien mit kontraktdifferenzierten, polypolistischen Verhandlungen unterscheiden sich die Verfahren demgegenüber in vielerlei Hinsicht. In Abbildung 3.3.2.4.3.a sind die Verfahren Gesamtoptimum, iterative Näherungslösung und dynamisierte Iteration einander in tabellarischer Form gegenübergestellt.

Das Gesamtoptimum besitzt gegenüber den iterativen Verfahren den Vorteil, in allen Szenarien eine gesamtwirtschaftlich effiziente Allokation zu gewährleisten. Hierbei handelt es sich jedoch nur in komplexen Szenarien mit kontraktdifferenzierten, polypolistischen Verhandlungen um einen echten Vorteil, da die iterativen Verfahren in einfachen Szenarien ebenfalls ein effizienten Resultat garantieren. In komplexen Szenarien ist der numerische Aufwand des Gesamtoptimums jedoch anderseits in der Regel so hoch, dass das Verfahren nicht praktisch einsetzbar ist.

Die iterativen Verfahren erfordern demgegenüber geringere numerische Aufwände und gewährleisten die individuelle Effizienz der erzielten Allokation. Letzterer Aspekt ist für die Akzeptanz der Verfahren von Bedeutung. Die dynamisierte Iteration besitzt gegenüber der iterativen Näherungslösung den Vorteil einer engeren Rückkopplung vom Marktgeschehen zu den Akteuren, was beispielsweise den Preisbildungsprozess unterstützt. Anderseits ist bei diesem Verfahren das maximale Transaktionsvolumen durch die Auktionsfrequenz begrenzt, so dass eine hinreichende Auktionsfrequenz für die Effizienz von entscheidender Bedeutung ist.

	Gesamtoptimum	iterative Näherungslösung	dynamisierte Iteration
numerischer Aufwand	in komplexen Szenarien sehr hoch bzw. unlösbar	lösbar	lösbar
gesamtwirtschaftliche Effizienz (ohne strategisches Verhalten)	maximal	in komplexen Szenarien Effizienzeinbußen von maximal 50%	bei Vernachlässigung dynamischer Aspekte analog der iterativen Näherungslösung
individuelle Effizienz	Kompensationsproblem in komplexen Szenarien	gegeben	gegeben
maximales Transaktionsvolumen	unbegrenzt	unbegrenzt	durch die Auktionsfrequenz begrenzt
Rückkopplung	variiert mit der Anzahl simultaner Transaktionen	variiert mit der Anzahl simultaner Transaktionen	variiert mit jeder einzelnen Transaktion
Eindeutigkeit des Bewertungsüberschusses	eindeutig	in komplexen Szenarien sind Mehrdeutigkeiten möglich	eindeutig (im Rahmen einer Auktion)

Abb. 3.3.2.4.3.a Tabellarischer Vergleich der Verfahren

Insgesamt stellt die dynamisierte Iteration ein für den Praxiseinsatz vielversprechendes Verfahren dar, wohingegen sich das Gesamtoptimum aufgrund seiner gesamtwirtschaftlichen Effizienz insbesondere als theoretischer Referenzpunkt eignet.

3.3.3. Preisbildung

Der zweite Schritt der Transaktionsbildung besteht darin, eine Preisbildung vorzunehmen, also den in der Transaktionspartnerwahl und Kontraktoptimierung konstruierten, reduzierten Transaktionsvektor $trr^* = (trr^1, trr^2, ..., trr^{nt})$ um Transaktionspreise $(p^1, p^2, ..., p^{nt})$ zu ergänzen. In konventionellen Auktionsmechanismen werden verschiedene Preisbildungsverfahren, beispielsweise der Erstpreis, der Zweitpreis, einheitliche Preise und diskriminierende Preise, eingesetzt. Auf Basis dieser Konzepte werden im Folgenden zunächst vier verschiedene Verfahren zur Preisbildung in der *kpi*-Auktion entwickelt. Anschließend werden die Verfahren vergleichend diskutiert.

3.3.3.1. Erstpreise und Durchschnittspreise

Die Konzepte des Erstpreises und des Durchschnittspreises bieten zwei einfache, allgemein anwendbare Preisbildungsverfahren. Zu den klassischen Erstpreisauktionen zählen die Englische Auktion und die Holländische Auktion. Durchschnittspreise werden in verschiedenen Formen doppelter Auktionen eingesetzt. Beide Verfahren nehmen eine diskriminierende Preisbildung vor, d.h. es wird für jede Transaktion ein individueller Transaktionspreis gewählt.

Erstpreis

Der Erstpreis ist mit dem Betrag einer der beiden an einer Transaktion beteiligten Offerten identisch, und es kann dementsprechend zwischen dem angebotsseitigen und dem nachfrageseitigen Erstpreis unterschieden werden. Die Bezeichnung dieses Verfahrens als Erstpreis entstammt der klassischen, einfachen Verkaufsauktion, in der ein Preis entsprechend dem höchsten Gebot zu zahlen ist. Die Erweiterung des konventionellen Erstpreises auf kontraktdifferenzierte Szenarien ist unproblematisch. Formal wird der nachfrageseitige Erstpreis einer reduzierten Transaktion $trr = (i,j,k)$ als $p = o_k^{n,j}$ und der angebotsseitige Erstpreis analog als $p = o_k^{a,i}$ definiert. Der Erstpreis beinhaltet, dass ein Transaktionspartner den gesamten Bewertungsüberschuss erhält. Dieses Vorgehen ist in monopolistischen Szenarien üblich, hier wird in einfachen Verkaufsauktionen der nachfrageseitige Erstpreis und in einfachen Einkaufsauktionen der angebotsseitige Erstpreis verwendet.

Durchschnittspreis

Der Erstpreis kann prinzipiell auch in polypolistischen Szenarien eingesetzt werden. Liegen bezüglich der Marktseiten jedoch näherungsweise symmetrische Verhältnisse vor, dann bietet es sich an, auch die Preisbildung symmetrisch zu gestalten. Dies kann in allgemeiner Form als gewichteter Durchschnittspreis $p = (g\, o_k^{a,i} + (1-g)\, o_k^{n,j})$ mit $g \in [0,1]$ erfolgen, womit der Verkäufer den Anteil $(1-g)$ und der Käufer den Anteil g am Bewertungsüberschuss erhält. Die Fälle $g = 0$ und $g = 1$ entsprechen dem nachfrageseitigen bzw. dem angebotsseitigen Erstpreis. In der Regel wird als Durchschnittspreis der Mittelwert $p = (o_k^{a,i} + o_k^{n,j})/2$ verwendet, d.h. der Bewertungsüberschuss wird zu gleichen Teilen zwischen den Transaktionspartnern aufgeteilt.

3.3.3.2. Hinreichende Preise

Ausgangspunkt

Der Zweitpreis hat im Rahmen einer verdeckten einfachen Auktion die Eigenschaft, dass Präferenzoffenbarung eine dominante Strategie der Nachfrager ist (vgl. hierzu die Vickrey-Auktion in Abschnitt 3.1.2.2.). Diese Eigenschaft gilt analog für den $x+1$ höchsten Preis in simultanen Auktionen (vgl. Abschnitt 3.2.1.1.). Die Definition des Zweitpreises als zweithöchste Offerte einer Marktseite und die analoge Definition des $x+1$ höchsten Preises sind nicht auf kontraktdifferenzierte Szenarien anwendbar, da sich die zugrundegelegte Ordnung der Offerten hier nicht herstellen lässt. Für kontraktdifferenzierte Szenarien muss daher ein allgemeineres Konzept entworfen werden.

Der hier entwickelte *hinreichende Preis* (h-Preis) ist ein für das *kpi*-Auktionsmodell konstruiertes Preisbildungsverfahren, bei dem Präferenzoffenbarung ebenfalls eine dominante Strategie ist. Der h-Preis basiert auf dem Konzept des Bewertungsüberschusses und unterscheidet sich insofern grundsätzlich von den erstgenannten Auktionsformen. Im Folgenden wird der h-Preis zunächst für das Gesamtoptimum entwickelt. Anschließend wird die Anwendbarkeit des h-Preises auf die dynamisierte Iteration und die iterative Näherungslösung untersucht. Angemerkt sei, dass die Präferenzoffenbarungseigenschaft hier, wie auch in allen anderen angesprochenen Auktionsformen, grundsätzlich nur für einmalige Auktionen und nicht für wiederholte Auktionen gilt. Das optimale Verhalten in wiederholten Auktionen wird beispielsweise in Abschnitt 4.1.3.2., 4.1.3.3.1 und 6.1.2.1. ausführlich untersucht.

Gesamtoptimum

Ausgangspunkt des h-Preises sind die Offertenvektoren (oa,on) und der vom Gesamtoptimum gelieferte, reduzierte Transaktionsvektor $trr^* = (trr^1, trr^2, \ldots, trr^{nt})$. Sei $trr = (i,j,k)$ eine beliebige reduzierte Einzeltransaktion $trr \in trr^*$ und $o^{n,j}$ die dieser Transaktion zugrundliegende, nachfrageseitige Offerte. Die Offerte $o^{n,j}$ leistet zum gesamten Bewertungsüberschuss $b_{GO}(trr^*) = b_{GO}(oa,on)$ einen Beitrag von

$$\text{(3.3.3.2.a)} \quad \varepsilon^* = b_{GO}(oa,on) - b_{GO}(oa,on \backslash o^{n,j}),$$

wobei $on\backslash o^{n,j}$ den nachfrageseitigen Offertenvektor on ohne Offerte $o^{n,j}$ bezeichnet. Es gilt $\varepsilon^* \geq 0$, da Offerte $o^{n,j}$ nur genau dann an einer Transaktion (und damit am Transaktionsvektor) beteiligt ist, falls sie einen nicht-negativen Beitrag zum insgesamt erzielten Bewertungsüberschuss $b(trr^*)$ liefert. Der nachfrageseitige h-Preis für diese Transaktion ist darauf aufbauend als

$$\text{(3.3.3.2.b)} \quad p = o_k^{n,j} - \varepsilon^*$$

definiert. Dieser Preis p ist insofern unabhängig von der Offerte $o_k^{n,j}$, als dass eine Erhöhung von $o_k^{n,j}$ linear in $b(trr^*)$ und damit auch in ε^* eingeht. Andersherum definiert p genau den Betrag einer reduzierten Offerte $o_k^{n,j} - \varepsilon^*$ der hinreichend ist, um einen nicht-negativen Beitrag zu $b(trr^*)$ zu leisten und damit an einer Transaktion beteiligt zu werden.

Bei dieser Preisbildung ist es für Nachfrager j eine dominante Strategie, seine Präferenzen zu offenbaren, also eine Offerte $o^{n,j} = v^{n,j}$ abzugeben. Der Betrag jeder Teilofferte $o_k^{n,j}$ entscheidet (analog der Vickrey-Auktion) ausschließlich darüber, ob eine Transaktion durchgeführt wird, nicht jedoch darüber, zu welchem Preis p dies geschieht. Der Nachfrager j wählt daher die Teilofferte $o_k^{n,j}$ in der Höhe seiner Zahlungsbereitschaft $v_k^{n,j}$, also genau des Betrages, zu dem eine Transaktion für ihn noch profitabel ist. Der hier konstruierte, nachfrageseitige h-Preis lässt sich analog für die Angebotsseite definieren.

Es ist leicht zu sehen, dass der h-Preis bei homogenen Kontrakten zu demselben Ergebnis wie das konventionelle Konzept des $x+1$ höchsten Preises führt. Dies beinhaltet, dass bei simultanen Transaktionen ein einheitlicher Preis gebildet wird. Die letztere Eigenschaft gilt auch insofern für kontraktdifferenzierte Szenarien, als dass bezüglich jedes einzelnen Kontraktes einheitliche Preise gebildet werden.

dynamisierte Iteration

Der h-Preis lässt sich direkt auf das Verfahren der dynamisierten Iteration übertragen. Zur Konstruktion wird analog der Bewertungsüberschuss $b_{DI}(oa,on)$ verwendet, entsprechend lautet der nachfrageseitige h-Preis

$$\text{(3.3.3.2.c)} \quad p = o_k^{n,j} - \varepsilon^* \quad \text{mit} \quad \varepsilon^* = b_{DI}(oa,on) - b_{DI}(oa,on \backslash o^{n,j}).$$

Die für den Fall des Gesamtoptimums angegebenen Eigenschaften gelten auch für die dynamisierte Iteration. Hierzu zählt insbesondere, dass Präferenzoffenbarung im Rahmen einer einzelnen Auktion eine dominante Strategie ist.

iterative Näherungslösung

Im Gegensatz zum Gesamtoptimum und der dynamisierten Iteration ist der Einsatz des h-Preises in Kombination mit der iterativen Näherungslösung nicht immer möglich. Da in kontraktdifferenzierten, polypolistischen Szenarien kein eindeutiger Bewertungsüberschuss $b_{IN}(oa,on)$ existiert (vgl. Abschnitt 3.3.2.4.2.), ist der Beitrag einer einzelnen Offerte zum gesamten Bewertungsüberschuss nicht eindeutig definiert, womit wiederum die Konstruktion der Präferenzoffenbarung als dominante Strategie scheitert. Diese Einschränkung gilt ausschließlich für kontraktdifferenzierte, polypolistische Szenarien. In allen anderen Szenarien führt die iterative Näherungslösung zu demselben Bewertungsüberschuss wie das Gesamtoptimum, womit auch der h-Preis anwendbar ist.

3.3.3.3. Gleichgewichtspreise

Der nachfolgend entwickelte Gleichgewichtspreis orientiert sich an der Vorstellung kontraktbezogener Angebots- und Nachfragekurven. Das Verfahren stellt konzeptionell eine kontraktdifferenzierte Erweiterung der in Abschnitt 3.2.3.1 (insbesondere in Abbildung 3.2.3.1.a) beschriebenen Transaktionsbildung dar. Ausgangspunkt der Konstruktion ist der Transaktionsvektor trr^*. Sei $trr^*(k)$ der Vektor aller in trr^* enthaltenen Einzeltransaktionen trr bezüglich des Kontraktes k. Zunächst wird die maximale Angebotsofferte

(3.3.3.3.a) $o_k^{a,max} = max_{\text{i aus trr} \in \text{trr*(k)}} o^{a,i}$

und die minimale Nachfrageofferte

(3.3.3.3.b) $o_k^{n,min} = min_{\text{j aus trr} \in \text{trr*(k)}} o^{n,j}$

des Transaktionsvektors $trr^*(k)$ gesucht. Dieses Verfahren setzt voraus, dass $trr^*(k)$ mindestens eine Transaktion enthält. Das Preisintervall $[o_k^{a,max}, o_k^{n,min}]$ beschreibt die Menge der zulässigen Preise unter der Nebenbedingung, dass für keine Transaktion die Bedingung nicht-negativer individueller Bewertungsüberschüsse $o_k^{a,i} \leq p \leq o_k^{n,j}$ verletzt wird.

Alle drei Varianten der Transaktionspartnerwahl und Kontraktoptimierung stellen sicher, dass dieses Preisintervall existiert, dass also $o_k^{a,max} \leq o_k^{n,min}$ gilt. Für das Gesamtoptimum folgt dies daraus, dass der Fall $o_k^{a,max} > o_k^{n,min}$ der Eigenschaft des maximalen Bewertungsüberschusses widerspricht. In der iterative Näherungslösung widerspricht der Fall $o_k^{a,max} > o_k^{n,min}$ der Abbruchbedingung bezüglich eines negativen Bewertungsüberschusses. Dies gilt analog auch für die dynamisierte Näherungslösung.

Aufbauend auf dem so konstruierten Preisintervall kann anschließend ein Preis $p \in [o_k^{a,max}, o_k^{n,min}]$ analog dem Durchschnittspreis gewählt werden. Der Durchschnittspreis und der Gleichgewichtspreis unterscheiden sich nur dann, falls bezüglich eines Kontraktes mehrere Transaktionen stattfinden. In diesem Fall garantiert der Gleichgewichtspreis, im Gegensatz zu den diskriminierenden Durchschnittspreisen, kontraktbezogen einheitliche Preise.

3.3.3.4. Vergleichende Bewertung

In Abbildung 3.3.3.4.a sind die verschiedenen Preisbildungsverfahren einander in tabellarischer Form gegenübergestellt. Der Erstpreis und der h-Preis sind marktseitenspezifische Konzepte und adressieren damit primär monopolistische Szenarien. Der h-Preis könnte darüber hinaus auch in Analogie zu [McAf89] zur Konstruktion einer präferenzoffenbarenden, kontraktdifferenzierten doppelten Auktion herangezogen werden (vgl. Abschnitt 3.2.3.1.). Die primären Einsatzfelder des Durchschnittspreises und des Gleichgewichtspreises sind demgegenüber polypolistische Verhandlungen, also doppelte Auktionen. Theoretisch kann der h-Preis auch als Basis eines Durchschnittspreises verwendet werden. Hierbei geht allerdings die Kerneigenschaft des h-Preises verloren, dass die Präferenzoffenbarung eine dominante Strategie in einer einzelnen Auktion darstellt.

Mit Ausnahme des h-Preises sind die verschiedenen Verfahren zur Preisbildung beliebig mit den Varianten der Transaktionspartnerwahl und

Kontraktoptimierung kombinierbar. Für den h-Preis ist ein eindeutiger Bewertungsüberschuss erforderlich, womit der Einsatz in Kombination mit der iterativen Näherungslösung in polypolistischen, kontraktdifferenzierten Szenarien ausscheidet.

	Erstpreis	h-Preis	Durchschnitts–preis	Gleichgewichts–preis
primäres Zielszenario	monopolistische Szenarien, auch mit simultanen Transaktionen		polypolistische Szenarien	
mögliche Transaktions-partnerwahl und Kontrakt-optimierung	alle drei Verfahren	erfordert einen eindeutigen Bewertungs-überschuss	alle drei Verfahren	alle drei Verfahren
Basis der Preisbildung	transaktions-immanent	transaktions- und kontrakt-übergreifend	transaktions-immanent	transaktions-übergreifend, kontraktbezogen
Homogenität der Preise	diskriminierende Preise	kontraktbezogen einheitliche Preise	diskriminierende Preise	kontraktbezogen einheitliche Preise
Präferenz-offenbarung in Einzelauktion	nein	ja	nein	nein
klassisches Auktions-pendant	verdeckte Erstpreisauktion	Vickrey-Auktion	doppelte Auktion	Gesamtkurs-ermittlung

Abb. 3.3.3.4.a Tabellarischer Vergleich der Verfahren

Die vier Verfahren unterscheiden sich sowohl in der Homogenität der Preise als auch in dem Umfang, in dem zur Preisbildung auf die vorliegenden Offerten zurückgegriffen wird. Der Erstpreis und der Durchschnittspreis sind transaktionsbezogen und basieren ausschließlich auf den der jeweiligen Transaktion zugrunde liegenden Offerten. Beide Verfahren liefern damit diskriminierende Preise. Der h-Preis und der Gleichgewichtspreis liefern demgegenüber kontraktbezogen einheitliche Preise. Der Gleichgewichtspreis verwendet hierzu alle zu einem Kontrakt durchgeführten Transaktionen, der h-Preis basiert grundsätzlich auf der Gesamtheit aller vorliegenden Offerten.

4. Automatisierte Verhandlungen

Automatisierung durch Agenten

Eine zentrale Fragestellung unter dem Ziel geringer Transaktionskosten ist, in welchem Umfang eine Verhandlungsaufgabe an Agenten delegiert werden kann. Der Begriff des Agenten als der eines Stellvertreters, der die Interessen eines Auftraggebers vertritt, wird in verschiedenen Disziplinen verwendet. In der ökonomischen Theorie findet man beispielsweise das klassische Principal-Agent Problem, in dem ein Zielkonflikt zwischen einem Auftraggeber und seinem Stellvertreter vorliegt. Im Bereich der Informatik wird der Agentenbegriff für Softwareprogramme verwendet, die ebenfalls als Stellvertreter ihres Auftraggebers agieren. Diese Agenten sind jedoch – im Rahmen des technisch Möglichen – frei durch den Auftraggeber gestaltbar, womit der im Principal-Agent Problem modellierte Zielkonflikt ausgeschlossen ist. Im Mittelpunkt steht hier die Suche nach leistungsfähigen Konzepten, intelligente und autonome Softwareprogramme zu entwerfen (zur Abgrenzung des intelligenten Softwareagenten vgl. Abschnitt 1.2.5.).

Die im folgenden dargestellten Automatisierungskonzepte zielen auf einen Agenten, an den die Verhandlungsaufgabe ohne Zielkonflikte und bei geringen Transaktionskosten delegiert werden kann. Hierbei muss es sich nicht notwendigerweise um Softwareagenten handeln, sondern die entwickelten Konzepte sind grundsätzlich auch auf menschliche Akteure anwendbar.

Akteurtypen und Marktmacht

Die Automatisierbarkeit der Verhandlungsaufgabe und die Gestalt der dazu benötigten Konzepte variieren mit dem jeweils betrachteten Szenario. Für die Konstruktion automatisierter Verhandlungen wird im Folgenden die in der ökonomischen Theorie übliche Gliederung in monopolistische, dyopolistische, oligopolistische und polypolistische Akteure verwendet (vgl. Abbildung 4.a). Merkmal dieser Akteurtypen ist jeweils die Anzahl der auf der Marktseite eines Akteurs vorhandenen Konkurrenten, und damit auch indirekt der Marktanteil und die Marktmacht, die dem einzelnen Akteur zukommt.

Der Monopolist ist alleiniger Akteur einer Marktseite und teilt das Marktvolumen mit keinem Konkurrenten. Er besitzt damit auf seiner Marktseite uneingeschränkte Marktmacht, und kann so beispielsweise als Preissetzer agieren. Der Polypolist ist demgegenüber dadurch gekennzeichnet, dass auf seiner Marktseite eine Vielzahl von Konkurrenten existiert. Da der Marktanteil des Polypolisten gering ist, hat das Handeln eines einzelnen Polypolisten vernachlässigbar geringen Einfluss auf das Marktgeschehen.

Gegenüber dem als Preissetzer agierenden Monopolisten wird der Polypolist damit auch als Preisnehmer bezeichnet.

Typ	Anzahl der Konkurrenten	Marktmacht
Monopolist	0	vollständig
Dyopolist	1	begrenzt
Oligopolist	> 1	
Polypolist	>> 1	keine

Abb. 4.a Konkurrenz und Marktmacht

Zwischen dem Monopolisten und dem Polypolisten sind die Typen des Dyopolisten und des Oligopolisten angeordnet. Beide Typen sind durch eine begrenzte Anzahl von Konkurrenten charakterisiert, und besitzen damit einen begrenzten Anteil am Marktvolumen und der damit in der Regel verbundenen Marktmacht. Dyopolisitische und oligopolistische Szenarien weisen eine besonders hohe Komplexität auf, da es hier zu einer strategischen Interaktion zwischen den Akteuren einer Marktseite kommt.

Gliederung

Im Folgenden wird zunächst ein allgemeines Konzept für den Typ des Polypolisten entwickelt, das eine vollständige Automatisierung der Verhandlungsaufgabe ermöglicht. Anschließend werden die Typen des Monopolisten, des Dyopolisten und des Oligopolisten untersucht. Die hier entwickelten Modelle erlauben nur einen geringeren Automatisierungsgrad als das polypolistische Konzept. Die Konzeptionen erfolgen für das *kpi*-Auktionsmodell (vgl. Abschnitt 3.3.), die entwickelten Verfahren sind jedoch auch auf andere Auktionsformen übertragbar. Dies gilt insbesondere, da die *kpi*-Auktion als eine verallgemeinerte Form vieler klassischer Auktionsformen interpretiert werden kann.

4.1. Polypolistisches Automatisierungskonzept

Das polypolistische Konzept ermöglicht die vollständige Automatisierung der Verhandlungen. Ausgehend von einem Transaktionsbedürfnis und einem Zeitlimit, bis zu dem die Transaktion spätestens zu erfolgen hat, kann anhand dieses Konzeptes ein unter dem Ziel der Gewinnmaximierung optimales Verhalten berechnet werden.

Zunächst wird der gewählte, spieltheoretische Konstruktionsansatz vorgestellt und eingeordnet. Anschließend werden die beiden Teilkomponenten des polypolistischen Automatisierungskonzeptes, die Erwartungsbildung und die Strategie, entwickelt und diskutiert. Das polypolistische Automatisierungskonzept wird in Teil 5 zur Konstruktion eines entsprechenden

Softwareagenten eingesetzt und in Teil 6 anhand von Fallstudien ausführlich untersucht.

4.1.1. Konzeptueller Ausgangspunkt

Automatisierte Verhandlungen sind ein Forschungsgegenstand, an dem sowohl in den Wirtschaftswissenschaften, speziell der Spieltheorie, als auch in der Informatik im Rahmen der Multi-Agenten-Systeme (MAS) gearbeitet wird. Die Konstruktion des polypolistischen Automatisierungskonzeptes erfolgt im Weiteren auf analytischer, spieltheoretischer Basis und unterscheidet sich damit grundsätzlich von dem im Bereich der MAS typischerweise eingesetzten Vorgehen (vgl. auch Abschnitt 2.3.3.2.). Im Folgenden wird zunächst ein Überblick über das polypolistische Automatisierungskonzept gegeben, anschließend wird das Konzept in das Gebiet der MAS eingeordnet.

4.1.1.1. Spieltheoretischer Ansatz

Das polypolistische Automatisierungskonzept ist in die Teilkomponenten Erwartungsbildung und Strategie gegliedert. Die erste Teilkomponente beschreibt, wie der Akteur auf Basis von Informationen über Marktgeschehen seine Erwartungen über zukünftige Verhandlungen bildet. Die Strategie definiert, aufbauend auf den Erwartungen und dem individuellen Transaktionsbedürfnis, das optimale Verhalten des Akteurs. Die Schnittstelle zwischen Erwartungsbildung und Strategie bildet das Umweltmodell, also das formale Modell, in dem die konkreten Erwartungen abgebildet werden. Abbildung 4.1.1.1.a stellt den Aufbau in graphischer Form dar.

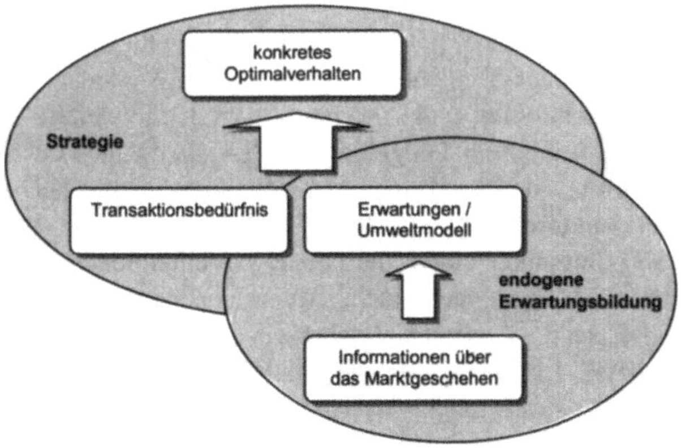

Abb. 4.1.1.1.a Polypolistisches Automatisierungskonzept

Ausgangspunkt des polypolistischen Automatisierungskonzeptes ist das Modell des Preisnehmers, also eines Akteurs ohne Marktmacht. Ein derartiger Akteur ist dadurch charakterisiert, dass sein Verhalten einen vernachlässigbar geringen Einfluss auf das Marktgeschehen hat. Zwischen Marktgeschehen und individuellem Verhalten der Akteure liegt ein einseitiges Abhängigkeitsverhältnis vor, sodass die Konstruktion der Strategie ohne Berücksichtigung von Rückwirkungen auf die Erwartungsbildung erfolgen kann. Die Konzeption des polypolistischen Akteurs erfordert daher kein globales Gleichgewichtskalkül, sondern kann als individuelle Optimierungsaufgabe gelöst werden.

Aufbau

Die Konstruktion des polypolistischen Automatisierungskonzeptes erfolgt in zwei Schritten. Im ersten Schritt werden zunächst die Erwartungsbildung und die damit verbundenen Teilkonzepte konstruiert, wie beispielsweise das Umweltmodell des polypolistischen Akteurs. Darauf aufbauend wird im zweiten Schritt das optimale Verhalten in Abhängigkeit des Transaktionsbedürfnisses und der Erwartungen untersucht. Das Ergebnis ist eine analytisch beweisbar optimale Strategie des polypolistischen Akteurs, die eine vollständige Automatisierung der Verhandlungen ermöglicht.

4.1.1.2. Einordnung in die konventionellen MAS

Multi-Agenten-Systeme

Multi-Agenten-Systeme (MAS) bilden ein Teilgebiet der Verteilten Künstlichen Intelligenz (VKI), die wiederum der Informatik zuzuordnen ist. Die VKI untersucht Verfahren zur Konstruktion verteilter Systeme, deren Komponenten intelligente Softwareagenten sind. Den klassischen Untersuchungsgegenstand bilden Systeme, in denen mehrere Komponenten kooperativ an der Lösung eines Problems zusammenwirken. In MAS tritt als weiterer Aspekt hinzu, dass die einzelnen Agenten eigene, potenziell konkurrierende Zielsetzungen verfolgen.

Der Einsatz marktbasierter Koordinationskonzepte in MAS findet sich beispielsweise im Begriff des Market Based Control wieder (vgl. [Clea96] für eine Aufsatzsammlung und Abschnitt 1.4.4.2. für weitere Arbeiten zu dieser Thematik). In diesem Teilgebiet der VKI wurde auch der Einsatz von Auktionsverfahren, insbesondere zur Allokation technischer Ressourcen wie Netzwerkbandbreiten, untersucht (vgl. z.B. [Mill96; Marr96]). Im Kontext des E-Commerce sind viele neuere Arbeiten entstanden, die in unterschiedlichem Maße polypolistische Szenarien und differenzierte Interessensausgleiche zum Gegenstand haben (vgl. z.B. [Chav96; Wurm98; Bich00; Opti01]). Einen Literaturüberblick zur elektronischen Unterstützung und Automatisierung von Verhandlungen liefert [Rebs01].

Hinsichtlich des internen Aufbaus der Agenten lassen sich deliberative und reaktive Konzepte unterscheiden. Deliberative Agenten besitzen als Grundlage ihres Handels ein explizites Modell ihrer Umwelt, anhand dem sie Schlussfolgerungen ziehen und ihr Handeln planen. Ein Beispiel dieses Ansatzes ist das Konzept des BDI (belief, desire, intention) Agenten (vgl. [Rao95]). Reaktive Agenten verfolgen einen Ansatz, in dessen Mittelpunkt anstelle eines Umweltmodells unmittelbare Reiz-Reaktions-Beziehungen stehen (vgl. z.B. [Broo91]). Im Rahmen der hier skizzierten Forschungslandschaft ist das polypolistische Automatisierungskonzept dem Ansatz des deliberativen Agenten zuzuordnen.

Entwurfsmethode

Die gewählte, spieltheoretische Entwurfsmethode unterscheidet sich jedoch grundsätzlich von den derzeit in der Literatur vorhandenen Ansätzen zu MAS-basierten Märkten (vgl. auch Abschnitt 2.3.3.2.). In den Arbeiten zu MAS erfolgt die Konstruktion des Agentenverhaltens in der Regel heuristisch (vgl. z.B. [Clif97]). Mit zunehmender Adaptionsfähigkeit der Agenten, beispielsweise im Rahmen von Q-Learning, Reinforcement Learning und Genetischen Algorithmen (z.B. [Mato98]), wird das konkrete Agentenverhalten zum Ergebnis eines dynamischen Lernprozesses. Die Rationalität dieses Verhaltens ist aufgrund der fehlenden spieltheoretischen Fundierung nicht hinreichend begründet. Für reale Akteure besteht daher prinzipiell die Möglichkeit und der Anreiz, die eigene Wohlfahrt durch eine Verhaltensänderung zu erhöhen. Als Folge ist die Stabilität und Robustheit der erzielten Resultate in der Regel nicht bestätigt.

Eine spieltheoretisch fundierte, analytische Konstruktion des Verhaltens der einzelnen Akteure vermeidet demgegenüber die Schwächen rein experimenteller, heuristischer Ansätze. Ausschließlich rationale Automatisierungskonzepte bieten eine gesicherte Grundlage für experimentelle Untersuchungen des Marktverhaltens. Entscheidend ist, dass die den Experimenten zugrunde liegenden Automatisierungskonzepte für reale Akteure anreizkompatibel sind. Im Idealfall ist das optimale Verhalten der Akteure eindeutig und beweisbar, sodass das in den Experimenten beobachtete Marktverhalten mit einem (Nash-) Gleichgewicht in Strategien korrespondiert. Die mit einem derartigen Vorgehen erzielten, analytisch fundierten Zusicherungen zu den Eigenschaften eines Marktsystems sind eine notwendige Voraussetzung für den kommerziellen Einsatz automatisierter Verhandlungen (vgl. hierzu insbesondere Abschnitt 2.3.3.3., Stabilität und Robustheit).

Aus der obengenannten Motivation heraus wurde in Abschnitt 2.3.3.2. eine indirekte Entwurfsmethode mit analytischer Konstruktion des Verhaltens der Akteure gewählt. Dieses im folgenden eingesetzte Vorgehen liefert formale, auf exakten Rationalitätsannahmen basierende Automatisierungskonzepte. Das aus der Interaktion vieler Akteure resultierende Marktverhalten lässt sich demgegenüber aus Komplexitätsgründen nicht analytisch ableiten. In Teil 5 findet daher eine Umsetzung der theoretischen Konzepte in ein konkretes MAS statt. Anhand dieses Softwaresystems wird dann in Teil 6 eine empirische Untersuchung des Marktverhaltens, also der aus der Interaktion der Akteure resultierenden Allokationsregel, vorgenommen. Das

Softwaresystem zeigt zugleich die Machbarkeit und ermöglicht die empirische Verifikation der erarbeiteten Konzepte.

4.1.2. Erwartungsbildung

Aufbau

Die Erwartungsbildung des Polypolisten verwendet eine Reihe aufeinander aufbauender Konzepte, die im Folgenden schrittweise entwickelt werden. Zunächst wird mit dem Umweltmodell eine formale Beschreibung für die seitens der Strategie benötigten Erwartungen konstruiert. Im zweiten Schritt wird dann der eigentliche Prozess der Erwartungsbildung strukturiert. Es wird ein Konzept rein endogener Erwartungen entwickelt, in dem die Erwartungen des Polypolisten vollständig aus dem beobachteten Marktgeschehen abgeleitet werden. Der *kpi*-Auktion kommt hierbei die Aufgabe zu, im Rahmen der Informationsverteilung (vgl. Abschnitt 3.3.1.2.) alle für die Erwartungsbildung benötigten Informationen bereitzustellen. Im dritten Schritt wird untersucht, welche Informationen im Kontext der verschiedenen Formen der Transaktionspartnerwahl, Kontraktoptimierung und Preisbildung konkret erforderlich sind. Im vierten und letzten Schritt wird dann die Aggregation und Extrapolation dieser Informationen zu den im Rahmen des Umweltmodells benötigten Erwartungen entwickelt.

4.1.2.1. Umweltmodell

Bei der Planung der optimalen Offerte in einer einzelnen Auktion stehen sich aus der Perspektive eines Nachfragers zwei grundsätzliche Effekte gegenüber. Zum einen erhöht sich mit zunehmender Offerte die Wahrscheinlichkeit, eine Transaktion durchzuführen. Zum anderen erhöht sich auch der in einer solchen Transaktion zu zahlende Preis, womit der aus der Transaktion erwartete Gewinn sinkt. Dieser Zusammenhang gilt analog für die Angebotsseite. Da der konkrete Wirkungszusammenhang von der gewählten Offerte hin zu den beiden obengenannten Größen unsicher ist, muss der Polypolist eine *Transaktionserwartung* und eine *Preiserwartung* bilden.

Transaktionserwartung

Die Transaktionserwartung beschreibt die erwartete Wahrscheinlichkeit, mit der eine hypothetische Offerte o im Rahmen einer einzelnen Auktion zu einer Transaktion führt. Für einen diskreten Kontraktraum $K = \{1,...,nk\}$ besteht die Transaktionserwartung in einer mehrdimensionalen Funktion

$$(4.1.2.1.a) \quad T(o_1,o_2,...,o_{nk}) = (w_1,w_2,...,w_{nk}) \quad \text{mit} \quad \Sigma_k\, w_k \leq 1,$$

die für jeden Kontrakt $k \in K$ die erwartete Transaktionswahrscheinlichkeit w_k angibt. Die Summe der Einzelwahrscheinlichkeiten w_k kann den Wert 1, also eine sichere Transaktion, nicht übersteigen. Die Preiserwartung

Preis-
erwartung

(4.1.2.1.b) $P(o_1,o_2,...,o_{nk}) = (p_1,p_2,...,p_{nk})$

beschreibt die erwarteten Transaktionspreise, zu denen eine hypothetische Offerte o im Rahmen einer Transaktion führt. Die Definition einer Preiserwartung ist nur dort möglich, wo eine positive Transaktionserwartung vorliegt. Definition 4.1.2.1.a fasst das Umweltmodell (T,P) zusammen.

Definition

DEFINITION 4.1.2.1.a Das Umweltmodell ist ein Paar (T,P). Die Transaktionserwartung $T:\mathbb{R}^{nk} \to [0,1]^{nk}$ ordnet jeder Offerte $o \in \mathbb{R}^{nk}$ einen Vektor $(w_1,w_2,...,w_{nk})$ kontraktbezogener Transaktionswahrscheinlichkeiten mit $\Sigma_k w_k \leq 1$ zu. Die Preiserwartung $P:\mathbb{R}^{nk} \to \mathbb{R}^{nk}$ ordnet jeder Offerte $o \in \mathbb{R}^{nk}$ einen Vektor $(p_1,p_2,...,p_{nk})$ kontraktbezogener, erwarteter Transaktionspreise zu. Für o mit $T_k(o) = 0$ ist $P_k(o)$ undefiniert.

Angemerkt sei, dass in einigen Auktionsmechanismen wie der Erstpreisauktion deterministische Preiserwartungen vorliegen, da beispielsweise $P_k(o_k) = o_k$ gilt. Dieser Aspekt wird in Abschnitt 4.1.2.3. diskutiert.

4.1.2.2. Endogene Erwartungen

Hinsichtlich der Erwartungsbildung kann zwischen endogenen und exogenen Erwartungen unterschieden werden. Mit den Begriff der endogenen Erwartung wird ein Szenario beschrieben, in dem die Erwartungen des Polypolisten ausschließlich auf dem beobachteten Marktgeschehen basieren. Exogene Erwartungen liegen demgegenüber beispielsweise vor, falls ein Monopolist die Preis-Absatz Funktion im Rahmen einer Marktstudie schätzt.

Prozess

Die endogene Erwartungsbildung erfolgt in einem mehrstufigen Verarbeitungsprozess, in dem die einzelnen Basisinformationen über das Marktgeschehen gesammelt, aggregiert und extrapoliert werden. Um diesen Prozess zu strukturieren, wird das Konzept der Einzelbeobachtung eingeführt. Eine Einzelbeobachtung beschreibt ex-post alle für einen Polypolisten entscheidungsrelevanten Parameter einer einzelnen, bereits durchgeführten Auktion.

Die Einzelbeobachtung teilt den Prozess der Erwartungsbildung in zwei aufeinander aufbauende Schritte (vgl. Abbildung 4.1.2.2.a). Im ersten Schritt findet die Transformation der Basisinformationen einer einzelnen Auktion in eine Einzelbeobachtung statt, im zweiten Schritt wird die Vielzahl der vorhandenen Einzelbeobachtungen aggregiert und zu Erwartungen in der Form des Umweltmodells extrapoliert.

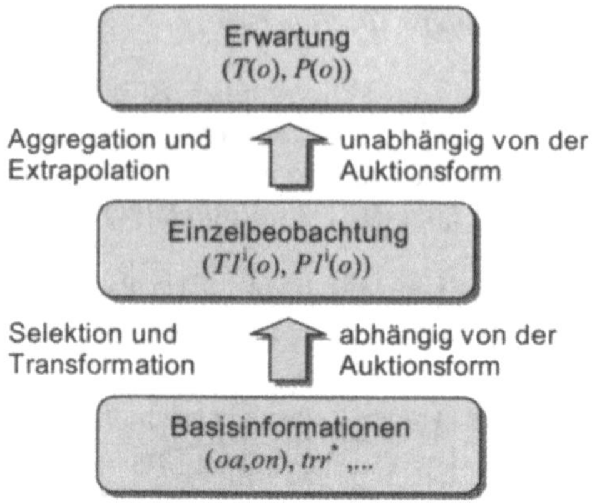

Abb. 4.1.2.2.a Schematisierter Prozess der endogenen Erwartungsbildung

Die Modellierung der Einzelbeobachtung orientiert sich an dem zuvor dargestellten Umweltmodell mit den Komponenten Transaktionserwartung $T(o)$ und Preiserwartung $P(o)$. Analog hierzu besteht eine Einzelbeobachtung aus einer *Transaktionsfunktion* $T1(o)$ und einer *Preisfunktion* $P1(o)$. Beide Funktionen besitzen denselben Definitions- und Wertebereich wie die jeweils korrespondierende Erwartungskomponente. Im Gegensatz zu $(T(o), P(o))$ beschreibt das Paar $(T1(o), P1(o))$ jedoch keine Erwartungen, sondern ex-post die für einen Polypolisten entscheidungsrelevanten Parameter einer einzelnen, bereits durchgeführten Auktion.

Konzept der Einzelbeobachtung

Der Einzelbeobachtung liegt die Fragestellung zugrunde, zu welchem Ergebnis eine zusätzliche, hypothetische Offerte o unter den Rahmenbedingungen der betreffenden Auktion, also den Offertenvektoren (oa,on), geführt hätte. Die folgende Darstellung erfolgt aus der Perspektive eines Nachfragers, gilt jedoch analog für den Anbieter. Sei $o^{n,nn+1}$ eine beliebige zusätzliche Nachfrageofferte, und (oa,on') mit $on' = (o^{n,1},...,o^{n,nn},o^{n,nn+1})$ das hypothetische Szenario eines um $o^{n,nn+1}$ erweiterten Vektors der Nachfrageofferten. Die Transaktionsfunktion einer Einzelbeobachtung beschreibt, mit welcher Wahrscheinlichkeit in diesem Szenario eine Transaktion bezüglich der zusätzlichen Offerte $o^{n,nn+1}$ durchgeführt worden wäre. Die Transaktionsfunktion

$$T1(o_1,o_2,...,o_{nk}) = (w_1,w_2,...,w_{nk}) \quad \text{mit} \quad \Sigma_k\, w_k \le 1 \qquad (4.1.2.2.a)$$

gibt für jeden Kontrakt $k \in K$ eine Transaktionswahrscheinlichkeit w_k an. Von Null und Eins verschiedene Wahrscheinlichkeiten entstehen hier, falls im Rahmen der Transaktionspartnerwahl und Kontraktoptimierung randomisiert wird. Die Preisfunktion

$$P1(o_1,o_2,...,o_{nk}) = (p_1,p_2,...,p_{nk}) \qquad (4.1.2.2.b)$$

modelliert analog die erwarteten Transaktionspreise. Das Bilden eines Erwartungswertes ist hier genau dann notwendig, falls im Rahmen der Transaktionspartnerwahl und Kontraktoptimierung zwischen Transaktionsvektoren mit unterschiedlichen Transaktionspreisen randomisiert wird. Definition 4.1.2.2.a fasst das Konzept der Einzelbeobachtung zusammen.

Definition

DEFINITION 4.1.2.2.a Eine Einzelbeobachtung ist ein Paar $(T1,P1)$. Die Transaktionsfunktion $T1:\mathbb{R}^{nk} \rightarrow [0,1]^{nk}$ ordnet einer bezüglich eines gegebenen Szenarios (oa,on) zusätzlichen Offerte $o \in \mathbb{R}^{nk}$ einen Vektor $(w_1,w_2,...,w_{nk})$ kontraktbezogener Transaktionswahrscheinlichkeiten mit $\Sigma_k\, w_k \leq 1$ zu. Die Preisfunktion $P1:\mathbb{R}^{nk} \rightarrow \mathbb{R}^{nk}$ ordnet der Offerte o einen Vektor $(p_1,p_2,...,p_{nk})$ kontraktbezogener, erwarteter Transaktionspreise zu. Für k mit $T1_k(o) = 0$ ist $P1_k(o)$ undefiniert.

Im Folgenden wird zunächst betrachtet, welche Basisinformationen einer Auktion zur Konstruktion einer Einzelbeobachtung notwendig sind. Anschließend wird die Aggregation und Extrapolation der Einzelbeobachtungen zu Erwartungen in Form des Umweltmodells konzipiert.

4.1.2.3. Informationsmodelle

Der *kpi*-Auktion kommt im Rahmen der Informationsverteilung die Aufgabe zu, den Akteuren die für eine Einzelbeobachtung notwendigen Informationen bereitzustellen. Der Begriff des Informationsmodells beschreibt im Weiteren die Definition einer Menge von Informationen, die für das Bilden einer Einzelbeobachtung geeignet ist. Im Folgenden werden Informationsmodelle für verschiedene Auktionsformen entworfen und diskutiert.

vollständige Information

Ein einfacher, allgemeingültiger Ansatz besteht darin, als Informationsmodell direkt die Offertenvektoren (oa,on) zu verwenden. Aus diesen Informationen kann der Akteur unter Anwendung des eingesetzten Verfahrens der Transaktionspartnerwahl, Kontraktoptimierung und Preisbildung selbständig die Einzelbeobachtung $(T1,P1)$ ableiten. Dieses Modell weist jedoch wesentliche Probleme hinsichtlich der

- Vertraulichkeit,
- Übertragung,
- Speicherung und
- Verarbeitung

der Informationen auf. Erstens legt dieses Verfahren den Akteuren viele über die Einzelbeobachtung hinausgehende, eventuell vertrauliche Marktinformationen offen. Zweitens beinhalten die Offertenvektoren (*oa,on*) eine Datenmenge, die mit der Anzahl der Marktteilnehmer wächst. In Szenarien mit vielen Teilnehmern und einer hohen Auktionsfrequenz können damit Probleme im Rahmen der Datenübertragung und -speicherung entstehen. Drittens erfordert dieses Konzept, dass die Akteure zur Bestimmung der Einzelbeobachtung selbständig hypothetische Transaktionsbildungen durchführen, womit erhebliche numerische Aufwände verbunden sein können.

hinreichende Informationsmodelle

Aus den obengenannten Gründen wird im Folgenden der Ansatz gewählt, die Informationen auf das für die Einzelbeobachtung benötigte Minimum zu reduzieren. Die Gestalt der hier konstruierten hinreichenden Informationsmodelle variiert mit der jeweiligen Auktionsform. Im Folgenden wird zunächst ein allgemeines Informationsmodell für homogene Kontrakte entworfen, anschließend wird ein Informationsmodell für die dynamisierte Iteration entwickelt. Abschließend erfolgt eine Diskussion verschiedener Modellierungsansätze.

4.1.2.3.1. Homogene Kontrakte

Das Informationsmodell zu homogenen Kontrakten ist in Kombination mit allen drei Varianten der Transaktionspartnerwahl und Kontraktoptimierung, also dem Gesamtoptimum, der iterative Näherungslösung und der dynamisierte Iteration, einsetzbar. Im Folgenden werden die verschiedenen Informationselemente des Modells entwickelt, wobei zunächst die Transaktionsfunktion und anschließend die Preisfunktion betrachtet wird. Die Darstellung erfolgt aus der Perspektive des Nachfragers, gilt jedoch analog für den Anbieter.

Transaktionsfunktion

Ausgangspunkt sind die Offertenvektoren (*oa,on*) und der von der jeweiligen Transaktionspartnerwahl und Kontraktoptimierung gelieferte Transaktionsvektor $trr^* = (trr^1,..., trr^{nt})$ mit nt reduzierten Einzeltransaktionen $trr = (i,j,k)$. Die Offertenvektoren oa und on seien in auf- bzw. absteigender Ordnung sortiert, es gelte $o^{a,1} \leq ... \leq o^{a,na}$ und $o^{n,1} \geq ... \geq o^{n,nn}$. Diese Ordnung lässt sich problemlos herstellen, da ausschließlich der Fall homogener Kontrakte, also $|K| = 1$, betrachtet wird.

Sei $o^{n'}$ der Betrag der niedrigsten Nachfrageofferte $o^{n,j}$, die in einer Transaktion $(.,j,.) \in trr^*$ enthalten ist, und $o^{a'}$ der Betrag der niedrigsten Angebotsofferte $o^{a,i}$, die nicht in einer Transaktion $(i,.,.) \in trr^*$ enthalten ist. Falls keine derartige Nachfrage- bzw. Angebotsofferte existiert, gelte $o^{n'} = \infty$ bzw. $o^{a'} = \infty$. Abbildung 4.1.2.3.1.a illustriert die Konstruktion von $o^{n'}$ und $o^{a'}$. Formal sind die beiden Elemente als

$$(4.1.2.3.1.a.)\quad o^{n'} \begin{array}{ll} = o^{n,nt} & \text{falls } nt > 0 \\ = \infty & \text{falls } nt = 0 \end{array}$$

und

(4.1.2.3.1.b) $o^{a'} = o^{a,nt+1}$ falls $na > nt$
$= \infty$ falls $na = nt$

definiert.

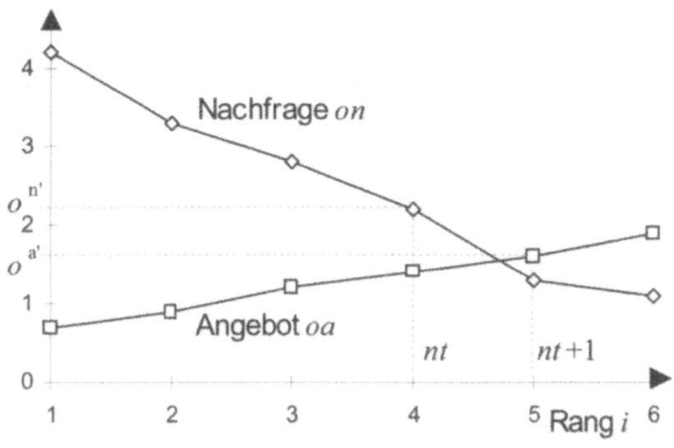

Abb. 4.1.2.3.1.a Konstruktion von $o^{n'}$ und $o^{a'}$

Um mit einer zusätzlichen Nachfrageofferte $o^{n,nn+1}$ eine Transaktion (.,*nn*+1,.) herbeizuführen, muss entweder $o^{n,nn+1} \geq o^{n'}$ oder $o^{n,nn+1} \geq o^{a'}$ gelten. Hieraus ergibt sich die Schwellenofferte

(4.1.2.3.1.c) $o^{thres} = min\,(o^{a'}, o^{n'})$.

Für die Transaktionsfunktion gilt $T1(o^{n,nn+1} < o^{thres}) = 0$ und $T1(o^{n,nn+1} > o^{thres}) = 1$. An der Stelle $o^{n,nn+1} = o^{thres}$ lassen sich anhand von $o^{n'}$ und $o^{a'}$ zwei Fälle unterscheiden. Im Folgenden bezeichnet die Schwellenwahrscheinlichkeit to^{thres} den Wert von $T1$ an der Stelle o^{thres}, d.h. $to^{thres} = T1(o^{thres})$, und nt' die Anzahl der unter Berücksichtigung von $o^{n,nn+1}$ durchgeführten Transaktionen

Im Fall $o^{n'} \geq o^{a'}$ führt eine zusätzliche Offerte $o^{n,nn+1} = o^{thres}$ mit Sicherheit zu einer zusätzlichen Transaktion (.,*nn*+1,.), und es werden insgesamt $nt' = nt+1$ Transaktionen durchgeführt. Für die Schwellenwahrscheinlichkeit gilt damit $to^{thres} = 1$.

Im Fall $o^{n'} < o^{a'}$ entsteht demgegenüber eine Konkurrenzsituation zwischen $o^{n,nn+1}$ und anderen Nachfrageofferten $o^{n,j}$ mit identischem Betrag, und es werden insgesamt $nt' = nt$ Transaktionen durchgeführt. Sei $cn1$ die Anzahl der Nachfrageofferten $o^{n,j} \in on$ mit $o^{n,j} > o^{thres}$ und $cn2$ die Anzahl der Nachfrageofferten $o^{n,j} \in on$ mit $o^{n,j} = o^{thres}$. Es werden insgesamt nt Transaktionen durchgeführt, von denen sich $cn1$ auf eine Nachfrageofferte größer $o^{n,nn+1}$ beziehen. Die Transaktionsanzahl nt entspricht hier der Anzahl der Angebotsofferten $o^{a,i}$ in oa mit $o^{a,i} \leq o^{thres}$. Den verbleibenden $(nt-cn1)$ Angebotsofferten stehen inklusive $o^{n,nn+1}$ insgesamt $cn2+1$ Nachfrageofferten gegenüber. Entscheidet der Auktionsmechanismus zufällig mit gleicher Wahrscheinlichkeit zwischen alternativen optimalen Transaktionsvektoren trr^*, dann ergibt sich für die Schwellenwahrscheinlichkeit der Wert

(4.1.2.3.1.d) $to^{thres} = (nt\text{-}cn1)/(cn2+1)$.

Die Transaktionsfunktion $T1$ kann anhand der Schwellenofferte o^{thres} und der Schwellenwahrscheinlichkeit to^{thres} wie folgt definiert werden:

(4.1.2.3.1.e) $T1(o^{n,nn+1})$ $= 0$ falls $o^{n,nn+1} < o^{thres}$
$= to^{thres}$ falls $o^{n,nn+1} = o^{thres}$
$= 1$ falls $o^{n,nn+1} > o^{thres}$

Zur Abbildung der Transaktionsfunktion werden damit nur zwei Informationselemente benötigt.

Preisfunktion

Für die Konstruktion der Preisfunktion $P1(o^{n,nn+1})$ muss bezüglich der verschiedenen Preisbildungsverfahren differenziert werden. Im Folgenden wird die Preisfunktion für den Erstpreis, den h-Preis und den Durchschnittspreis konstruiert. Der Erstpreis ergibt sich direkt aus dem Betrag der Offerte $o^{n,nn+1}$, es gilt

(4.1.2.3.1.f) $P1(o^{n,nn+1}) = o^{n,nn+1}$.

Bei Erstpreisen ist damit keine Information zur Abbildung der Preisfunktion erforderlich. Der h-Preis entspricht der Schwellenwert o^{thres}, es gilt

(4.1.2.3.1.g) $P1(o^{n,nn+1}) = o^{thres}$.

Diese Preisfunktion besitzt die Eigenschaft, von der Offerte $o^{n,nn+1}$ unabhängig zu sein (vgl. hierzu Abschnitt 3.3.3.2.). Der Durchschnittspreis sei zunächst für eine Transaktionspartnerwahl und Kontraktoptimierung in Form des Gesamtoptimums und der dynamisierten Iteration betrachtet. Den Bezugspunkt der Preisbildung bildet der Durchschnittswert o^{ref} der relevanten Angebotsofferten $o^{a,1},\ldots,o^{a,nt'}$, also

(4.1.2.3.1.h) $o^{ref} = \Sigma_{i=1,\ldots,nt'}\, o^{a,i} / nt'$.

Zu beachten ist, dass die Anzahl der zu berücksichtigenden Angebotsofferten nt' von der Relation zwischen $o^{n'}$ und $o^{a'}$ abhängt. Die Preisfunktion lautet darauf aufbauend

(4.1.2.3.1.i) $P1(o^{n,nn+1}) = (o^{ref}+o^{n,nn+1})/2$.

Falls seitens des Auktionsmechanismus zwischen alternativen optimalen Transaktionsvektoren trr^* randomisiert wird, kann der Erwartungswert auf diesen Aspekt ausgedehnt werden. Die Anwendung dieses Verfahrens auf die iterative Näherungslösung ist problematisch, da hier aufgrund des iterativen Konstruktionsprozesses in der Regel nicht mit gleicher Wahrscheinlichkeit zwischen gleichwertigen Transaktionsvektoren randomisiert wird. Auf die Konstruktion eines Modells zur iterativen Näherungslösung wird an dieser Stelle verzichtet, da das Verfahren im Weiteren nicht näher untersucht wird.

Zusammenfassung

Die Elemente des Informationsmodells zu homogenen Kontrakten sind in Abbildung 4.1.2.3.1.b. in tabellarischer Form zusammengefasst.

Preisbildung	Transaktionsfunktion	Preisfunktion
Erstpreis	o^{thres}, to^{thres}	–
h-Preis		o^{thres}
Durchschnittspreis (nur Gesamtoptimum und dynamisierte Iteration)		o^{ref}

Abb. 4.1.2.3.1.b. Elemente des Informationsmodells zu homogenen Kontrakten

4.1.2.3.2. Dynamisierte Iteration

Das nachfolgend entwickelte Informationsmodell ist ausschließlich in Kombination mit einer Transaktionspartnerwahl und Kontraktoptimierung in Form der dynamisierten Iteration einsetzbar (vgl. Abschnitt 3.3.3.3.), ermöglicht jedoch im Gegensatz zu dem im vorangegangenen Abschnitt konstruierten Informationsmodell auch Szenarien mit differenzierten Kontrakten. Zunächst werden die benötigten Informationselemente definiert, anschließend wird die Transaktionsfunktion und die Preisfunktion konstruiert. Die Darstellung erfolgt erneut aus der Perspektive eines Nachfragers, gilt jedoch analog für den Anbieter.

Informationselemente

Ausgangspunkt der Informationselemente sind die Offertenvektoren (oa,on) und die Menge optimaler Transaktionsvektoren TRR_{DI}^*. Die *Offertenfront* o_{front} beschreibt die Struktur der gegenüberliegenden Marktseite. Aus der Perspektive der Nachfrageseite ist die Offertenfront ein Vektor der minimalen Angebotsofferten

$$(4.1.2.3.2.a)\quad o^{front} = (o_1^{front}, o_2^{front}, \ldots, o_{nk}^{front})$$

mit $o_k^{front} = min_{i=1,\ldots,na}\, o_k^{a,i}$. Diese Definition impliziert, dass die Offertenfront den Wert $o_k^{front} = \infty$ besitzt, falls für einen Kontrakt k ausschließlich irrelevante Angebotsofferten $o_k^{a,i} = \infty$ vorliegen (vgl. auch Definition 3.3.1.1.a). Falls keine Angebotsofferten vorliegen ($na = 0$), dann sei $o_k^{front} = \infty\ \forall_{k\in K}$.

Die *Konkurrenzfront* n^{front} beschreibt zusätzlich, wie viele Offerten mit dem Betrag o_k^{front} bezüglich eines Kontraktes k vorliegen. Aus der Perspektive der Nachfrageseite lautet die Offertenfront

$$(4.1.2.3.2.b) \quad n^{front} = (n_1^{front}, n_2^{front}, ..., n_{nk}^{front}),$$

wobei n_k^{front} die Anzahl der $o^{a,i} \in oa$ mit $o_k^a = o_k^{front}$ angibt.

Der *hinreichende Bewertungsüberschuss* b_{hin} beschreibt den für eine Offerte $o_k^{n,nn+1}$ zum Durchführen einer Transaktion benötigten Abstand zur Offertenfront o_k^{front}. Dieser Wert ist für alle Kontrakte identisch und entspricht dem von der dynamisierten Iteration erzielten Bewertungsüberschuss b_{DI}, es gilt $b_{hin} = b_{DI}$. Aus der Offertenfront o_{front} und dem hinreichenden Bewertungsüberschuss b_{hin} lässt sich bereits ableiten, dass eine zusätzliche Nachfrageofferte $o^{n,nn+1}$ mit $o_k^{n,nn+1} > o_k^{front} + b_{hin}$ mit Sicherheit zu einer Transaktion führt.

Für $o_k^{n,nn+1} = o_k^{front} + b_{hin}$ besteht demgegenüber die Möglichkeit, dass im Rahmen der Transaktionspartnerwahl zwischen alternativen Nachfrageofferten randomisiert wird. Um diese Unsicherheit in der Einzelbeobachtung abzubilden, muss ein weiteres Informationselement bereitgestellt werden. Hierzu dient die im Weiteren als *Competition* $c = |TRR_{DI}^*|$ bezeichnete Information, wie viele optimale Transaktionsvektoren trr^* im Rahmen der Transaktionspartnerwahl und Kontraktoptimierung zur Auswahl stehen. Die Elemente des Informationsmodells zur dynamisierten Iteration sind in Abbildung 4.1.2.3.2.a. in tabellarischer Form zusammengefasst.

Offertenfront	$o_k^{front} = min_{i=1,...,na}\, o_k^{a,i}$
Konkurrenzfront	$n_k^{front} = \|\{i = 1,...,na \mid o_k^{a,i} = o_k^{front,i}\}\|$
hinr. Bewertungs-überschuss	$b_{hin} = b_{DI}$
Competition	$c = \|TRR_{DI}^*\|$

Abb. 4.1.2.3.2.a Elemente des Informationsmodells zur dynamisierten Iteration

Transaktions-funktion

Zunächst wird die Transaktionsfunktion $TI(o^{n,nn+1})$ auf Basis der vier Informationselemente konstruiert. Sei b_{max} der maximale Bewertungsüberschuss zwischen der zusätzlichen Nachfrageofferte $o^{n,nn+1}$ und der Offertenfront o^{front}, d.h.

$$(4.1.2.3.2.c) \quad b_{max} = max_{k \in K}\, o_k^{n,nn+1} - o_k^{front}.$$

Entsprechend sei KO die Menge aller Kontrakte mit dem maximalen Bewertungsüberschuss b_{max}, d.h.,

$$(4.1.2.3.2.d) \quad KO = \{k \in K \mid o_k^{n,nn+1} - o_k^{front} = b_{max}\}.$$

Im Fall $b_{max} < b_{hin}$ ist der mit der Offerte $o^{n,nn+1}$ erzielbare Bewertungsüberschuss nicht ausreichend, um im Rahmen der Transaktionspartnerwahl und Kontraktoptimierung zu einer Transaktion (.,*nn*+1,.) zu führen.

Für $b_{max} > b_{hin}$ liegt der Fall vor, dass die Offerte $o^{n,nn+1}$ mit Sicherheit zu einer Transaktion führt. Falls die Menge *KO* aller Kontrakte mit maximalem Bewertungsüberschuss b_{max} mehrere Elemente enthält, so stellt sich die Frage, welche Wahrscheinlichkeit den alternativen Kontrakten zuzuordnen ist. Für den Fall, dass im Rahmen der dynamisierten Iteration zwischen allen Elementen aus TRR_{DI}^* mit gleicher Wahrscheinlichkeit randomisiert wird, ergibt sich die Transaktionswahrscheinlichkeit $w_k = T1_k(o^{n,nn+1})$ als Quotient der möglichen Transaktionen mit Kontrakt *k* (d.h. n_k^{front}) geteilt durch die Gesamtzahl aller möglichen Transaktionen (d.h. $\Sigma_{k' \in KO}\, n_{k'}^{front}$).

Der Fall $b_{max} = b_{hin}$ stellt insofern eine Erweiterung der für $b_{max} > b_{hin}$ angestellten Überlegungen dar, als dass hier zusätzlich gleichwertige Transaktionen anderer Nachfrager in der Transaktionswahrscheinlichkeit berücksichtigt werden müssen. Hierzu muss die Gesamtzahl der bezüglich $o^{n,nn+1}$ möglichen Transaktionen um den Wert der Competition *c* ergänzt werden. Die Transaktionsfunktion *T1* kann damit wie folgt definiert werden:

(4.1.2.3.2.e) falls $b_{max} < b_{hin}$ dann

$$\forall_{k \in K}\ T1_k(o^{n,nn+1}) = 0,$$

falls $b_{max} \geq b_{hin}$ dann

$$\forall_{k \in K \setminus KO}\ T1_k(o^{n,nn+1}) = 0$$
$$\forall_{k \in KO}\ T1_k(o^{n,nn+1}) = n_k^{front} / (c + \Sigma_{k' \in KO}\, n_{k'}^{front}).$$

In der Transaktionsfunktion werden damit alle vier Informationselemente verwendet.

Für die Konstruktion der Preisfunktion $P1(o^{n,nn+1})$ muss wiederum bezüglich der verschiedenen Preisbildungsverfahren differenziert werden. Im Folgenden wird die Preisfunktion für den Erstpreis, den Durchschnittspreis und den h-Preis konstruiert. Die Konstruktion des Durchschnittspreises ist auch für den in Abschnitt 3.3.3.3. beschriebenen Gleichgewichtspreis gültig, da beide Preisbildungsverfahren im Kontext der dynamisierten Iteration identische Resultate liefern. Der Erstpreis ergibt sich direkt aus dem Betrag der Offerte $o^{n,nn+1}$, es gilt

Preisfunktion

$$P1_k(o^{n,nn+1}) = o_k^{n,nn+1}. \quad (4.1.2.3.2.f)$$

Bei Erstpreisen ist damit erneut keine Information zur Abbildung der Preisfunktion erforderlich. Für den Durchschnittspreis wird als Informationselement die Offertenfront o^{front} benötigt, und die Preisfunktion lautet

$$P1_k(o^{n,nn+1}) = (o_k^{front} + o_k^{n,nn+1})/2. \quad (4.1.2.3.2.g)$$

Der h-Preis erfordert als Informationselemente die Offertenfront o^{front} und den hinreichenden Bewertungsüberschuss b_{hin}. Der h-Preis ergibt sich aus der Summe beider Komponenten und lautet damit

$$(4.1.2.3.2.h) \quad PI_{\text{k}}(o^{\text{n,nn+1}}) = o_{\text{k}}^{\text{front}} + b_{\text{hin}}.$$

Diese Preisfunktion besitzt damit wiederum die Eigenschaft, von der Offerte $o^{\text{n,nn+1}}$ unabhängig zu sein.

Zusammenfassung

In Abbildung 4.1.2.3.2.b. sind die für die Transaktionsfunktion und die Preisfunktion benötigten Informationselemente in Abhängigkeit des Preisbildungsverfahrens in tabellarischer Form zusammengefasst.

Preisbildung	Transaktionsfunktion	Preisfunktion
Erstpreis	o^{front}, $n_{\text{k}}^{\text{front}}$,	–
h-Preis	b_{hin}, c	o^{front}, b_{hin}
Durchschnittspreis		o^{front}

Abb. 4.1.2.3.2.b. Benötigte Informationselemente

4.1.2.3.3. Diskussion

Ausgangspunkt der beiden hinreichenden Informationsmodelle ist der Befund, dass der Einsatz der vollständigen Offertenvektoren (*oa,on*) hinsichtlich der Vertraulichkeit, Übertragung, Speicherung und Verarbeitung dieser Informationen problematisch ist. Mit den beiden vorstehend konstruierten Informationsmodellen ist es möglich, die Einzelbeobachtungen sowohl in Szenarien mit homogenen Kontrakten als auch in komplexen Szenarien bei Einsatz der dynamisierten Iteration anhand weniger Informationselemente abzubilden.

Ein interessanter Aspekt besteht hier darin, die beiden Informationsmodelle mit dem intuitiv naheliegenden Ansatz reiner Preisinformationen zu vergleichen. Hier zeigt sich, dass die ausschließliche Bereitstellung der Transaktionspreise sogar in dem sehr einfachen Szenario homogener Kontrakte für vollständige Einzelbeobachtungen unzureichend ist, da hierzu Informationselemente wie die Schwellenofferte und die Schwellenwahrscheinlichkeit benötigt werden. Der Vergleich unterstreicht die Notwendigkeit, die seitens des Verhandlungsmechanismus bereitgestellten Informationen auf analytischer Basis zu entwerfen.

Beide Informationsmodelle sind nicht auf kontraktdifferenzierte Szenarien in Kombination mit den Verfahren des Gesamtoptimums und der iterativen Näherungslösung anwendbar. In diesen Auktionsformen können die Transaktionsfunktion und die Preisfunktion komplexere Verläufe annehmen und machen damit umfangreichere Informationsmodelle notwendig. Die Gestalt derartiger Modelle wird an dieser Stelle nicht weiter untersucht, da die dynamisierte Iteration im Mittelpunkt der weiteren Untersuchung steht.

4.1.2.4. Aggregation und Extrapolation

Im Rahmen wiederholter Auktionen entsteht bei jedem Akteur eine Sequenz vieler Einzelbeobachtungen ($T1,P1$), die in einem zweiten Schritt zu Erwartungen (T,P) aggregiert und extrapoliert werden. Die Transformation des beobachteten Marktgeschehens in Erwartungen ist eine zentrale Fragestellung innerhalb der ökonomischen Theorie. Insbesondere im Bereich der Makroökonomie finden sich verschiedene Ansätze, wie beispielsweise die Konzepte statistischer, adaptiver und rationaler Erwartungen. Im Folgenden wird zunächst ein allgemeines Konzept statistischer Erwartungen konstruiert, anschließend werden kurz andere Erwartungskonzepte diskutiert.

statistische Erwartungen

Der Konzeption statistischer Erwartungen liegt die Annahme zugrunde, dass der Markt keine antizipierbaren Veränderungen erfährt. Alle im Folgenden dargestellten Konzepte sind in einem statischen Markt erwartungstreu, d.h. die Marktprognosen stimmen ex-post mit dem tatsächlich eingetretenen Marktgeschehen überein.

Sei *ne* die Anzahl der bereits abgeschlossenen Auktionen und $E1$ der Vektor $(E1^1,E1^2,...,E1^{ne})$ der hierzu vorliegenden Einzelbeobachtungen $E1^i = (T1^i,P1^i)$. Die einfachste Variante eines derartigen Szenarios ist ein vollständig stationärer Markt, d.h. ein Markt in dem $E1^i = E1^{i-1}$ gilt. Hier kann die letzte Einzelbeobachtung $E1^{ne}$ als Erwartung (T,P) bezüglich der folgenden Auktionen fortgeschrieben werden, d.h. es kann $T = T1^{ne}$ und $P = P1^{ne}$ verwendet werden.

Reale Märkte sind demgegenüber in der Regel Schwankungen unterworfen. Unterstellt man, dass das beobachtete Marktgeschehen um ein unveränderliches Marktgleichgewicht herum schwankt, dann bietet sich als Marktprognose (T,P) der Erwartungswert aller vorliegenden Einzelbeobachtungen an (vgl. 4.1.2.4.a).

$$T_k(o) = \Sigma_i\, T1_k^{\,i}(o) \,/\, ne \qquad (4.1.2.4.a)$$
$$P_k(o) = \Sigma_i\, (P1_k^{\,i}(o)\; T1_k^{\,i}(o)) \,/\, \Sigma_i\, T1_k^{\,i}(o)$$

Erweitert man dieses Szenario um die Annahme, dass auch das Marktgleichgewicht selbst in der Zeit veränderlich ist, so ist die soeben dargestellte, ungewichtete Erwartungsbildung unangemessen. Es sei zusätzlich unterstellt, dass die Veränderungen nicht antizipierbar sind. Um die Erwartungen (T,P) an Veränderungen des Marktgleichgewichts zu adaptieren, wird eine Gewichtung der Ereignisse in Abhängigkeit ihrer Aktualität vorgenommen. Hierzu wird eine Gewichtungsfunktion

(4.1.2.4.b) $g{:}(1,...,ne) \rightarrow [0,1]$

eingeführt, die jeder Einzelbeobachtung ein Gewicht aus dem Intervall [0,1] zuordnet. Die Transaktionserwartung T und die Preiserwartung P ergeben sich bei Verwendung der Gewichtungsfunktion wie folgt:

(4.1.2.4.c) $T_k(o) = \Sigma_i\, (T1_k^i(o)\, g(i))\, /\, \Sigma_i\, g(i)$

$P_k(o) = \Sigma_i\, (P1_k^i(o)\, T1_k^i(o)\, g(i))\, /\, \Sigma_i\, (T1_k^i(o)\, g(i))$

Der in (4.1.2.4.a) dargestellte, ungewichtete Erwartungswert ergibt sich in der verallgemeinerten Form (4.1.2.4.c) bei Einsatz der Gewichtungsfunktion $g(.) = 1$.

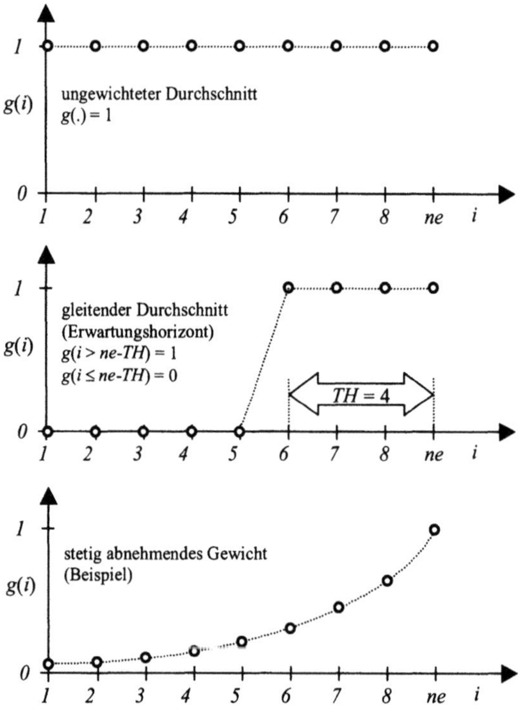

Abb. 4.1.2.4.a Alternative Gewichtungsfunktionen

Um die Konvergenz der Erwartungen (T,P) hinzu veränderlichen Marktgleichgewichten zu erhöhen, kann das Gewicht aktueller Einzelbeobachtungen gegenüber älteren Einzelbeobachtungen erhöht werden. Dies kann beispielsweise in der Form eines gleitenden Durchschnitts erfolgen, der ausschließlich die letzten *TH* Einzelbeobachtungen berücksichtigt (vgl. 4.1.2.4.d). Dieses Verfahren wird in Teil 5 und 6 eingesetzt und als Erwartungshorizont bezeichnet.

(4.1.2.4.d) $g(i) = 1$ für $i > ne\text{-}TH$
$= 0$ für $i \leq ne\text{-}TH$

Alternativ zu einem festen Erwartungshorizont *TH* können auch andere Gewichtungsfunktionen, wie beispielsweise ein kontinuierlich abnehmendes Gewicht $g(i) = i / ne$ eingesetzt werden (vgl. Abbildung 4.1.2.4.a).

andere Erwartungskonzepte

Dem Konzept statistischer Erwartungen liegt die Annahme zugrunde, dass der Markt keine antizipierbaren Veränderungen erfährt. Diese Annahme ist im Bereich der Makroökonomie ausführlich diskutiert worden (vgl. [Feld91, S.258 ff.; Bran92, S.130ff., S.207ff.] für einen Überblick). Den Ausgangspunkt der Überlegungen bildet der Befund, dass viele makroökonomische Marktparameter, wie das Preisniveau oder die Geldmenge, prognostizierbaren Veränderungen unterliegen. Akteure, die derartige Veränderungen nicht in ihre Erwartungen einbeziehen, begehen systematische, antizipierbare Fehler in der Erwartungsbildung. Ein klassisches Modell eines derartigen Szenarios ist der zyklische Preisanpassungsprozess des Cobweb-Theorems, der sogenannte Schweinezyklus (vgl. beispielsweise [Feld91, S.259 ff.]).

Diese Überlegung hat zu anderen, erweiterten Konzepten wie den adaptiven und den rationalen Erwartungen geführt. Adaptive Erwartungen integrieren die bisherige Veränderungsrate der beobachteten Marktparameter bzw. den aufgetretenen Schätzfehler in die weitere Erwartungsbildung (vgl. [Caga56] für einen grundlegenden Aufsatz zu dieser Thematik). Rationale Erwartungen erweitern dieses Konzept um die Annahme, dass die Akteure grundsätzlich alle verfügbaren Informationen in ihre Erwartungsbildung einfließen lassen (vgl. [Muth61] für einen grundlegenden Aufsatz zu dieser Thematik, siehe auch [Sarg76] und [Begg82]).

Relevanz für elektronische Märkte

Die Modelle adaptiver und rationaler Erwartungen adressieren insbesondere langfristige Veränderungen makroökonomischer Größen, speziell des gesamtwirtschaftlichen Preis- und Lohnniveaus. In beiden Konzepten wird die Prognostizierbarkeit dieser Veränderungen thematisiert und darauf aufbauend eine Integration der Prognosen in die Erwartungsbildung entworfen. Diese Überlegungen sind nur begrenzt auf elektronische Märkte übertragbar, da es sich bei den dort relevanten Parametern typischerweise nicht um gesamtwirtschaftliche Größen, sondern um die Wettbewerbsbedingungen abgegrenzter Teilmärkte handelt. Die Entwicklung der hier relevanten Größen hängt neben gesamtwirtschaftlichen Entwicklungen von lokalen Ereignissen ab. Zudem ist der Planungshorizont der Akteure auf eine einzelne Transaktion beschränkt, sodass beispielsweise Inflationsentwicklungen nur geringe Bedeutung besitzen.

Für die im Weiteren betrachteten elektronischen Märkte wird vereinfachend die Abwesenheit antizipierbarer Marktveränderungen angenommen. In derartigen Szenarien führt die hier konstruierte, statistische Erwartungsbildung zu "rationalen" Erwartungen, da alle verfügbaren Informationen berücksichtigt werden. Eine Integration gesamtwirtschaftlicher, prognostizierbarer Entwicklungen (beispielsweise der Inflationsrate in der Form adaptiver Erwartungen) in das statistische Modell erscheint prinzipiell möglich, wird jedoch an dieser Stelle nicht weiter untersucht.

4.1.3. Strategie

Die Strategie bildet den zweiten Teil des polypolistischen Automatisierungskonzepts. Sie definiert, aufbauend auf dem Transaktionsbedürfnis und den Erwartungen des Akteurs, einen optimalen, d.h. gewinnmaximalen Handlungsplan. Zunächst wird ein Akteur betrachtet, dem genau eine Auktion zum Umsetzen seines Transaktionsbedürfnisses zur Verfügung steht. Dieses einperiodige Szenario wird anschließend auf den mehrperiodigen Fall erweitert. Zum Abschluss wird das mit der entwickelten Strategie verbundene, strategische Verhalten untersucht.

4.1.3.1. Einperiodiges Kalkül

Das einperiodige Kalkül beschreibt die optimale Strategie eines Akteurs, dem genau eine Auktion zum Umsetzen seines Transaktionsbedürfnisses zur Verfügung steht. Ausgangspunkt des Konzeptes sind ein einfaches Transaktionsbedürfnis v gemäß Definition 2.2.1.3.a und Erwartungen (T,P) in Form des Umweltmodells gemäß Definition 4.1.2.1.a. Für die Konzeption der Strategie ist unerheblich, ob es sich hierbei um endogene oder exogene Erwartungen handelt.

Optimalverhalten

Das Entscheidungsproblem des Akteurs besteht in der Wahl einer Offerte $o \in \mathbb{R}^{nk}$. Aus der Offerte o folgt die Transaktionserwartung $T(o)$ und die Preiserwartung $P(o)$, und es ergibt sich ein erwarteter Transaktionsgewinn von

$$\pi(o) = \Sigma_{k \in K} \left[(v_k - P_k(o)) \, T_k(o) \right]. \tag{4.1.3.1.a}$$

Der maximal erzielbare erwartete Transaktionsgewinn beträgt dementsprechend

$$\pi^* = max_o \, \pi(o). \tag{4.1.3.1.b}$$

Das Optimalverhalten des Akteurs besteht darin, eine Offerte o^* mit dem erwarteten Transaktionsgewinn π^* zu wählen. Die Offerte o^* ist in Abhängigkeit der Erwartungen (T,P) nicht immer eindeutig, so dass gegebenenfalls die Auswahl einer konkreten Offerte erforderlich ist. Das einperiodige Kalkül lässt sich insofern als eine dominante Strategie interpretieren, als dass die Berechnung des Optimalverhaltens keine explizite strategische Interaktion mit anderen Akteuren beinhaltet, sondern dass quasi ein "game against nature" gespielt wird. Agieren auf einem Markt ausschließlich polypolistische Akteure, so bildet das entsprechende Strategieprofil unter den vorgegebenen Erwartungen (T,P) ein Bayes'sches Nash-Gleichgewicht.

realisierter Transaktionsgewinn

Das einperiodige Kalkül liefert immer einen nicht-negativen erwarteten Transaktionsgewinn. In Auktionen mit Erstpreisen und h-Preisen gilt dies auch ex-post für jede einzelne Auktion, da es beispielsweise für einen Nachfrager nie profitabel ist, seine eigene Zahlungsbereitschaft zu überbieten. Letztere Aussage gilt jedoch nicht für Auktionen mit Durchschnittspreisen, hier kann es theoretisch zu einem negativen Transaktionsgewinn $\pi < 0$ kommen.

Die Ursache hierfür sei aus der Nachfragerperspektive betrachtet. Ein Käufer in einer Auktion mit Durchschnittspreisen zahlt einen Preis $p = (o_k^{a,i}+o_k^{n,j})/2$. Differieren Angebots- und Nachfrageofferte, so führt dies zu einem Preis $p < o_k^{n,j}$, und es können Preiserwartungen $P_k(o) < o_k$ entstehen. Infolgedessen kann die Maximierung des erwarteten Transaktionsgewinns zu einem Überbieten der eigenen Zahlungsbereitschaft, d.h. $o_k > v_k$, führen. Werden die zugrundegelegten Erwartungen in einer konkreten Auktion nicht erfüllt, so kann dies wiederum einen Preis $p > v_k$, also einen negativen Transaktionsgewinn, zur Folge haben.

Der hier skizzierte Effekt lässt sich vermeiden, indem die Nebenbedingung $o_k \leq v_k$ in das Kalkül integriert wird. Ein derartiges Vorgehen reduziert jedoch den erwarteten Transaktionsgewinn und widerspricht der Annahme der Risikoneutralität. Im Weiteren wird das Kalkül ausschließlich ohne eine derartige Nebenbedingung verwendet.

4.1.3.2. Mehrperiodiges Kalkül

Das mehrperiodige Kalkül erweitert das soeben betrachtete Szenario dahingehend, dass dem Akteur mehrere aufeinanderfolgende Auktionen für das Umsetzen seines Transaktionsbedürfnisses zur Verfügung stehen. Im Folgenden werden zunächst das zeitlimitierte Transaktionsbedürfnis und das mehrperiodige Umweltmodell konzipiert, anschließend wird die Optimalstrategie des polypolistischen Akteurs entworfen.

Transaktionsbedürfnis

Für den mehrperiodigen Fall wird das Transaktionsbedürfnis des Polypolisten um das Zeitlimit *tmax* erweitert. Das Zeitlimit gibt an, bis zu welchem Zeitpunkt das Transaktionsbedürfnis eines Akteurs gültig ist. Wird bis zu diesem Zeitlimit keine Transaktion durchgeführt, so erlischt das Transaktionsbedürfnis.

DEFINITION 4.1.3.2.a Ein einfaches zeitlimitiertes Transaktionsbedürfnis ist ein Paar $(v, tmax)$ aus einem Transaktionsbedürfnis v gemäß Definition 2.2.1.3.a und einem Zeitlimit $tmax \in \mathbb{N}$. Eine Transaktion $tr = (i,j,k,p)$ zum Zeitpunkt $tmax \in \mathbb{N}$ liefert den Transaktionsgewinn $\pi(tr,t) = \pi(tr)$ für $t \leq tmax$ und $\pi(tr,t) = -\infty$ für $t > tmax$.

Im Weiteren sei angenommen, dass pro Zeiteinheit genau eine Auktion durchgeführt wird. Dem Akteur stehen damit zum Zeitpunkt $t = 1$ genau *tmax* Auktionen zum Umsetzen seines Transaktionsbedürfnisses zur Verfügung, in denen er jeweils eine Offerte $o^t \in \mathbb{R}^{nk}$ abgeben kann.

Umwelt-modell

Das bisher eingesetzte Umweltmodell (T,P) orientiert sich an der Entscheidungssituation einer einzelnen Auktion. Überträgt man dieses Modell auf ein mehrperiodiges Szenario, so entstehen zwei Erweiterungsaspekte. Erstens kann zwischen den Erwartungen bezüglich jeder einzelnen Auktion unterschieden werden, zweitens können die Erwartungen an spätere Auktionen von den eigenen Offerten in vorhergehenden Auktionen abhängen. Ein derart verallgemeinertes Umweltmodell ist ein Vektor

$$\begin{aligned}(4.1.3.2.a)\quad & (\,(T^1(o^1),P^1(o^1)),\\ & (T^2(o^1,o^2),P^2(o^1,o^2)),\\ & \ldots,\\ & (T^{tmax}(o^1,\ldots,o^{tmax}),P^{tmax}(o^1,\ldots,o^{tmax}))\,)\end{aligned}$$

von Einzelerwartungen, die jeweils von dem bisherigen, eigenen Verhalten abhängen. Das in (4.1.3.2.a) dargestellte Umweltmodell beschreibt die Erwartungen bezüglich der einzelnen Auktionen $1,\ldots,tmax$ zum Zeitpunkt $t = 1$. Die im Verlauf der einzelnen Auktionen auftretenden Einzelbeobachtungen finden sich daher nicht in dem Modell wieder.

Die Komplexität dieses allgemeinen Modells lässt sich anhand der folgenden Überlegungen stark reduzieren. Das Konzept des polypolistischen Akteurs beinhaltet, dass das eigene Verhalten keinen signifikanten Einfluss auf das Marktgeschehen besitzt, womit das Modell zunächst auf die Form

$$\begin{aligned}(4.1.3.2.b)\quad & (\,(T^1(o^1),P^1(o^1)),\\ & (T^2(o^2),P^2(o^2)),\\ & \ldots,\\ & (T^{tmax}(o^{tmax}),P^{tmax}(o^{tmax}))\,)\end{aligned}$$

vereinfacht werden kann. Die Annahme einer statistischen Erwartungsbildung impliziert zudem, dass der Akteur bezüglich der einzelnen Auktionen identische Erwartungen besitzt, d.h., dass $T^1 = T^2 = \ldots = T^{tmax}$ und $P^1 = P^2 = \ldots = P^{tmax}$ gilt. Damit reduziert sich das Umweltmodell auf die ursprüngliche Form eines Paares (T,P) gemäß Definition 4.1.2.1.a.

Optimalstrategie

Eine myopische Verhaltensweise im mehrperiodigen Szenario besteht darin, in jeder Auktion das einperiodige Kalkül aus Abschnitt 4.1.3.1. anzuwenden. Mit zunehmender Anzahl der zur Verfügung stehenden Auktionen *tmax* nimmt bei diesem Vorgehen die Wahrscheinlichkeit eine Transaktion durchzuführen, und damit auch der erwartete Transaktionsgewinn, zu. Das skizzierte Vorgehen ist jedoch nicht optimal, da das einperiodige Kalkül jede einzelne Auktion als letzte Transaktionsmöglichkeit interpretiert und damit die sequentielle Struktur der Verhandlungssituation unberücksichtigt lässt. Aus spieltheoretischer Perspektive ist das Verhalten nicht teilspielperfekt, da der Polypolist den Markt nach einer für ihn erfolglosen Auktion $t < tmax$ nicht verlässt, sondern an weiteren Auktionen teilnimmt und damit vom Handlungsplan seines einperiodigen Kalküls abweicht.

Das mehrperiodige, teilspielperfekte Kalkül muss in jeder Auktion $t < tmax$ den Fall berücksichtigen, dass keine Transaktion zustande kommt und an weiteren Auktionen teilgenommen wird. Zum Zeitpunkt $t = 1$ lautet der erwartete Transaktionsgewinn aus einem Handlungsplan $(o^1,...,o^{tmax})$

$$(4.1.3.2.c) \quad \pi_{ges}^{1}(o^1,...,o^{tmax}) = \pi(o^1) + (1-T(o^1))\,\pi(o^2) + \ldots + (1-T(o^1))\ldots(1-T(o^{tmax-1}))\,\pi(o^{tmax}),$$

hierbei sei $T(o) = \Sigma_{k\in K}\, T_k(o)$ die gesamte Transaktionswahrscheinlichkeit in einer beliebigen Auktion.

Backward-Induction

Das mit der Wahl eines gewinnmaximalen Handlungsplanes verbundene Optimierungsproblem lässt sich anhand eines Induktionsansatzes lösen. Hierbei wird ausgehend von der letztmöglichen Auktion iterativ eine Folge optimaler Offerten konstruiert. Dieses Vorgehen entspricht der in Abschnitt 2.3.2.3. skizzierten Backward-Induction und liefert einen teilspielperfekten Handlungsplan. Den Startpunkt bildet die letzte Auktion *tmax*, hier beträgt der maximale erwartete Gewinn

$$(4.1.3.2.d) \quad \pi_{ges}^{*tmax} = max_{\,o}\ \pi(o)$$

mit $\pi(o)$ gemäß (4.1.3.1.a.). Sei o^{*tmax} eine beliebige Offerte, die den maximalen erwarteten Gewinn π_{ges}^{*tmax} liefert. Der maximale, ab einer Auktion $t < tmax$ insgesamt erwartete Gewinn lautet darauf aufbauend

$$(4.1.3.2.e) \quad \pi_{ges}^{*t} = max_{\,o}\ [\pi(o) + (1-T(o))\,\pi_{ges}^{*t+1}],$$

hierbei sei wiederum o^{*t} eine beliebige Offerte, die den maximalen erwarteten Gewinn π^{*t} liefert. Der Induktionsschritt 4.1.3.2.e verdeutlicht, dass die Wahl der Offerte o^t sowohl den aus Auktion t direkt erwarteten Gewinn $\pi(o^t)$ als auch die Wahrscheinlichkeit, dass an weiteren Auktionen teilgenommen wird, beeinflusst.

Der Induktionsprozess liefert eine Sequenz $(\pi_{ges}^{*1}, \pi_{ges}^{*2}, ..., \pi_{ges}^{*tmax})$ maximaler Transaktionsgewinne und eine Sequenz $(o^{*1}, o^{*2}, ..., o^{*tmax})$ optimaler Offerten. Aus der Konstruktion folgt direkt, dass es sich bei den Transaktionsgewinnen um eine monoton fallende Folge handelt, dass also $\pi_{ges}^{*t} \geq \pi_{ges}^{*t+1}$ gilt. Das erste Element π_{ges}^{*1} beschreibt den zum Zeitpunkt $t = 1$ insgesamt erwarteten Transaktionsgewinn, die korrespondierende Offerte o^{*1} liefert das optimale Verhalten in der ersten Auktion. Das mehrperiodige Kalkül lässt sich, wie bereits die einperiodige Variante, in dem in Abschnitt 4.1.3.1. dargestellten Sinn als eine dominante Strategie interpretieren, und das entsprechende Strategieprofil bildet in einem Markt mit ausschließlich polypolistischen Akteuren ein Bayes'sches Nash-Gleichgewicht.

4.1.3.3. Strategisches Verhalten

Als strategisches Verhalten wird das Phänomen bezeichnet, dass Akteure in Verhandlungssituationen mit unvollständiger Information in der Regel nicht ihre wahren Präferenzen offenbaren, sondern sich unter dem Ziel individueller Nutzenmaximierung hiervon abweichend verhalten (vgl. beispielsweise Abschnitt 2.2.2. und 2.2.2.2.). Dieses Verhalten tritt auch im Kontext des polypolistischen Kalküls auf. Im Folgenden wird das strategische Verhalten des polypolistischen Akteurs in zwei Dimensionen, dem Zeitraum $1,...,tmax$ und und dem Kontraktraum $K = \{1,...,nk\}$, anhand konkreter Beispiele betrachtet. In Teil 6 wird später anhand von Fallstudien unter anderem untersucht, inwieweit das strategische Verhalten die Gesamteffizienz der Marktinstitution reduzieren kann (vgl. Abschnitt 6.1.2.1. und 6.1.4.2.).

4.1.3.3.1. Dynamische Aspekte

Szenario

Zunächst werden die dynamischen Aspekte des polypolistischen Kalküls betrachtet. Als Beispiel wird eine nachfrageseitige Erstpreisauktion mit homogenen Kontrakten (d.h. $|K| = 1$) untersucht. Aus der Perspektive eines Nachfragers liegt hier eine deterministische Preiserwartung $P(o) = o$ vor, da im Rahmen einer Transaktion immer ein Preis in Höhe der Offerte zu zahlen ist. Als weitere Rahmenbedingungen sei Folgendes angenommen:

- das relevante Preisintervall lautet $o \in [0,1]$,
- die Transaktionserwartung ist linear in o und lautet $T(o) = o$,
- das Transaktionsbedürfnis beträgt $v = 0.8$ und
- das Zeitlimit lautet $tmax = 6$.

Optimalverhalten

Der maximale, ab einer Auktion $t < tmax$ insgesamt erwartete Transaktionsgewinn π_{ges}^{*t} lautet unter diesen Rahmenbedingungen gemäß (4.1.3.2.e) wie folgt:

(4.1.3.3.1.a) $\pi_{ges}^{*t} = max_o\,[\,(0.8\text{-}o)\,o + (1\text{-}o)\,\pi_{ges}^{*t+1}]$
$= max_o\,[\,\text{-}(o)^2\text{+}(0.8\text{-}\pi_{ges}^{*t+1})\,o\text{+}\pi_{ges}^{*t+1}]$

Die Gleichung 4.1.3.3.1.a ist auch auf die letzte Auktion *tmax* anwendbar, indem $\pi_{ges}^{*tmax+1} = 0$ eingesetzt wird. Das Maximum π_{ges}^{*t} kann direkt über die erste Ableitung $\pi_{ges}^{t}(o^t)' = -2\,o^t+0.8-\pi_{ges}^{*t+1}$ bestimmt werden. Es ergibt sich eine eindeutige Optimalofferte von

(4.1.3.3.1.b) $o^{*t} = 0.8\text{-}\pi_{ges}^{*t+1}/2.$

In Abbildung 4.1.3.3.1.a sind die im Iterationsprozess des mehrperiodigen Kalküls verwendeten Größen o^{*t}, π^{*t} und π_{ges}^{*t} tabellarisch dargestellt.

Auktion *t*	o^{*t}	π^{*t}	π_{ges}^{*t}
7	–	–	0
6 (= *tmax*)	0.4	0.16	0.16
5	0.32	0.1536	0.2624
4	0.2688	0.1427	0.3346
3	0.2326	0.1320	0.3887
2	0.2056	0.1222	0.4310
1	0.1844	0.1135	0.4650

Abb. 4.1.3.3.1.a Exemplarischer Iterationsverlauf

Die so berechneten Folgen illustrieren die dynamischen Struktur des mehrperiodigen Kalküls. Ausgehend von der letztmöglichen Auktion *tmax* nimmt der insgesamt erwartete Transaktionsgewinn π_{ges}^{*t} monoton zu. Hieraus resultiert, dass die optimale Offerte o^{*t} und der damit in Auktion *t* erzielte Transaktionsgewinn π^{*t} mit jedem Iterationsschritt abnimmt. Der Verlauf der drei Größen ist in Abbildung 4.1.3.3.1.b graphisch dargestellt.

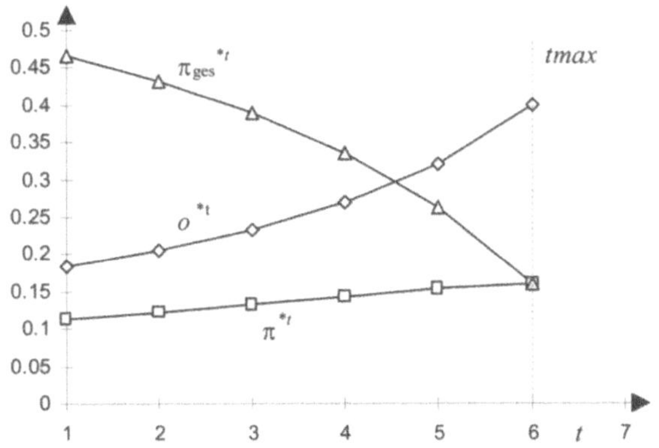

Abb. 4.1.3.3.1.b Strategisches Verhalten im mehrperiodigen Szenario

Das hier anhand eines konkreten Beispiels aufgezeigte, strategische Verhalten ist für das mehrperiodige Kalkül typisch. Der dynamische Verlauf der optimalen Offerte tritt grundsätzlich in allen mehrperiodigen Szenarien auf, sofern die Transaktions- und Preiserwartung stetig sind. Diese Dynamik besteht damit beispielsweise auch in der iterierten Vickrey-Auktion. In der Vickrey-Auktion findet ausschließlich in der letztmöglichen Auktion *tmax* Präferenzoffenbarung statt, in allen Auktionen $t < tmax$ wird demgegenüber ebenfalls typischerweise eine strategisch reduzierte Offerte abgegeben.

Unstetige Transaktionserwartungen können die Dynamikeffekte demgegenüber beschränken oder vollständig aufheben. Eine Transaktionserwartung in der Form

(4.1.3.3.1.c) $$T(o) = 0 \quad \text{für } o < 0.6$$
$$= 1 \quad \text{für } o \geq 0.6$$

führt beispielsweise dazu, dass die optimale Offerte in jeder Auktion t den Wert $o^{*t} = 0.6$ hat. Insgesamt ist jedoch festzuhalten, dass das mehrperiodige Kalkül in der Regel zu einem dynamischen, strategischen Verhalten führt.

4.1.3.3.2. Strukturverzerrung

Szenario

Die zweite Dimension strategischen Verhaltens bildet der Kontraktraum. Als Beispiel wird erneut eine nachfrageseitige Erstpreisauktion betrachtet, die Preiserwartung lautet damit $P_k(o) = o_k$. Es wird das Szenario eines differenzierten Kontraktraumes $K = \{1,2\}$ für den einperiodigen Fall $tmax = 1$ untersucht. Das relevante Preisintervall sei erneut [0,1], als Transaktionserwartung werden die Funktionen

(4.1.3.3.2.a) $$T_1(o) = o_1 \, (1-o_2/2)$$
$$T_2(o) = o_2 \, (1-o_1/2)$$

angenommen. Diese Transaktionserwartung ist linear in beiden Teilofferten, symmetrisch bezüglich beider Kontrakte und erfüllt die Plausibilitätsanforderungen $dT_1/do_1 \geq 0$, $dT_1/do_2 \leq 0$ und $T_1(o)+T_2(o) \leq 1$. In Abbildung 4.1.3.3.2.a sind einige charakteristische Funktionswerte der Transaktionserwartung T_1 tabellarisch dargestellt.

$T_1(o_1,o_2)$	0	0.5	1
0	$^0/_8$	$^0/_8$	$^0/_8$
0.5	$^4/_8$	$^3/_8$	$^2/_8$
1	$^8/_8$	$^6/_8$	$^4/_8$

Abb. 4.1.3.3.2.a Charakteristische Funktionswerte

Im Folgenden wird ein asymmetrisches Transaktionsbedürfnis $v = (0.4, 0.8)$ eines Nachfragers betrachtet. Der erwartete Transaktionsgewinn bei einer beliebigen Offerte $o \in [0,1]^2$ lautet

Optimalverhalten

$$\text{(4.1.3.3.2.b)} \quad \pi(o) = (v_1 - P_1(o))\, T_1(o) + (v_2 - P_2(o))\, T_2(o) = (0.4 - o_1)\,(o_1(1 - o_2/2)) + (0.8 - o_2)\,(o_2(1 - o_1/2))$$

und hat ein eindeutiges Maximum von $\pi^*(o) = 0.1781$ an der Stelle $o^* = (0.1503, 0.3898)$. Abbildung 4.1.3.3.2.b stellt dieses Resultat graphisch dar.

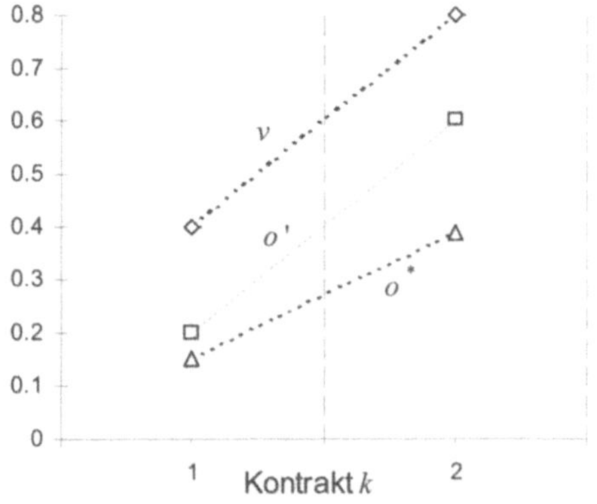

Abb. 4.1.3.3.2.b Strukturverzerrte und unverzerrte Offerten

Die optimale Offerte o^* ist gegenüber v strukturverzerrt, d.h. die relative Bewertung der beiden Kontrakte zueinander differiert zwischen der Offerte o^* und dem zugrunde liegenden Transaktionsbedürfnis v. In der Abbildung ist zum Vergleich eine beliebige strukturtreue Offerte $o' = (0.2,0.6)$ dargestellt. Eine Offerte o wird im Weiteren als strukturtreu bezüglich eines Transaktionsbedürfnisses v bezeichnet, falls

Strukturtreue und -verzerrung

$$\text{(4.1.3.3.2.c)} \quad \exists_{x \in \mathbb{R}} \forall_{k \in K}\; o_k = v_k + x$$

gilt. Strukturverzerrungen können dazu führen, dass im Rahmen der Kontraktoptimierung kein optimaler Kontrakt zwischen zwei Transaktionspartnern geschlossen wird.

Die hier an einem konkreten Beispiel aufgezeigte Strukturverzerrung ist für kontraktdifferenzierte Szenarien typisch. Ursache der Verzerrungen ist im dargestellten Beispiel die Asymmetrie des Transaktionsbedürfnisses. Darüber hinaus können auch asymmetrische Transaktionserwartungen und Preiserwartungen zu Strukturverzerrungen führen. Der Aspekt der Kontraktdifferenzierung wird in Abschnitt 6.1.4. anhand von Fallstudien ausführlich untersucht.

4.1.4. Weiterführende Fragestellungen

Dem polypolistischen Automatisierungskonzept liegen verschiedene Annahmen zugrunde, an die sich Erweiterungsmöglichkeiten hinzu alternativen und erweiterten Szenarien anschließen. Im Folgenden werden einige Aspekte skizziert.

Erwartungsbildung

Die Aggregation und Extrapolation der Einzelbeobachtungen erfolgt im polypolistischen Automatisierungskonzept in Form einer statistischen, rein endogenen Erwartungsbildung. Den Ausgangspunkt bildet die Annahme, dass der Markt keine antizipierbaren Veränderungen erfährt. Als Erweiterung könnte hier eine Integration antizipierbarer Marktveränderungen vorgenommen werden, in die auch exogene Erwartungen einfließen können. Mit einer derartigen Konzeption ergeben sich zeitlich differenzierte Umweltmodelle wie beispielsweise (4.1.3.2.c).

Transaktionsbedürfnis

Ziel des polypolisitischen Automatisierungskonzeptes ist das Umsetzen eines einfachen, zeitlimitierten Transaktionsbedürfnisses. Das Konzept ist direkt auf mehrfache Transaktionsbedürfnisse übertragbar, für komplexere Transaktionsbedürfnisse sind demgegenüber Erweiterungen notwendig (vgl. hierzu auch Abschnitt 2.2.3.2. und 2.2.3.3.). Einen anderen Erweiterungsaspekt des Transaktionsbedürfnisses bietet die Zeitpräferenz. Das einfache Zeitlimit *tmax* kann beispielsweise um einen Diskontfaktor δ ergänzt werden, der im mehrperiodigen Kalkül die Kosten eines Zeitverlustes in der Form

$$\pi_{ges}^{*t} = max_{o} \left[\pi(o) + \delta \left(1-T(o)\right) \pi_{ges}^{*t+1}\right] \qquad (4.1.4.a)$$

bewertet (vgl. 4.1.3.2.e). An die Zeitpräferenz schließt sich der Aspekt der Risikopräferenz an. Die konstruierte Strategie unterstellt risikoneutrales Verhalten, hier sind beispielsweise Erweiterungen hinzu risikoaversen Akteuren, wie in Abschnitt 4.1.3.1. skizziert, möglich.

Auktionsfrequenz

Für das mehrperiodige Kalkül wurde eine fest vorgegebene Auktionsfrequenz unterstellt. Eine Alternative besteht hier darin, Auktionen in Abhängigkeit konkreter Transaktionsbedürfnisse durchzuführen. Ein derartiges Vorgehen kann zu einer stochastischen Auktionsfrequenz führen, bezüglich derer die Akteure zusätzliche Erwartungen bilden müssen.

4.2. Aspekte anderer Akteurtypen

Neben dem polypolistischen Akteur treten in verschiedenen Marktformen die Typen des Monopolisten, Dyopolisten und Oligopolisten auf. Diese Akteurtypen unterscheiden sich vom Polypolisten in mehreren Aspekten.

Erstens haben sie typischerweise nicht genau ein oder wenige einfache Transaktionsbedürfnisse, sondern planen eine bezüglich des gesamten Marktvolumens relevante Anzahl von Transaktionen. Zweitens erstreckt sich der Planungshorizont dieser Akteure oft nicht bis zu einem fest vorgegebenen Zeitlimit, sondern kann theoretisch unbegrenzt sein. Drittens können diese Akteurtypen in erheblichen Umfang über Marktmacht verfügen und müssen somit in ihrer Planung die Auswirkungen des eigenen Verhaltens auf das Marktgeschehen berücksichtigen.

Die genannten Aspekte führen dazu, dass der Einsatz des polypolistischen Automatisierungskonzeptes für diese Akteurtypen in der Regel nicht zweckmäßig ist. Insbesondere der Aspekt der Marktmacht und die damit verbundene strategischen Interaktion zwischen den Akteuren führt zu wesentlich komplexeren Szenarien, in denen beispielsweise keine vollständig endogene Erwartungsbildung wie im polypolistischen Automatisierungskonzept möglich ist.

Vorgehen

Vor diesem Hintergrund wird im Folgenden kein allgemeines, universell einsetzbares Automatisierungskonzept wie für den polypolistischen Akteur entwickelt. Das weitere Vorgehen besteht demgegenüber in der Betrachtung konkreter Szenarien und Modelle, an denen verschiedene strategische Alternativen diskutiert werden. Diese strategischen Alternativen werden dann später in Teil 6 anhand von Fallstudien weiter untersucht und bewertet. Im Folgenden wird zunächst der Akteurtyp des Monopolisten, anschließend der Dyopolist und der Oligopolist betrachtet.

4.2.1. Monopolist

Der Monopolist ist als alleiniger Akteur einer Marktseite gekennzeichnet. Im Gegensatz zum Polypolisten besitzt der Monopolist damit vollkommene Marktmacht und kann das Marktgeschehen aktiv gestalten. Die Handlungsmöglichkeiten des Monopolisten werden in der ökonomischen Theorie oft in Form einer Preis-Absatz Funktion modelliert. Innerhalb dieses Rahmens besitzt der Monopolist vollständige Kontrolle über das Marktgeschehen.

Aufbau

Im Folgenden wird zunächst eine kurze Darstellung des klassischen Monopolmodells vorgenommen. Ausführlichere Darstellungen bieten beispielsweise [Tiro93, S.65ff.; Vari94, S.234ff.]. Anschließend wird das klassische Monopolmodell auf das Szenario eines auktionsbasierten Marktes übertragen. Hierbei werden verschiedene preis- und mengenpolitische Strategien konstruiert und anhand konkreter Szenarien hinsichtlich verschiedener Aspekte wie beispielsweise unvollständiger Information untersucht.

4.2.1.1. Klassisches Monopolmodell

Das klassische Monopolmodell beschreibt einen Markt, auf dem ein einziger Anbieter einer Vielzahl von Nachfragern gegenübersteht. Im Grundmodell wird ausschließlich der Fall homogener Güter, also eines Kontraktraumes $|K| = 1$, betrachtet. Die Interaktion zwischen beiden Marktseiten erfolgt, indem der Monopolist einmalig einen Festpreis wählt, zu dem anschließend alle Nachfrager mit ausreichender Zahlungsbereitschaft kaufen. Im Weiteren wird angenommen, dass der Monopolist in seinen Handlungsmöglichkeiten nicht durch Rahmenbedingungen wie staatliche Regulierungen oder Markteintrittsdrohungen anderer Akteure beschränkt ist. Der Monopolist kann damit uneingeschränkt als Preissetzer operieren, also einen Marktpreis vorgeben.

einmaliger Markt

Angenommen, auf dem Markt befinden sich nn Nachfrager mit jeweils einem individuellen einfachen Transaktionsbedürfnis $v^{\mathrm{n,j}} \in \mathbb{R}$. Die gesamte Nachfragestruktur lautet damit

(4.2.1.1.a) $$vn = (v^{\mathrm{n,1}},\ldots v^{\mathrm{n,nn}}).$$

Zunächst sei unterstellt, dass die Transaktionsbedürfnisse kein Zeitlimit besitzen. Auf dem Markt existiert also einmalig die Nachfrage vn. In Abhängigkeit des vom Monopolisten gewählten Festpreises p entscheiden sich alle Nachfrager j mit $v^{\mathrm{n,j}} \geq p$ zum Kauf, also zum Durchführen einer Transaktion. Dieser Zusammenhang wird durch die Preis-Absatz Funktion

(4.2.1.1.b) $$PAF\colon \mathbb{R} \rightarrow \mathbb{N}$$

beschrieben, die jedem Preis p eine Nachfragemenge $PAF(p)$ zuordnet. Dem klassischen Monopolmodell liegt die Annahme zugrunde, dass der Monopolist die PAF des Marktes kennt, nicht aber die Identität der einzelnen, daran beteiligten Nachfrager. Anhand der Preis-Absatz Funktion lässt sich zu jedem Preis p der Gesamterlös $E = p\,PAF(p)$ berechnen. Bei der PAF handelt es sich um ein deterministisches Umweltmodell, da keine Unsicherheiten bezüglich der Absatzmöglichkeiten bestehen. Die Konsequenzen unsicherer Absatzmöglichkeiten werden in Abschnitt 4.2.1.2.2. untersucht.

Für die Preiswahl des Monopolisten ist neben den Absatzmöglichkeiten die Kostenseite relevant. Die Gesamtkosten $C(x) = c_{\mathrm{fix}}+c(x)$ des Monopolisten setzen sich aus Fixkosten c_{fix} und variablen, mengenabhängigen Kosten $c(x)$ zusammen. Der variable Kostenanteil $c(x)$ ist eine Funktion

(4.2.1.1.c) $$c\colon \mathbb{N} \rightarrow \mathbb{R},$$

die die mit dem Durchführen von x Transaktionen verbundenen Aufwände $c(x)$ beschreibt. Die Kostenfunktion $C(x)$ lässt sich als multiples Transaktionsbedürfnis interpretieren, das einer Anzahl von x Transaktionen eine Bewertung von $-C(x)$ zuordnet. Für die Funktionen $c(x)$ und $PAF(p)$ gelten typischerweise die Annahmen $\Delta c/\Delta x \geq 0$ und $dPAF/dp \leq 0$.

Cournotpunkt

Zur Berechnung des gewinnmaximalen Preises p^* werden die *PAF* und die variable Kostenfunktion $c(x)$ benötigt. Unter dem Ziel der Gewinnmaximierung wählt der Monopolist den Preis

(4.2.1.1.d) $$p^* = argmax_{p} (p\, PAF(p) - c(PAF(p)))$$

und führt damit $x^* = PAF(p^*)$ Transaktionen durch. Die optimale Preis-Mengen Kombination (x^*,p^*) wird auch als Cournotpunkt bezeichnet. In Abbildung 4.2.1.1.a ist das klassische Monopolmodell für den Fall konstanter Stückkosten $c = a\, x$ und einer linearen *PAF* grafisch dargestellt.

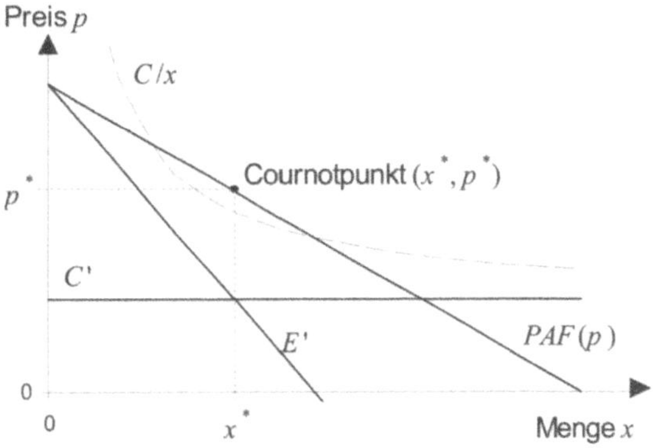

Abb. 4.2.1.1.a Klassisches Monopolmodell

Der gewinnmaximale Cournotpreis p^* ergibt sich aus dem Schnittpunkt von Grenzkostenkurve C' und Grenzerlöskurve E'. Die Cournotmenge x^* definiert den Punkt, an dem eine anhand einer Preissenkung erzielbare Mengenerhöhung unprofitabel ist, da der Gewinn aus der zusätzlichen Menge den Ertragsverlust in Folge der Preissenkung nicht ausgleicht.

wiederholter Markt

Das oben dargestellte Modell beschreibt die einmalige Interaktion zwischen einem Monopolisten mit der Kostenfunktion $c(x)$ bzw. $C(x)$ und einer Nachfragestruktur *vn*. Dieses Szenario lässt sich in einfacher Weise zu einem kontinuierlichen Marktmodell mit offenem Zeithorizont erweitern, indem das Grundmodell als eine Periode eines wiederholten Marktes interpretiert wird. Zu Beginn jeder Zeitperiode entsteht die Nachfragestruktur *vn* neu, wobei alle Transaktionsbedürfnisse der Nachfragestruktur *vn* ein einheitliches Zeitlimit *tmax* entsprechend der Periodendauer aufweisen. Mit Ablauf einer Periode erlöschen damit alle unbefriedigten Transaktionsbedürfnisse, so dass zu Beginn der Folgeperiode erneut die Nachfragestruktur *vn* vorliegt. Dieses Marktszenario ist stationär, da alle Perioden dieselbe Struktur besitzen. In einem derartigen, stationären Markt bestehen keine Abhängigkeiten zwischen den einzelnen Perioden, d.h. jede einzelne Periode kann als ein unabhängiger, einmaliger Monopolmarkt interpretiert werden. Die Überlegungen zum einmaligen Monopolmarkt sind damit direkt auf den skizzierten wiederholten Markt anwendbar.

4.2.1.2. Auktionsbasierter Monopolmarkt

Überträgt man das klassische Monopolszenario auf einen auktionsbasierten Markt, so stehen dem Monopolisten anstelle eines einmalig zu wählenden Festpreises die zwei Handlungsparameter

- Angebotsmenge und
- Reservationspreis

zur Verfügung. Im Folgenden werden verschiedene Aspekte eines derartigen, auktionsbasierten Monopolmarktes diskutiert. Zunächst werden eine Preisstrategie und eine Mengenstrategie für das klassische Monopolszenario aus Abschnitt 4.2.1.1. entworfen und miteinander verglichen. Anschließend wird dieser Vergleich erneut für ein Szenario mit zwei verschiedenen Varianten unsicherer Absatzmöglichkeiten wiederholt. Zum Abschluss wird das Szenario auf kontraktdifferenzierte Verhandlungen erweitert.

4.2.1.2.1. Preis- und Mengenstrategie

Praxis

Mit den Handlungsparametern Reservationspreis und Angebotsmenge verfügt der Monopolist sowohl über ein preispolitisches als auch ein mengenpolitisches Steuerungsinstrument. Neben dem klassischen absatzpolitischen Instrument der Preispolitik werden auch in der Praxis vielfach mengenpolitische Verfahren bzw. Strategien eingesetzt. Ein Beispiel sind die auf Wertpapiermärkten eingesetzten Tenderverfahren. Hier wird zwischen Mengen- bzw. Festsatztendern und Zins- bzw. Preistendern unterschieden. Derartige Verfahren werden beispielsweise vom Europäischen System der Zentralbanken (ESZB) im Rahmen der Offenmarktpolitik verwendet. Mengenpolitische Instrumente werden auch in anderen Bereichen, wie beispielsweise von der Organization of Petroleum Exporting Countries (OPEC) in Form von Höchstfördermengen und in der Landwirtschaftspolitik der Europäischen Union in Form vorgegebener Produktionsmengen eingesetzt.

Im Folgenden werden mit der Preisstrategie und der Mengenstrategie zwei Grundvarianten monopolistischen Verhaltens entworfen. Beide Strategien definieren jeweils einen Vektor $oa = (o^{a,1}, ..., o^{a,na})$ der Offerten, die der Monopolist in jeder Periode abgibt. Der dynamische Prozess der Offertenabgabe selbst wird nicht näher betrachtet. Den Ausgangspunkt für dieses Vorgehen bildet die Annahme, dass die Nachfrager korrekte Erwartungen über den Offertenvektor des Monopolisten besitzen. In einem derartigen Szenario kann sich der Monopolist analog der Coase-Conjecture nicht durch die dynamische Gestaltung seiner Offertenabgabe verbessern, da die Nachfrager sein Verhalten korrekt antizipieren (vgl. [Coas72; Stok81; Bulo82; Gul86]).

Preisstrategie

Die Preisstrategie basiert darauf, ausschließlich den Reservationspreis als Handlungsparameter einzusetzen und die Transaktionsmenge über den Markt bestimmen zu lassen. Der Monopolist gibt hierbei in jeder Periode ein Überschussangebot identischer Angebotsofferten $o^{a,i} = p$ in Höhe des Reservationspreises ab.

DEFINITION 4.2.1.2.1.a Die Preisstrategie $p \in \mathbb{R}$ ist ein Offertenvektor $oa = (o^{a,1}, ..., o^{a,na})$ mit $na > PAF(p)$ und $\forall_{i=1,...,na}$ $o^{a,i} = p$.

Ein Überschussangebot liegt vor, falls die Angebotsmenge *na* die Nachfrage *PAF(p)* übersteigt, d.h. falls $na > PAF(p)$ gilt. Die Preisstrategie ist mit dem auf Wertpapiermärkten üblichen Mengentenderverfahren vergleichbar.

Mengenstrategie

Alternativ zur Preisstrategie bietet sich für den Monopolisten ein mengenpolitisches Vorgehen an. Die Mengenstrategie besteht darin, ausschließlich die Angebotsmenge als Handlungsparameter einzusetzen, und den Preis über den Markt bestimmen zu lassen. Der Monopolist gibt hierbei in jeder Periode eine Angebotsmenge in Form von $na = x$ Offerten $o^{a,i} = -\infty$, also quasi Offerten ohne Reservationspreis, ab.

DEFINITION 4.2.1.2.1.b Die Mengenstrategie $x \in \mathbb{R}$ ist ein Offertenvektor $oa = (o^{a,1}, ..., o^{a,na})$ mit $na = x$ und $\forall_{i=1,...,na}$ $o^{a,i} = -\infty$.

Die Mengenstrategie ist mit dem auf Wertpapiermärkten üblichen Zinstenderverfahren vergleichbar.

Vergleich

Bei der Strategiewahl muss der Monopolist, im Gegensatz zum Polypolisten, die Auswirkungen seines Verhaltens auf die Erwartungen der anderen Marktteilnehmer berücksichtigen. Falls die Nachfrager korrekte Erwartungen bilden, dann wird sich bei Vorgabe des Preises *p* oder der Menge *x* seitens des Monopolisten die jeweils andere Größe auf Basis des Marktwettbewerbs entsprechend der *PAF* einstellen. Unter dieser Annahme führen sowohl die Preisstrategie p^* als auch die Mengenstrategie x^* zum Cournotpunkt $(x^*,p^*) = (PAF(p^*),p^*) = (x^*,PAF^{-1}(x^*))$.

Diese Äquivalenzüberlegung basiert auf der Annahme einer kontinuierlichen, invertierbaren und deterministischen PAF. Angenommen, es liegt eine diskrete *PAF* in Form einer absteigend geordneten Nachfragestruktur $vn = (v^{n,1},...,v^{n,nn})$ vor, es gelte $v^{n,j} > v^{n,j+1}$. Eine Preisstrategie mit $p = v^{n,j}$ wird unter den obengenannten Annahmen zu einer Nachfragemenge $x = j$ führen, da sich alle Nachfrager *j'* mit einer Zahlungsbereitschaft $v^{n,j'} \geq p$ zum Kauf entschließen. Wird demgegenüber die Mengenstrategie $x = j$ gewählt, so führt der Marktwettbewerb bei korrekter Erwartungsbildung zu einem Preis $p = v^{n,j+1} + \varepsilon$, d.h. die Zahlungsbereitschaft des $j+1$-ten Nachfragers wird minimal überboten. Für diskrete *PAF* kann sich damit eine Differenz zwischen der Preis- und Mengenstrategie ergeben, die mit zunehmender Nachfrageranzahl typischerweise abnimmt.

4.2.1.2.2. Unsichere Erwartungen

Eine weitere Annahme der vorstehend diskutierten Äquivalenz von Preis- und Mengenstrategie besteht darin, dass dem Monopolisten die *PAF* a priori bekannt ist. Es wird also ein deterministisches Umweltmodell vorausgesetzt, in dem keine Unsicherheiten über die Nachfragestruktur des Marktes bestehen. Beinhaltet das Umweltmodell des Monopolisten demgegenüber stochastische Elemente, so können die Preis- und die Mengenstrategie zu unterschiedlichen Ergebnissen führen. Dieses Ergebnis wird im Folgenden durch den Vergleich von zwei konkreten Szenarien erzielt. In beide Szenarien werden aufseiten das Monopolisten konstante variable Kosten $c(x) = a\,x$ mit $a > 0$ angenommen.

dominante Preisstrategie

Die stochastische Komponente des ersten Szenarios ist eine stetige Zufallsgröße $Y \in [0,1]$, die als Multiplikator der Absatzmenge auftritt. Als stochastische *PAF* wird die Nachfragefunktion

(4.2.1.2.2.a) $PAF(p) = (1\text{-}p)Y$

im Preisintervall $p = [0,1]$, d.h. die Abbildung $PAF{:}[0,1] \rightarrow [0,Y]$, betrachtet. Die optimale Preis- und Mengenstrategie ergibt sich aus der Maximierung des Monopolgewinns bezüglich des Preises p bzw. der Menge x wie in Abbildung 4.2.1.2.2.a dargestellt.

Preisstrategie		Mengenstrategie	
x	$= (1\text{-}p)Y$	p	$= 1\text{-}x/Y$
π	$= (p\text{-}a)x$	π	$= (p\text{-}a)x$
	$= (p\text{-}a)(1\text{-}p)Y$		$= ((1\text{-}x/Y)\text{-}a)x$
$\mathrm{d}\pi/\mathrm{d}p$	$= (1\text{-}2p+a)Y$	$\mathrm{d}\pi/\mathrm{d}x$	$= 1\text{-}2x/Y\text{-}a$
$\Rightarrow p^*$	$= 0.5+a/2$	$\Rightarrow x^*$	$= ((1\text{-}a)Y)/2$

Abb. 4.2.1.2.2.a Analytischer Vergleich

Die analytische Lösung zeigt, dass der Cournotpreis p^* unabhängig von der Zufallsvariablen Y ist, wohingegen die Cournotmenge x^* mit Y schwankt. Dieses Ergebnis ist in Abbildung 4.2.1.2.2.b anhand zweier exemplarischer *PAF* und den daraus resultierenden Cournotpunkten illustriert.

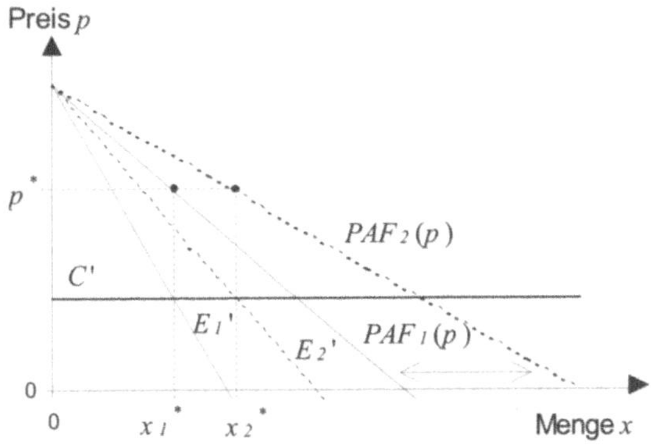

Abb. 4.2.1.2.2.b Szenario einer dominanten Preisstrategie

Der erwartete Monopolgewinn unter der hier modellierten Unsicherheit ist bei Einsatz der Preisstrategie p^* höher als bei Einsatz der Mengenstrategie x^*, da die Wahl der optimalen Preisstrategie im Gegensatz zur Mengenstrategie nicht von Y abhängt.

dominante Mengen-strategie

Die stochastische Komponente des zweiten Szenarios ist erneut eine stetige Zufallsgröße $Y \in [0,1]$. Als stochastische *PAF* wird in diesem Szenario die Nachfragefunktion

(4.2.1.2.2.b) $PAF(p) = 1\text{-}(p\text{-}a)/Y.$

im Preisintervall $p = [a, 1+a]$, d.h. die Abbildung $PAF{:}[a,1+a] \rightarrow [0,1]$, betrachtet. Die optimale Preis- und Mengenstrategie ergibt sich wie im vorangegangenen Szenario aus der Maximierung des Monopolgewinns bezüglich des Preises p bzw. der Menge x (vgl. Abbildung 4.2.1.2.2.c).

Preisstrategie		Mengenstrategie	
x	$= 1\text{-}(p\text{-}a)/Y$	p	$= (1\text{-}x)Y+a$
π	$= (p\text{-}a)x$	π	$= (p\text{-}a)x$
	$= (p\text{-}a)(1\text{-}(p\text{-}a)/Y)$		$= ((1\text{-}x)Y+a\text{-}a)x$
$d\pi/dp$	$= 1\text{-}2(a\text{-}p)/Y$	$d\pi/dx$	$= Y\text{-}2x\ Y$
$\Rightarrow p^*$	$= 0.5Y+a$	$\Rightarrow x^*$	$= 0.5$

Abb. 4.2.1.2.2.c Analytischer Vergleich

Die analytische Lösung zeigt, dass in diesem Szenario die Cournotmenge x^* unabhängig von der Zufallsvariablen Y ist, wohingegen der Cournotpreis p^* mit Y schwankt. Dieses Ergebnis ist in Abbildung 4.2.1.2.2.d wiederum anhand zweier exemplarischer *PAF* und den daraus resultierenden Cournotpunkten illustriert.

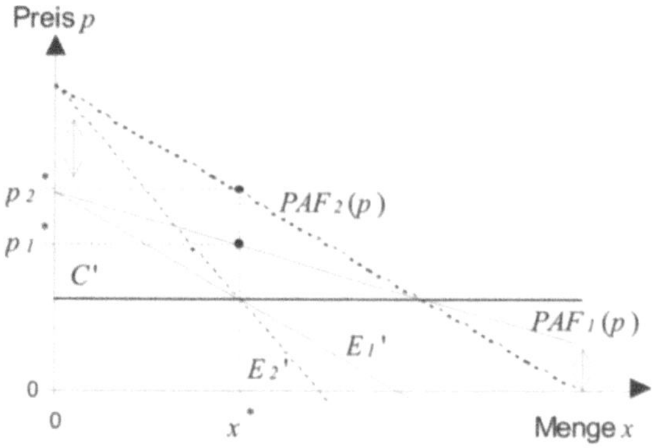

Abb. 4.2.1.2.2.d Szenario einer dominanten Mengenstrategie

In diesem Szenario tritt damit der gegenteilige Fall ein, dass der erwartete Monopolgewinn bei Einsatz der Mengenstrategie x^* höher als bei der Preisstrategie p^* ist, da die Wahl der optimalen Mengenstrategie im Gegensatz zur Preisstrategie nicht von Y abhängt.

Vergleich

Der Vergleich beider Szenarien zeigt, dass die Preis- und die Mengenstrategie bei Unsicherheit über die *PAF* des Marktes nicht grundsätzlich äquivalent sind. Die optimale Monopolistenstrategie variiert mit der konkreten Form der Unsicherheit. Zur Wahl der optimalen Monopolistenstrategie ist daher eine Analyse des konkreten Szenarios erforderlich. Neben der Preis- und Mengenstrategie ist theoretisch auch ein kombinierter Einsatz von preis- und mengenpolitischen Mitteln möglich.

4.2.1.2.3. Differenzierte Kontrakte

Als Erweiterung des klassischen Monopolmodells hin zu differenzierten Kontrakten wird ein Monopolist betrachtet, der verschiedene Produkte anbietet. Die Produktpalette des Monopolisten stellt hierbei den Kontraktraum $K = \{1,...,nk\}$ des Marktes dar. Im Folgenden werden zunächst die Nachfragefunktion und die Kostenfunktion auf differenzierte Kontrakte erweitert.

Nachfragefunktion

Ausgangspunkt der kontraktdifferenzierten *PAF* ist wie im klassischen Monopolmodell eine Nachfragestruktur $vn = (v^{n,1},...,v^{n,nn})$, die hier aus kontraktdifferenzierten Transaktionsbedürfnissen $v^{n,j} \in \mathbb{R}^{nk}$ besteht. Die *PAF* ist eine Abbildung

$$(4.2.1.2.3.a) \quad PAF: \mathbb{R}^{nk} \rightarrow \mathbb{N}^{nk},$$

die zu jedem Monopolpreis $p = (p_1,...,p_{nk})$ die Nachfragemenge $x = (x_1,...,x_{nk})$ des Marktes angibt. Eine separierbare Nachfrage liegt vor, falls die PAF in voneinander unabhängige, kontraktbezogene Funktionen

$PAF_k(p_k)$ zerlegbar ist, d.h., falls eine Zerlegung $PAF(p) = (PAF_1(p_1),..., PAF_{nk}(p_{nk}))$ existiert. In diesem Fall haben alle Kreuzpreiselastizitäten

(4.2.1.2.3.b) $\eta_{i,j} = (\Delta x_i/x_i)/(\Delta p_j/p_j)$

mit $i \neq j$ den Wert Null, und es liegen nachfrageseitig unabhängige Teilmärkte vor. Separierbarkeit besteht genau dann, wenn die Nachfragestruktur *vn* ausschließlich aus spezifischen Transaktionsbedürfnissen besteht. Bereits die Existenz nur eines differenzierten Transaktionsbedürfnisses führt zu von Null verschiedenen Kreuzpreiselastizitäten.

Kostenfunktion

Die Gesamtkosten $C(x) = c_{fix}+c(x)$ setzen sich wie im klassischen Monopolmodell aus Fixkosten und variablen Kosten zusammen. Die variablen Kosten werden durch eine Abbildung

(4.2.1.2.3.c) $c{:}\mathbb{N}^{nk} \rightarrow \mathbb{R}$

beschrieben, die die Aufwände zu einem Vektor $x = (x_1,...,x_{nk})$ kontraktbezogener Transaktionsmengen angibt. Eine Kostenfunktion $c(x)$ ist separierbar, falls eine Zerlegung in eine Summe kontraktbezogener Kostenfunktionen $c(x) = \Sigma_{k\in K}\, c_k(x_k)$ existiert. Separierbarkeit kann beispielsweise vorliegen, falls die verschiedenen Produkte auf voneinander unabhängigen Produktionsanlagen gefertigt werden. Bei gemeinsamer Fertigung aller Produkte auf einer Produktionsanlage mit Skaleneffekten besteht demgegenüber keine Separierbarkeit.

Cournotpunkt

Für das erweiterte Monopolmodell lässt sich analog dem einfachen Monopolmodell ein Cournotpunkt berechnen. Der Cournotpreis p^* ist in diesem Fall ein Vektor $(p_1^*,...,p_{nk}^*)$, der sich als Lösung des Optimierungsproblems

(4.2.1.2.3.d) $p^* = argmax_{\ p}\ \Sigma_{k\in K}(p_k\, PAF_k(p)) - c(PAF(p))$

mit $p \in \mathbb{R}^{nk}$ ergibt. Die Cournotmenge lautet entsprechend $x^* = PAF(p^*)$. Liegen eine separierbare Nachfrage- und Kostenfunktion vor, dann lässt sich der Markt in *nk* voneinander unabhängige Teilmärkte gliedern, wobei jeder Teilmarkt dem klassischen Monopolmodell entspricht. Für jeden Teilmarkt *k* mit Kostenfunktion $c_k(x_k)$ und die Nachfragefunktion $PAF_k(p_k)$ ergibt sich ein Cournotpunkt (p_k^*,x_k^*), und die Menge dieser Cournotpunkte bildet die Gesamtlösung des Optimierungsproblems.

Im Folgenden werden ausgehend von der Preis- und Mengenstrategie aus Abschnitt 4.2.1.2.1. drei allgemein einsetzbare Strategien für den Monopolisten entworfen. Diese Alternativen werden später in Teil 6 anhand von Fallstudien untersucht und miteinander verglichen.

Preisstrategie

Die Preisstrategie im einfachen Monopolmodell (vgl. Definition 4.2.1.2.1.a) besteht darin, dass der Monopolist in jeder Periode ein Überschussangebot identischer Offerten in Höhe eines Reservationspreises *p* abgibt. Überträgt man diese Strategie auf das Szenario differenzierter Kontrakte, dann folgt daraus für jeden Kontrakt k ein Überschussangebot $na_k > PAF_k(p)$ spezifischer Offerten $o^{a,i} = (\infty,...,p_k,...,\infty)$. Diese Strategie ist äquivalent zu einem Überschussangebot differenzierter Offerten $o^{a,i} = p$. Der Monopolist bietet mit jeder kontraktdifferenzierten Angebotsofferte simultan alle Kontrakte k zum Betrag $o_k^{a,i} = p_k$ an. Das Überschussangebot liegt vor, falls die Angebotsmenge na die Gesamtnachfrage $\Sigma_{k \in K} PAF_k(p)$ übersteigt.

DEFINITION 4.2.1.2.3.a Die Preisstrategie $p \in \mathbb{R}^{nk}$ ist ein Offertenvektor $oa = (o^{a,1}, ..., o^{a,na})$ mit $na > \Sigma_{k \in K} PAF_k(p)$ und $\forall_{i=1,...,na}\ o^{a,i} = p$.

Mengenstrategie

Die Mengenstrategie im einfachen Monopolmodell (vgl. Definition 4.2.1.2.1.b) besteht darin, dem Markt ausschließlich eine Menge x vorzugeben. Überträgt man diese Strategie wiederum auf das Szenario differenzierter Kontrakte, dann folgen daraus kontraktspezifische Angebotsmengen $na_k = x_k$, die anhand spezifischer Angebotsofferten $o^{a,i}$ in der Form $o_k^{a,i} = -\infty$ und $o_{k' \neq k}^{a,i} = \infty$ realisiert werden können.

DEFINITION 4.2.1.2.3.b Die Mengenstrategie $x \in \mathbb{R}^{nk}$ ist ein Offertenvektor $oa = (o^{a,1}, ..., o^{a,na})$ mit $na = \Sigma_{k \in K} x_k$ und jeweils $na_k = x_k$ Offerten $o^{a,i}$ mit $o_k^{a,i} = -\infty$ und $o_{k' \neq k}^{a,i} = \infty$.

Relativpreisstrategie

Als dritte strategische Variante bietet sich die Kombination preispolitischer und mengenpolitischer Instrumente an. Die Relativpreisstrategie basiert auf der Überlegung, anstelle eines festen Preisniveaus nur relative Preise sowie die gesamte Angebotsmenge vorzugeben, und das absolute Preisniveau endogen über den Markt bestimmen zu lassen.

DEFINITION 4.2.1.2.3.c Die Relativpreisstrategie $(x \in \mathbb{R}, p \in \mathbb{R}^{nk}, z \in \mathbb{R})$ ist ein Offertenvektor $oa = (o^{a,1}, ..., o^{a,na})$ mit $na = x$ und $\forall_{i=1,...,na}\ o^{a,1} = (p_1\text{-}z,...,p_{nk}\text{-}z)$, wobei z ein beliebiger, sehr großer Wert ist.

Der Monopolist gibt in jeder Periode genau $na = x$ identische Angebotsofferten $o^{a,i}$ ab. Die Angebotsofferten haben die Form $o^{a,i} = (p_1\text{-}z,..., p_{nk}\text{-}z)$, wobei z ein beliebiger, sehr großer Wert ist. Durch die Subtraktion von z wird die Information über das absolute Niveau des Reservationspreises p entfernt, die Relativpreise $p_i\text{-}p_j$ zwischen den verschiedenen Kontrakten $i \neq j$ bleiben jedoch erhalten.

4.2.1.3. Diskussion

Ausgangspunkt der verschiedenen Monopolmodelle sind jeweils vorgegebene Erwartungen über die Absatzsituation in Form einer *PAF*. Auf Basis dieser Erwartungen und der Kostenfunktion des Monopolisten wird der Cournotpunkt, also die für den Monopolisten gewinnmaximale Preis-Mengen Kombination, berechnet.

Erwartungsbildung

Die betrachteten Modelle und Strategien erlauben aufseiten des Monopolisten keine vollständig automatisierte Umsetzung vorgegebener Transaktionsbedürfnisse wie das polypolistische Automatisierungskonzept, da exogen vorgegebene Erwartungen zugrundegelegt werden. Einer endogenen Erwartungsbildung des Monopolisten steht entgegen, dass dieser ist nicht nur Beobachter des Marktgeschehens, sondern auch dessen maßgeblicher Gestalter ist. Die Beobachtungen des Monopolisten sind von seinem eigenen Verhalten abhängig, und damit in ihrem Informationswert bezüglich der Konsequenzen alternativen Verhaltens beschränkt.

strategische Alternativen

Der auktionsbasierte Markt bietet dem Monopolisten gegenüber einem einfachen Festpreis verschiedene strategische Möglichkeiten, den Cournotpunkt und das damit verbundene Gewinnmaximum zu erreichen. Im Szenario homogener Kontrakte bieten sich als Grundformen die Preis- und die Mengenstrategie an. Der Vergleich für homogene Kontrakte ergibt, dass die beiden Strategien in Abhängigkeit der Rahmenbedingungen unterschiedlich erfolgreich sind. Bei Kontraktdifferenzierung tritt als weitere Alternative die Relativpreisstrategie hinzu.

Die verschiedenen Szenarien und Konzepte werden später in Teil 6 anhand von Fallstudien weiter untersucht. Hierzu zählt auch ein Vergleich der drei kontraktdifferenzierten Strategien aus Abschnitt 4.2.1.2.3.

4.2.2. Dyopolist und Oligopolist

Der Dyopolist und der Oligopolist sind Akteure, die eine Marktseite mit wenigen Konkurrenten teilen. Die Marktmacht derartiger Akteure variiert stark mit der konkreten Gestalt des Marktszenarios. Gelingt es der Gesamtheit der Akteure ein Kartell zu bilden, so stehen der Kartellgemeinschaft die Handlungsalternativen eines Monopolisten zur Verfügung. Befinden sich die Akteure demgegenüber im Wettbewerb miteinander, so ist die Marktmacht des einzelnen Akteurs aufgrund der strategischen Interaktion mit seinen Konkurrenten in der Regel beschränkt.

Aufbau

Die Vielzahl der Gestaltungsparameter derartiger Dyopol- und Oligopolmodelle macht die Konstruktion eines allgemeingültigen Automatisierungskonzeptes unmöglich. Die folgende Darstellung erfolgt mit dem Ziel, anhand ausgewählter Modelle exemplarisch die Vielfalt möglicher Szenarien und die damit verbundenen Grenzen einer Automatisierung des Dyopolisten und Oligopolisten aufzuzeigen. Zunächst werden einige grundlegende Wettbewerbsszenarien betrachtet, anschließend wird die Möglichkeit einer Kooperationslösung diskutiert. Eine ausführlichere Darstellung der Oligopoltheorie bieten beispielsweise [Tiro93; Vari94].

4.2.2.1. Wettbewerbsszenarien

Basismodell

Als Ausgangspunkt sei das Szenario eines einfachen Angebotsdyopols betrachtet. Die Modellierung erfolgt weitgehend analog dem klassischen Monopolmodell aus Abschnitt 4.2.1.1. Auf der Angebotsseite befinden sich jedoch zwei Anbieter anstelle eines Monopolisten. Die Nachfragestruktur $vn = (v^{n,1},...v^{n,nn})$ besteht aus den individuellen Transaktionsbedürfnissen $v^{n,j} \in \mathbb{R}$ von insgesamt nn Nachfragern. Beide Anbieter $i = 1,2$ haben unbeschränkte Produktionskapazitäten und eine Kostenfunktion der Form

$$(4.2.2.1.a) \quad C^i(x) = c_{\text{fix}} + a^i\, x,$$

wobei $a^i \in \mathbb{R}$ der anbieterspezifische Betrag der variablen Stückkosten ist.

Im Folgenden wird der Fall diskutiert, dass beide Anbieter eine Preisstrategie gemäß Definition 4.2.1.2.1.a verwenden. Es sei p^i der Preis p, den Anbieter i im Rahmen seiner Preisstrategie einsetzt. Bei korrekten Erwartungen entfällt die Nachfrage vollständig auf den günstigeren Anbieter, für Anbieter 1 ergibt sich daraus die Nachfragefunktion

$$(4.2.2.1.b) \quad PAF^1(p^1,p^2) \begin{array}{ll} = PAF(p^1) & \text{falls } p^1 < p^2 \\ = PAF(p^1)/2 & \text{falls } p^1 = p^2 \\ = 0 & \text{falls } p^1 > p^2, \end{array}$$

wobei $PAF(p^1)$ die Gesamtnachfrage bei einem Monopolpreis p^1 angibt. Für identische Preise $p^1 = p^2$ wird angenommen, dass sich die Nachfrage auf beide Anbieter gleichmäßig verteilt. Die Abbildung $PAF^2(p^1,p^2)$ für Anbieter 2 sei analog definiert.

Bertrand-Paradox

Bertrand [Bert83] beschreibt das Paradox, dass sich beide Anbieter bei symmetrischen Stückkosten $a^1 = a^2$ wie unter vollkommenem Wettbewerb verhalten, also einen Preis $p^1 = p^2$ in Höhe der variablen Stückkosten $a^1 = a^2$ wählen. Dieses Ergebnis folgt direkt aus der Überlegung, dass jeder Anbieter bei gegebenem Preis seines Konkurrenten den Anreiz hat, den eigenen Preis geringfügig kleiner zu wählen, solange die Stückkosten nicht unterschritten werden. Als Nash-Gleichgewicht ergibt sich damit das oben beschriebene Verhalten. Die Paradoxie des von Bertrand beschriebenen Szenarios besteht darin, dass sich bereits bei zwei konkurrierenden Marktteilnehmern ein Marktergebnis wie unter vollkommenem Wettbewerb einstellt. Eine Erweiterung des Monopolsszenarios um zusätzliche Anbieter führt also nicht zu einer kontinuierlichen Reduzierung individueller Marktmacht, sondern bereits die Existenz eines zweiten Anbieters zerstört die Marktmacht vollständig.

Das Bertrand-Paradox basiert auf einer Reihe von Annahmen, an die sich verschiedene Erweiterungsmöglichkeiten des Modells anschließen. Im Folgenden werden zunächst asymmetrische Stückkosten betrachtet, anschließend wird das Szenario auf differenzierte Kontrakte erweitert. Im darauffolgenden Abschnitt wird die Möglichkeit diskutiert, dass die Anbieter dem Wettbewerb durch Bilden eines Kartells ausweichen. In der Literatur werden als Erweiterungsaspekt auch begrenzte Produktionskapazitäten der Anbieter genannt (vgl. [Edge97]). Ausgangspunkt der Überlegungen ist hier ein Szenario, in dem kein Anbieter die Gesamtnachfrage des Marktes allein befriedigen kann. Eine Diskussion dieses Aspektes findet sich beispielsweise in [Tiro93, S.211f.].

asymmetrische Kosten

Bei asymmetrischen Kosten $a^1 \neq a^2$ ergibt sich für den Anbieter mit den geringeren Kosten, beispielsweise Anbieter 1 mit $a^1 < a^2$, ein Gestaltungsraum hinsichtlich des Marktpreises. Unter den genannten Rahmenbedingungen kann Anbieter 1 den für ihn gewinnmaximalen Preis

$$p^{1*} = argmax_p\, ((p-a^1)\, PAF(p)) \qquad (4.2.2.1.c)$$

unter der Nebenbedingung $p \in [a^1,a^2[$ wählen. In diesem Szenario verbinden sich polypolistische und monopolistische Aspekte, wobei der Monopolbereich mit der Differenz zwischen a^1 und a^2 zunimmt.

differenzierte Kontrakte

Eine Erweiterung hin zu differenzierten Kontrakten bietet das räumliche Hotelling-Dyopol (vgl. [Hote29]). Ausgangspunkt des Hotelling-Modells ist ein eindimensionales Präferenzspektrum, entlang dem die Transaktionsbedürfnisse der Nachfrager angeordnet sind. Das Präferenzspektrum sei auf das Intervall [1,2] normiert. Auf dem Markt werden zwei Produkte $K = \{1,2\}$ gehandelt, die jeweils die Transaktionsbedürfnisse an einem Endpunkt des Präferenzspektrums optimal befriedigen.

Die Zahlungsbereitschaft eines Nachfragers j mit der Position $x^j \in [1,2]$ im Präferenzspektrum für ein Produkt $k \in \{1,2\}$ verringert sich mit dem Abstand $|k-x^j|$. Sei v_{max} die für alle Nachfrager einheitliche Zahlungsbereitschaft für ein Produkt, das exakt ihren Präferenzen entspricht. Falls der Abstand $|k-x^j|$ linear in die Zahlungsbereitschaft $v_k^{n,j}$ für Produkt k eingeht, dann ergibt sich $v_1^{n,j} = v_{max}-(x^j-1)$ und $v_2^{n,j} = v_{max}-(2-x^j)$. In Abbildung 4.2.2.1.a ist diese Konstruktion für $v_{max} = 3$ und $x^j = 1.8$ illustriert.

Der Anbieter i hat für Produkt k variable Stückkosten von a_k^i, seine Kostenfunktion lautet $C^i(x_1,x_2) = c_{fix}+a_1^i\, x_1+a_2^i\, x_2$. Ausgehend von der Nachfragestruktur und den Kostenfunktionen wählen beide Anbieter i ihre Angebotspreise $p^i = (p_1^i,p_2^i)$, die in einem auktionsbasierten Markt gemäß Definition 4.2.1.2.3.a umgesetzt werden kann.

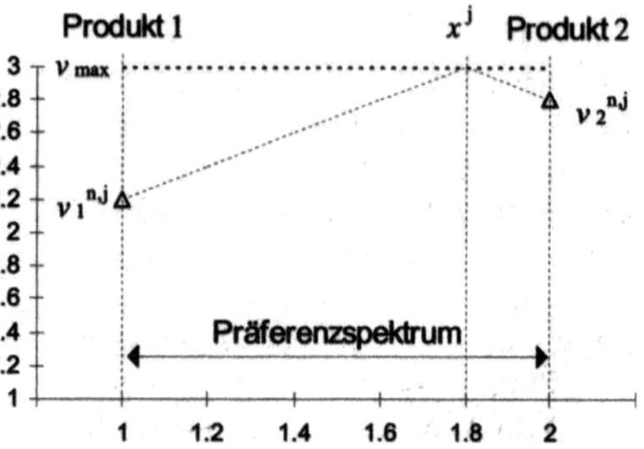

Abb. 4.2.2.1.a Präferenzspektrum und Zahlungsbereitschaft

Beispiel

Angenommen, die variablen Stückkosten der Anbieter lauten $a^1 = (1,2)$ und $a^2 = (2,0.5)$. Betrachtet man isoliert den Markt für Produkt 1, so besitzt Anbieter 1 Kostenvorteile und der Bertrand-Wettbewerb führt zu einem Preis $a_1^{\,1} \leq p_1^{\,1} < a_1^{\,2}$, d.h. $p_1^{\,1} \in [1,2[$. Entsprechend gilt für Anbieter 2 und Produkt 2 $a_2^{\,2} \leq p_2^{\,2} < a_2^{\,1}$, d.h. $p_2^{\,2} \in [0.5,2[$. In diesem Szenario wird Produkt 1 ausschließlich bei Anbieter 1 und Produkt 2 ausschließlich bei Anbieter 2 nachgefragt.

Die Nachfrage nach Produkt 1 nimmt mit dem Preis $p_1^{\,1}$ ab und mit dem Preis des Konkurrenzproduktes $p_2^{\,2}$ zu. Falls die Nachfrager entlang des Präferenzspektrums gleichverteilt angeordnet sind, dann lauten die Nachfragefunktionen für große nn, hinreichend kleine Preise und eine Preisdifferenz $|p_1^{\,1}-p_2^{\,2}| \leq 1$ näherungsweise

(4.2.2.1.d) $$D_1^{\,1}(p_1^{\,1},p_2^{\,2}) = nn\,(1+p_2^{\,2}-p_1^{\,1})/2$$
$$D_2^{\,2}(p_1^{\,1},p_2^{\,2}) = nn\,(1+p_1^{\,1}-p_2^{\,2})/2.$$

Der Gewinn π_1 von Anbieter 1 hängt sowohl von seiner Preiswahl $p_1^{\,1} \in [1,2[$ als auch von der Preiswahl $p_2^{\,2} \in [0.5,2[$ seines Konkurrenten ab, und beträgt

(4.2.2.1.d) $$\pi^1(p_1^{\,1},p_2^{\,2}) \quad = (p_1^{\,1}-a_1^{\,1})D_1^{\,1}(p_1^{\,1},p_2^{\,2}).$$

Der Optimalpreis $p_1^{\,1*}$ für Anbieter 1 ergibt sich aus der Maximierung von (4.2.2.1.d) in Form der Reaktionsfunktion

(4.2.2.1.d) $$p_1^{\,1*}(p_2^{\,2}) = (1+p_2^{\,2}+a_1^{\,1})/2\ .$$

Der Optimalpreis $p_2^{\,2*}$ für Anbieter 2 ist analog definiert. In Abbildung 4.2.2.1.b sind die beiden Reaktionsfunktionen im relevanten Bereich $p_1^{\,1} \in [1,2[$ und $p_2^{\,2} \in [0.5,2[$ dargestellt.

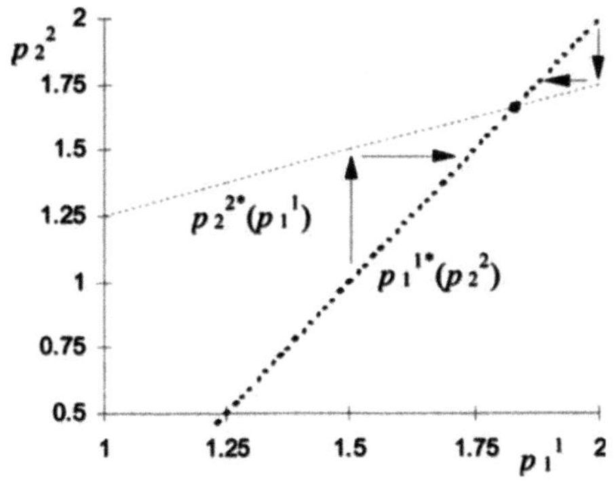

Abb. 4.2.2.1.b. Reaktionsfunktionen und Nash-Gleichgewicht

Der Schnittpunkt beider Reaktionsfunktionen ist ein Nash-Gleichgewicht, in dem sich kein Anbieter durch eine Veränderung seines Preises verbessern kann. Die Stabilität des Gleichgewichtes ist in Abbildung 4.2.2.1.b anhand von Pfeilen angedeutet. Die Modellanalyse zeigt die beschränkte Marktmacht beider Dyopolisten. Die Anbieter teilen sich den Markt, indem eine Spezialisierung auf jeweils eines der beiden Produkte stattfindet. Die Differenzierung der Nachfragerpräferenzen führt dazu, dass die Gleichgewichtspreise p_1^{1*} und p_2^{2*} jeweils unter den variablen Stückkosten a_1^2 und a_2^1 des Konkurrenten liegen.

Modellerweiterungen

Die hier dargestellte Form des Hotelling-Modells bietet zahlreiche Erweiterungsmöglichkeiten. Zu den in der Literatur diskutierten Aspekten zählen beispielsweise weitere Anbieter, im Präferenzspektrum frei wählbare Produktpositionierungen und alternative Nachfragestrukturen. Einen Überblick über diesen Themenbereich bieten [Holl84; Tiro93].

4.2.2.2. Kooperation und Kartelllösung

Der Wettbewerb zwischen konkurrierenden Anbietern führt in der Regel dazu, dass der anbieterseitig insgesamt erzielte Gewinn reduziert wird. Für die Anbieter besteht damit der Anreiz, den Wettbewerb im Rahmen einer Kooperation zu reduzieren oder sogar vollständig auszuschalten. Im Idealfall eines vollständigen, alle Anbieter umfassenden Kartells besitzt die Anbietergemeinschaft die Handlungsmöglichkeiten eines Monopolisten. Für das Verhalten eines derartigen Kartells gelten die im Abschnitt 4.2.1. angestellten Überlegungen.

Kartellbildung

Das Zustandekommen eines Kartells hängt von zahlreichen Faktoren ab. Als theoretisches Modell eines Kartells bietet sich das wiederholte Gefangenendilemma an (vgl. Abschnitt 2.3.2.4.). In einem auktionsbasierten

Markt handelt es sich hierbei um das in Abschnitt 3.1.4.1 betrachtete Szenario eines Bieterkartells. Konkrete Probleme einer Kartellbildung sind beispielsweise die rechtliche Unzulässigkeit derartiger Verträge, eine mangelnde Transferierbarkeit der Kartellgewinne und unzureichende Möglichkeiten, einen Kartellbruch zu erkennen und zu bestrafen.

elektronische Märkte

Im Kontext elektronischer Märkte kann sich die Kartellbildung theoretisch vereinfachen, falls anhand des Technologieeinsatzes sehr schnell auf einen Kartellbruch reagiert werden kann. Im Rahmen des in Abschnitt 2.3.2.4. dargestellten unendlich wiederholten Gefangenendilemmas lässt sich eine kurze Reaktionszeit als großer Diskontfaktor δ interpretieren. Diese Überlegung führt zu dem Ergebnis, dass die erhöhte Markttransparenz elektronischer Märkte den Wettbewerb vermindern kann. Andere Aspekte elektronischer Märkte, wie beispielsweise die Globalisierung des Wettbewerbs, die Anonymisierung der Teilnehmer und sinkende Markteintrittsbarrieren, können die Kartellbildung jedoch auch erschweren.

4.2.2.3. Diskussion

Ausgangspunkt der verschiedenen Modelle sind jeweils eine Nachfragestruktur und die Kostenfunktionen der Anbieter. Auf Basis dieser Elemente wird anschließend die strategische Interaktion der Anbieter untersucht, hierbei ergeben sich sehr unterschiedliche Resultate. Während der Bertrand-Preiskampf quasi eine Situation vollkommenen Wettbewerbs darstellt, ist das Kartellszenario mit einem Monopolmarkt vergleichbar. Zwischen diesen beiden Extrempunkten liegen zahlreiche Szenarien unvollständigen Wettbewerbs wie das Hotelling-Dyopol, in denen den Anbietern eingeschränkte Marktmacht zukommt.

Erwartungsbildung

Alle betrachteten Modelle basieren auf einem Szenario vollständiger Information, es liegen also exogen vorgegebene, deterministische Erwartungen vor. Einer weitergehenden Automatisierung in Form einer endogenen Erwartungsbildung steht wie im Fall des Monopolisten entgegen, dass die Beobachtungen der Anbieter stark von ihrem eigenen Verhalten abhängig sind.

Dyopol und Oligopol

Die für das Dyopol angestellten Überlegungen sind grundsätzlich auf das Oligopol übertragbar. Mit zunehmender Anzahl der Anbieter nimmt typischerweise die Marktmacht des einzelnen Anbieters ab, und es treten in der Regel die in Abschnitt 4.2.2.1. angesprochenen Kapazitätsrestriktionen auf. Damit ergibt sich ein Übergang zu dem in Abschnitt 4.1.1. betrachteten Szenario des polypolistischen Akteurs, dessen Handeln einen vernachlässigbar kleinen Einfluss auf das Marktgeschehen besitzt. Das Bertrand-Paradox zeigt auf, dass dieser Übergang in speziellen Szenarien diskontinuierlich erfolgt.

Die verschiedenen Wettbewerbsszenarien werden später in Teil 6 anhand von Fallstudien weiter untersucht. Das Kartellszenario entspricht dem Monopolfall und wird insofern im Rahmen der Fallstudien zum Monopol behandelt.

5. Implementierung des Formalmodells

Elektronische Märkte sind komplexe Systeme, deren Konstruktion strukturierter Verfahren und Modelle bedarf. In den vorhergehenden Teilen wurden auf Basis der Spieltheorie die allgemeine *kpi*-Auktion und darauf aufbauende Automatisierungskonzepte entwickelt. Die Umsetzung dieser spieltheoretischen Konzepte in ein konkretes Softwaresystem erfordert weitere Entwurfsschritte.

Agent und Marktplatz

Ausgangspunkt der weiteren Konzeption ist die Gliederung des Softwaresystems in die Komponenten Agent und Marktplatz. Dem Marktplatz kommt die Aufgabe zu, das *kpi*-Auktionsmodell aus Abschnitt 3.3. in Form einer Softwarekomponente bereitzustellen, wobei beispielsweise die verschiedenen Varianten der Transaktionsbildung zu berücksichtigen sind. Der Softwareagent implementiert die Konzepte des Polypolisten, Monopolisten und Dyopolisten aus Teil 4. Zusätzlich wird eine myopische Alternativstrategie implementiert, die einen typischen Ansatz klassischer MAS repräsentiert und später in Teil 6 im Rahmen von Fallstudien als Vergleichspunkt zu den spieltheoretischen Konzepten eingesetzt wird.

Gliederung

Im Folgenden wird zunächst ein objektorientiertes Architekturmodell zur Umsetzung der spieltheoretischen Konzepte entwickelt. Anschließend wird dann die Implementierung des Kernsystems *memba* vorgestellt, das auch den in Teil 6 durchgeführten Fallstudien zugrunde liegt. Dieses Kernsystem dient darüberhinaus als Basis eines Web-basierten Demonstrationsprototypen, der zum Abschluss dargestellt wird.

5.1. Architektur

Die Konstruktion von Architekturen, und die damit verbundene Frage nach geeigneten Entwurfsmethoden, ist eine zentrale Thematik des Software-Engineering. Zur Konstruktion des Softwaresystems wird im Folgenden ein objektorientierter Entwurfsansatz gewählt. Auf eine einführende Darstellung objektorientierter Konzepte und Modellierungstechniken wird an dieser Stelle verzichtet, hier sei auf die reichhaltig vorhandene Literatur verwiesen (vgl. [Rumb91; Booc94; Gamm94; Busc96; Balz99; Booc99]).

Zunächst wird die Interaktion zwischen den Komponenten Marktplatz und Agent modelliert, anschließend wird die interne Architektur beider Komponenten auf der Ebene einzelner Klassen und Objekte entworfen. Die entwickelte Architektur ist neutral gegenüber technischen Details, wie beispielsweise der zu verwendenden Programmiersprache und der einzusetzenden Verteilungstechnologie. In den Implementierungsbeispielen wird die Programmiersprache C++ verwendet, Darstellungen zu dieser Thematik bieten beispielsweise [Copl92; Stro97]. Die konkrete Implementierung des Kernsystems *memba* und die damit verbundenen Technologieentscheidungen werden in Abschnitt 5.2. beschrieben.

5.1.1. Interaktionsmodell

Aktion und Information

Agent und Marktplatz sind miteinander durch den Austausch von Nachrichten verbunden. Die Nachrichten der Agenten an den Marktplatz werden im Weiteren als *Aktionen*, die des Marktplatzes an die Agenten als *Informationen* bezeichnet (vgl. Abbildung 5.1.1.a).

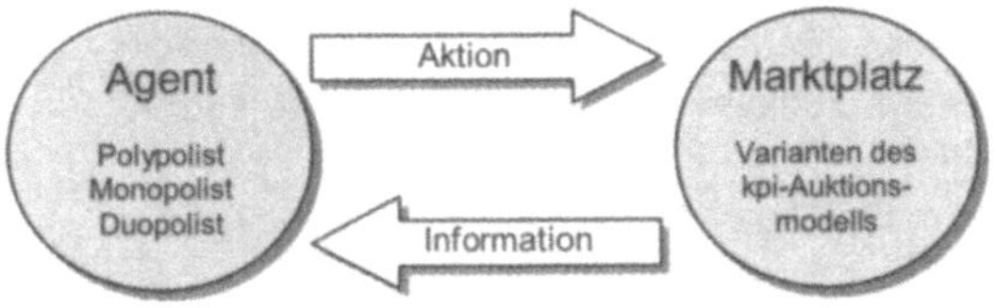

Abb. 5.1.1.a Interaktion von Agent und Marktplatz

Im Folgenden wird zunächst das Verhandlungsprotokoll zwischen Agent und Marktplatz entworfen. Anschließend werden die zur Kommunikation benötigten fachlichen Basiselemente im Rahmen eines Klassenmodells definiert. Zum Abschluss wird die Synchronisation von Agent und Marktplatz diskutiert.

5.1.1.1. Verhandlungsprotokoll

Die Kommunikation zwischen Agent und Marktplatz bildet im wesentlichen die verschiedenen Elemente des *kpi*-Auktionsmodells und der Informationsmodelle des polypolistischen Automatisierungskonzeptes ab. Eine konkrete Nachricht besteht aus einem Nachrichtentyp und einer Liste formaler Parameter (vgl. Abbildung 5.1.1.1.a). Die zu den formalen Parametern jeweils angegebenen Objekttypen werden in Abschnitt 5.1.1.2. in der Form eines Klassenmodells definiert.

bid <*o*:Offerte> <*aid*:Zahl > <*cid*:Zahl>

Typ — formale Parameter

Abb. 5.1.1.1.a Aufbau einer Nachricht

Bei den ausgetauschten Nachrichten handelt es sich in der Regel um sensible Daten, die in der Praxis vor unautorisiertem Zugriff zu schützen sind. Die verschiedenen Aspekte der Geheimhaltung, Authentizität und Integrität werden im Verhandlungsprotokoll nicht modelliert. Zur Sicherung dieser Eigenschaften können beispielsweise die in Abschnitt 1.2.3. dargestellten Verfahren eingesetzt werden.

Aktionen

Die Aktionen der Agenten sind in die Bereiche *Zugang*, *Verhandlung* und *Sonstiges* unterteilt. In Abbildung 5.1.1.1.b ist ein tabellarischer Überblick der verschiedenen Aktionen dargestellt.

	Aktion	Rückgabe-Information
Zugang	register <*Name*:String> [buy|sell]	ok register <*cid*:Zahl> | error
	unregister <*cid*:Zahl>	ok | error
Verhandlung	ask <*o*:WertFunktion > <*aid*:Zahl> <*cid*:Zahl>	ok | error
	bid <*o*:WertFunktion > <*aid*:Zahl > <*cid*:Zahl>	ok | error
Sonstiges	preference <*v*:WertFunktion> <*cid*:Zahl>	ok | error
	preference_timeout <*cid*:Zahl>	ok | error
	get_info_history <*n*:Zahl>	<Liste der letzten Einzelbeobachtungen>
	message <*Text*:String>	ok | error

Abb. 5.1.1.1.b Aktionen des Agenten

Zugangsaktionen sind das An- und Abmelden eines Agenten auf dem Marktplatz. Mit der Aktion *register* meldet sich der Agent auf Marktplatz an, und übergibt als Parameter seinen Namen und die von ihm gewünschte Marktseite. Als Resultat einer erfolgreichen Anmeldung erhält der Agent eine Client-ID (CID), die in allen weiteren Aktionen zur Identifikation eingesetzt wird. Auf die CID kann verzichtet werden, falls für jeden Agenten ein separater Kommunikationskanal zum Marktplatz vorhanden ist. Im Kernsystem *memba* besitzt beispielsweise jeder Agent eine eigene TCP/IP-Socket Verbindung, so dass hier auf die CID verzichtet werden kann. Anhand der Aktion *unregister* kann sich ein Agent unter Angabe seiner CID bei dem Marktplatz abmelden.

Die Verhandlungsaktionen *ask* und *bid* bestehen aus einer Offerte, einer Auktions-ID (AID) und der CID. Die AID spezifiziert, auf welche Auktion sich eine Offerte bezieht, und dient damit der Synchronisation von Agent und Marktplatz. Dieser Aspekt wird in Abschnitt 5.1.1.3. ausführlich diskutiert. Das Verhandlungsprotokoll erlaubt dem einzelnen Agenten grundsätzlich, in einer Auktion mehrere Offerten abzugeben. Für das Verfahren der dynamisierten Iteration ist es jedoch zweckmäßig, maximal eine Offerte pro Agent zuzulassen. Da in diesem Verfahren maximal eine Transaktion durchgeführt wird, könnten die Agenten andernfalls durch Abgabe mehrerer identischer Offerten einen Vorteil bei der Randomisierung zwischen Transaktionen mit identischem Bewertungsüberschuss erzielen.

Die Aktionen *preference* und *preference_timeout* dienen ausschließlich statistischen Auswertungen im Rahmen der in Teil 6 durchgeführten Fallstudien und haben keinen Einfluss auf das Marktgeschehen. Entsteht bei einem Agenten ein einfaches Transaktionsbedürfnis, so teilt er dies dem Marktplatz anhand der Aktion *preference* mit. Erlischt ein einfaches Transaktionsbedürfnis aufgrund des Zeitlimits, so übermittelt der Agent dies dem Marktplatz anhand der Aktion *preference_timeout.* Auf Basis dieser Informationen können seitens des Marktplatzes verschiedene Effizienz- und Gewinngrößen berechnet werden. In einem realen elektronischen Markt außerhalb der Fallstudien sind diese beiden Aktionen nur bedingt sinnvoll einsetzbar, da die Korrektheit der übermittelten Informationen ungesichert ist.

Die Aktion *get_info_history* dient dazu, nachträglich in den Markt eintretenden, polypolistischen Agenten die für die Erwartungsbildung notwendigen Einzelbeobachtungen vorangegangener Auktionen bereitzustellen. Diese Aktion wird nur dann benötigt, falls die Agenten nicht kontinuierlich den Markt beobachten. Die Aktion *message* ermöglicht, einen beliebigen Text über den Marktplatz an alle angemeldeten Agenten zu senden.

Die Informationen des Marktplatzes sind anhand ihres Inhalts und ihres Adressaten charakterisiert. In Abbildung 5.1.1.1.c ist ein tabellarischer Überblick der verschiedenen Informationen dargestellt. Die Informationen *start* und *end* adressieren alle Agenten und bezeichnen den Beginn und das Ende der Bietphase einer Auktion. Die *start*-Information beinhaltet die im Rahmen der Verhandlungsaktionen zu spezifizierende AID. Mit der Information *transact* werden der Käufer und der Verkäufer einer Transaktion über den Kontrakt, den Preis und den Namen ihres Transaktionspartners benachrichtigt. Informationen

Die Informationsmodelle des polypolistischen Automatisierungskonzeptes finden sich in vier Informationstypen wieder. Die Informationen *DI_info_model_sell* und *DI_info_model_buy* bilden das Informationsmodell zur dynamisierten Iteration ab (vgl. Abschnitt 4.1.2.3.2.), die Informationen *H_info_model_sell* und *H_info_model_buy* korrespondieren mit dem Informationsmodell zu homogenen Kontrakten (4.1.2.3.1.).

Information	Adressat
start <*aid*:Zahl>	alle Agenten
end	alle Agenten
transact <*k*:Zahl> <*p*:Wert> <*Käufername*:String> <*Verkäufername*:String>	Käufer und Verkäufer
DI_info_model_buy <o^{front}:WertFunktion> <n^{front}:ZahlFunktion> <b_{hin}:Wert> <*c*:Zahl>	alle Nachfrager
DI_info_model_sell <o^{front}:WertFunktion> <n^{front}:ZahlFunktion> <b_{hin}:Wert> <*c*:Zahl>	alle Anbieter
H_info_model_buy <o^{thres}:WertFunktion> <to^{thres}:WertFunktion> <o^{ref}:Wert>	alle Nachfrager
H_info_model_sell <o^{thres}:WertFunktion> <to^{thres}:WertFunktion> <o^{ref}:Wert>	alle Anbieter
shutdown	alle Agenten
message <*Text*:String>	alle Agenten

Abb. 5.1.1.1.c Informationen des Marktplatzes

Mit der Information *shutdown* kann den Agenten mitgeteilt werden, dass der Marktplatz seine Tätigkeit beendet. Die Information *message* verteilt den Text der gleichnamigen Aktion an alle Agenten.

exemplarischer Interaktionsablauf

Zur Illustration des Verhandlungsprotokolls ist in Abbildung 5.1.1.1.d eine exemplarische Interaktionssequenz zwischen dem Marktplatz und einem polypolistischen Agenten mit genau einem einfachen Transaktionsbedürfnis mit der Bewertung $v = (15,15)$ dargestellt. Die Sequenz beginnt damit, dass sich der Agent Lara als Käufer auf dem Markt anmeldet (1). Die Aktion wird vom Marktplatz bestätigt, und es wird dem Agenten die CID 4711 zugeteilt (2). Dann übermittelt der Agent für statistische Zwecke die Bewertung v seines Transaktionsbedürfnisses an den Marktplatz (3 und 4). Anschließend beschafft sich der Agent mit *get_info_history* Informationen über die bereits abgeschlossenen Auktionen um einen Grundstock für die Erwartungsbildung zu erhalten (5, 6). Im nächsten Schritt beendet der Marktplatz die aktuelle Bietphase (7), es findet eine Transaktionsbildung statt und der Agent erhält die nachfrageseitige Einzelbeobachtung der Auktion (8).

Mit dem Start der nächsten Auktion wird dem Agenten die neue AID 33 mitgeteilt (9). Der Agent berechnet nun beispielsweise anhand des polypolistischen Automatisierungskonzeptes einen optimalen Handlungsplan und gibt in der Bietphase erstmalig eine Offerte ab, die hier exemplarisch aus den Teilofferten $o_1 = 12$ und $o_2 = 10$ besteht (10). Dies wird vom Marktplatz bestätigt (11) und die Bietphase endet erneut (12).

Anschließend führt der Marktplatz wieder eine Transaktionsbildung durch. In dem hier dargestellten Beispiel wird angenommen, dass die erste vom Agenten abgegebene Offerte sofort zu einer Transaktion führt. Der

Agent wird über die Transaktion benachrichtigt (13), womit sein Transaktionsbedürfnis befriedigt ist. Dann wird seitens des Marktplatzes erneut die aktuelle Einzelbeobachtung (14) und der nächste Auktionsstart (15) übermittelt.

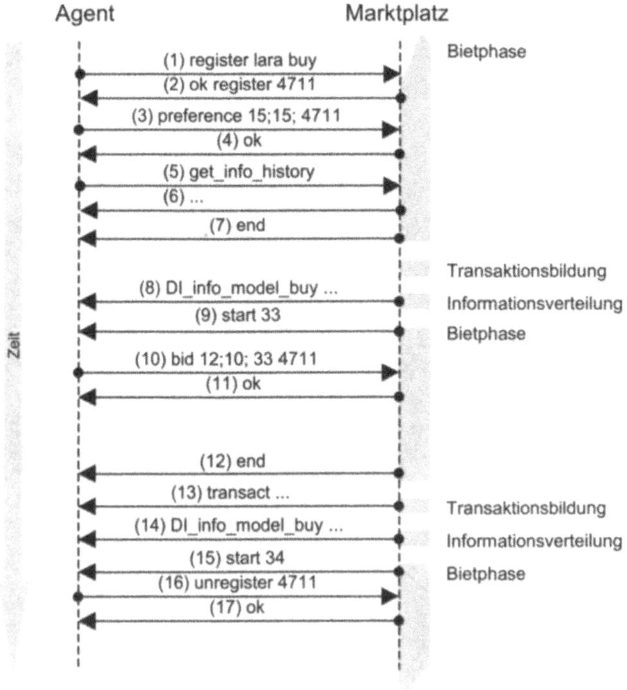

Abb. 5.1.1.1.d Exemplarische Interaktionssequenz

Da der Agent sein Transaktionsbedürfnis bereits in eine Transaktion umgesetzt hat, unternimmt er keine weiteren Offerten und meldet sich vom Marktplatz ab (16 und 17). Andernfalls würde der Agent solange an weiteren Auktionen teilnehmen, bis entweder eine Transaktion zustande kommt oder das Zeitlimit seines Transaktionsbedürfnisses überschritten wird. Im letzteren Fall übermittelt der Agent dem Marktplatz zu statistischen Zwekken die Aktion *preference_timeout.*

5.1.1.2. Fachliche Basistypen

Die formalen Parameter der verschiedenen Aktionen und Informationen lassen sich anhand weniger Objekttypen charakterisieren. In den tabellarischen Darstellungen 5.1.1.1.b und 5.1.1.1.c des vorangegangenen Abschnitt wurde jedem formalen Parameter bereits ein derartiger Objekttyp zugeord- Basistypen net. Im Folgenden werden diese Typen beschrieben und zueinander in Beziehung gesetzt. In Abbildung 5.1.1.2.a sind die fachlichen Basistypen in Form eines Klassendiagramms graphisch dargestellt. Die hier verwendete Notation folgt der Unified Modeling Language (vgl. beispielsweise [Booc99]).

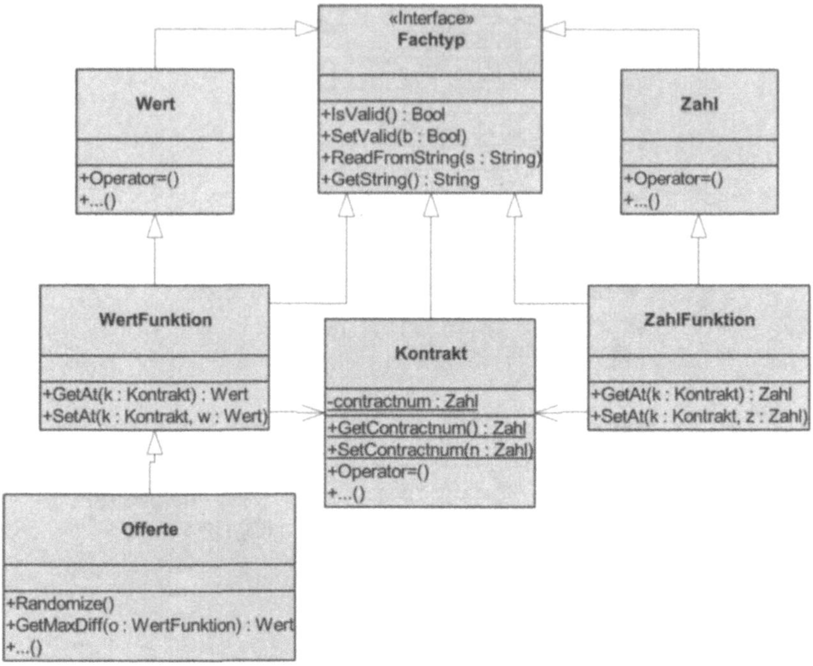

Abb. 5.1.1.2.a Klassenmodell der fachlichen Basistypen

Die Klassen Zahl und Wert beschreiben einfache ganzzahlige und unganzzahlige numerische Elemente der Form *zahl* $\in \mathbb{N}$ und *wert* $\in \mathbb{R}$. Beide Klassen implementieren die üblichen Zuweisungs- und Vergleichsoperatoren. Die Klasse Kontrakt bildet ein Element $k \in K$ eines diskreten Kontraktraumes in Form einer Enumeration 1,...,*nk* ab. Zusätzlich wird die Gesamtanzahl *nk* der Kontrakte in Form eines Klassenattributes gekapselt. Dieses Vorgehen gewährleistet, dass das Gesamtsystem generisch bezüglich beliebiger diskreter Kontrakträume $nk \in \mathbb{N}$ ist. Die Klassen ZahlFunktion und WertFunktion beschreiben, aufbauend auf den Klassen Zahl, Wert und Kontrakt, Abbildungen der Form *zahlfunktion*:$K \rightarrow \mathbb{N}$ und *wertfunktion*:$K \rightarrow \mathbb{R}$.

Erweiterungen

Für das soeben beschriebene Modell bieten sich verschiedene Erweiterungen an. Alle fachlichen Basistypen implementieren das Interface Fachtyp, über das ein Gültigkeitsstatus und eine Konvertierungsfunktionalität bereitgestellt wird. Der über die Methoden *IsValid* sondierend und *setValid* modifizierend zugreifbare Gültigkeitsstatus ermöglicht, auf einfache Weise mit irrelevanten Kontrakten im Rahmen eines Transaktionsbedürfnisses und einer Offerte umzugehen. Die Konvertierungsfunktionalität der Methoden *ReadFromString* und *GetString* bezüglich einer textuellen Darstellung erleichtert unter anderem den Aufbau zeichenorientierter Benutzungsschnittstellen. Ausgehend von der Klasse WertFunktion bietet sich die Ableitung einer Klasse Offerte an, die Erweiterungen um Funktionalitäten wie die Berechnung des maximalen Bewertungsüberschusses bezüglich einer anderen WertFunktion implementiert.

5.1.1.3. Synchronisationskonzepte

Bei dem Marktplatz und den Agenten handelt es sich um voneinander entkoppelte, nebenläufige Prozesse. Die Interaktion dieser Prozesse kann zu Synchronisationsproblemen führen, die im Folgenden zunächst an einem konkreten Beispiel illustriert werden. Anschließend werden verschiedene Synchronisationsverfahren zur Lösung des Problems vorgestellt und hinsichtlich ihrer Eignung für das elektronische Marktsystem diskutiert.

Beispiel

Angenommen, ein Agent versendet kurz vor Ende der Bietphase eine Offerte an den Marktplatz. In dem in Abbildung 5.1.1.3.a dargestellten Szenario benötigt die Übertragung der Offerte an den Marktplatz eine Zeitspanne δ, in dem der Marktplatz die aktuelle Auktion beendet und eine neue Auktion startet. Als Konsequenz nimmt der Agent mit seiner Offerte fehlerhafterweise an der neuen Auktion teil.

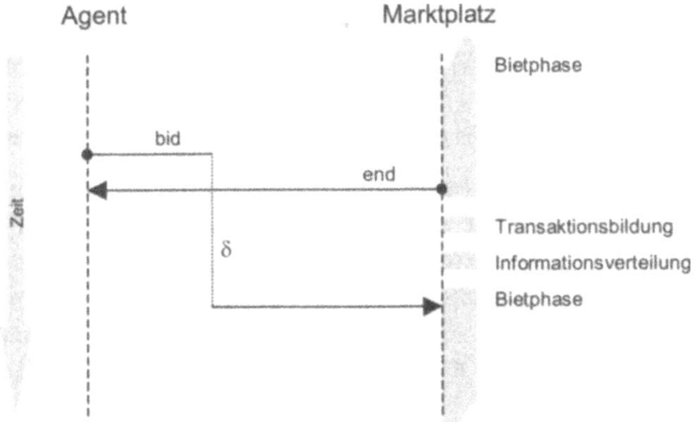

Abb. 5.1.1.3.a Beispiel eines Synchronisationsproblems

In verallgemeinerter Form sind die Abgabe der Offerte seitens des Agenten und der Start einer neuen Auktion seitens des Marktplatzen Operationen, zwischen denen eine Kollision auftritt. Die Verarbeitung derartiger Operationen stellt einen kritischen Abschnitt dar, in dem sich zu jedem Zeitpunkt maximal ein Prozess befinden darf (vgl. beispielsweise [Silb92, S.135ff., S.463ff.; Tane95, S.35ff., S.565ff.] zum Konzept des kritischen Abschnitts). Für ein korrektes, konfliktfreies Zusammenwirken ist eine geeignete Synchronisation der Prozesse erforderlich. In der Literatur werden hierzu *kollisionsfreie* und *kollisionsbehaftete* Verfahren unterschieden.

kollisionsfreie Verfahren

Die kollisionsfreien Synchronisationsverfahren werden in zentrale und dezentrale Mechanismen unterteilt. Für den elektronischen Markt bietet sich der Einsatz zentralisierter Mechanismen an, da diese Verfahren den Vorteil geringerer Koordinationsaufwände bieten und die erforderliche zentrale Instanz immer in Form des Marktplatzes existiert.

In dem von Le Lann (vgl. [LeLa77]) entwickelten *Token-Ring* Verfahren teilt die zentrale Instanz allen beteiligten Prozessen, also den Agenten und dem Marktplatz selbst, zirkulär das Operationsrecht in Form eines Tokens zu. Das Token existiert zu jedem Zeitpunkt genau einmal und erlaubt dem jeweiligen Besitzer, eine Operation durchzuführen. Erhält ein Prozess das Token, so nimmt er bei Bedarf das Operationsrecht war, und gibt anschließend (auch bei nicht ausgeübtem Operationsrecht) das Token an die zentrale Instanz zurück. Die zentrale Instanz teilt das Token anschließend dem nächsten Prozess zu.

Die Vergabereihenfolge ist im Token-Ring unabhängig davon, welche Prozesse das Token zu einem bestimmten Zeitpunkt tatsächlich benötigen. In Netzwerken mit vielen beteiligten Prozessen kann dieses Verfahren zu hohen Kommunikationsaufwänden führen. Ein Lösungsansatz besteht darin, das Token zentral auf Anfrage einzelner Prozesse zu vergeben. In diesem *Anfragemechanismus* verbleibt das Token solange bei der zentralen Instanz, bis eine erste Anfrage erfolgt. Treten mehrere Anfragen in Folge auf, so wird das Token den anfragenden Prozessen sequentiell zugeteilt. Bei diesem Verfahren ergibt sich die Vergabereihenfolge des Tokens dynamisch aus der Reihenfolge der Anfragen. Hierbei kann der Fall auftreten, dass das Operationsbedürfnis eines Prozesses bei Token-Zuteilung bereits erloschen ist.

Ein Grundproblem tokenbasierter Synchronisationsverfahren sind die Antwortzeiten der beteiligten Prozesse. Steht einem Prozess nach Erteilung des Tokens eine beliebige Antwortzeit zur Verfügung, so kann der Ausfall nur eines Prozesses zum Stillstand des Gesamtsystems führen. Wird die Antwortzeit demgegenüber begrenzt (um gegebenenfalls das Token zu regenerieren), so treten bei Operationen nach Ablauf der Antwortzeit erneut Synchronisationsprobleme auf. Diese Problematik ist insbesondere in Netzwerken ohne garantierte Antwortzeiten wie dem Internet von Bedeutung.

kollisionsbehaftete Verfahren

Kollisionsbehaftete Verfahren lösen das Synchronisationsproblem, indem Kollisionen nicht grundsätzlich verhindert, sondern nachträglich erkannt und aufgelöst werden. Für den elektronischen Markt lässt sich ein derartiges kollisionsbehaftetes Verfahren anhand einer fortlaufenden Auktions-ID (AID) realisieren. Die AID wird vom Marktplatz verwaltet und mit jeder neuen Auktion inkrementiert. Die Agenten erhalten die aktuelle AID mit jeder start-Information und geben diesen Wert in jeder Verhandlungsaktion an. Erhält der Marktplatz eine Verhandlungsaktion, so wird zunächst die darin angegebene AID mit dem aktuellen Wert verglichen. Sind beide Werte identisch, so liegt keine Kollision vor und die Aktion wird normal verarbeitet. Ist die in der Verhandlungsaktion angegebene AID hingegen kleiner als der aktuelle Wert des Marktplatzes, so hat eine Kollision stattgefunden und die betreffende Aktion wird als veraltet verworfen. In beiden Fällen wird der Agent über den Erfolg seiner Verhandlungsaktion informiert.

vergleichende Bewertung

Die drei Synchronisationsverfahren unterscheiden sich in dem mit ihnen verbundenen Kommunikationsaufwand. Die Token-basierten Verfahren eignen sich insbesondere für Systeme mit hoher Auslastung, da Kollisionen verhindert werden und mit der Token-Vergabe eine planvolle Allokation des Operationsrechtes realisiert werden kann. Der Anfragemechanismus bietet gegenüber dem Token-Ring den Vorteil einer dynamischen Vergabereihenfolge, erfordert jedoch eine zweifache Kommunikation aus Token-Anforderung und Token-Zuteilung. Kollisionsbehaftete Verfahren erfordern bei Abwesenheit von Kollisionen den geringsten Kommunikationsaufwand und sind damit insbesondere für Systeme mit geringer Auslastung geeignet.

gewähltes Verfahren

Für das Verhandlungsprotokoll des elektronischen Marktsystems wurde das dargestellte, kollisionsbehaftete Verfahren auf Basis einer AID gewählt (vgl. Abschnitt 5.1.1.1.). Kollisionen treten hier nur in der Form veralteter Verhandlungsaktionen auf und sind leicht auflösbar. Die Wahrscheinlichkeit derartiger Kollisionen ist gestaltbar, indem die Länge der Bietphase unter Berücksichtigung der Bandbreite des Kommunikationsmediums gewählt wird. Darüber hinaus ist das Verfahren stabil gegenüber unsicheren Antwortzeiten, und eignet sich damit auch für Kommunikationsmedien wie das Internet.

5.1.2. Marktplatz

Die Architektur des Marktplatzes ist in die vier Hauptkomponenten Applikationsrahmen, Ablaufsteuerung, Marktzustand und Transaktor gegliedert (vgl. Abbildung 5.1.2.a). Der Applikationsrahmen hat die Aufgabe, Implementierungsdetails wie das zugrunde liegende Betriebssystem und die eingesetzte Klassenbibliothek gegenüber den anderen Komponenten zu kapseln. Hierzu bietet der Applikationsrahmen als Dienste das Versenden und Empfangen von Nachrichten sowie eine Zeitbasis an.

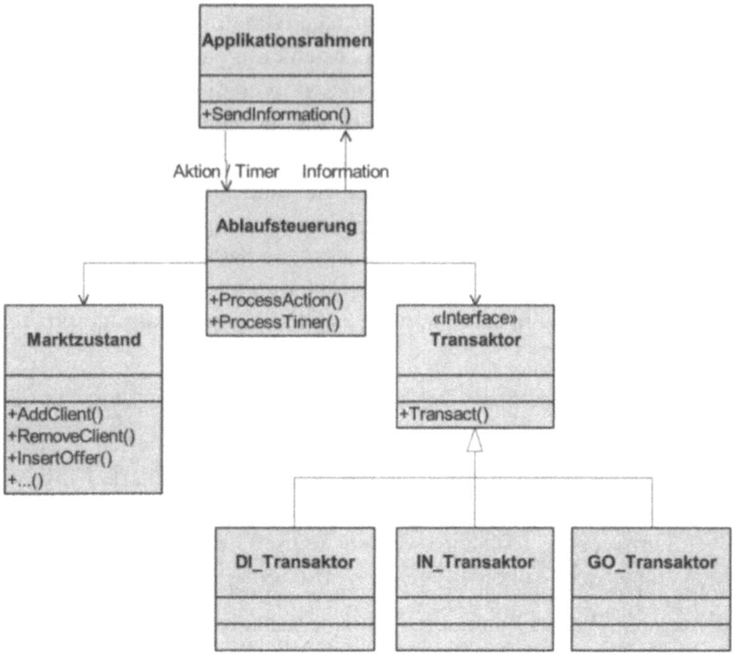

Abb. 5.1.2.a Architekturüberblick zum Marktplatz

Die drei weiteren Komponenten realisieren die fachliche Funktionalität des Marktplatzes. Der Marktzustand verwaltet die Marktdaten, das Interface Transaktor kapselt verschiedene Varianten der Transaktionsbildung. Die Koordination der verschiedenen Dienste erfolgt durch die Ablaufsteuerung. Im Folgenden werden die drei letztgenannten Komponenten ausführlich diskutiert.

5.1.2.1. Marktzustand

Der Marktzustand hat die Aufgabe, die im Rahmen des Marktplatzes relevanten Informationen zu verwalten. Zu diesen Informationen zählen die Menge der auf dem Markt angemeldeten Agenten und die innerhalb einer Bietphase abgegebenen Offerten. In Abbildung 5.1.2.1.a ist ein einfaches Klassenmodell zum Marktzustand dargestellt.

Neben der Verwaltung der für den eigentlichen Verhandlungsablauf notwendigen Informationen dient der Marktplatz im Rahmen der in Teil 6 durchgeführten Fallstudien der Protokollierung des Marktgeschehens und bietet darauf aufbauend statistische Auswertungen an. Zu diesem Zweck werden eine Liste bereits durchgeführter Transaktionen gepflegt und die Aktionen *preference* und *preference_timeout* ausgewertet.

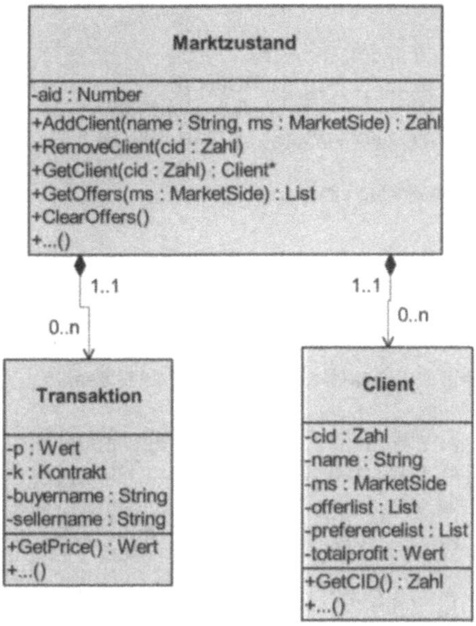

Abb. 5.1.2.1.a Klassenmodell zum Marktzustand

Anhand dieser Informationen kann beispielsweise der von einem Agenten insgesamt erzielte Gewinn bestimmt werden. In Abschnitt 5.2.2.1. werden die verschiedenen Auswertungsfunktionen des Kernsystems beschrieben.

5.1.2.2. Transaktionsbildung

Die Varianten des *kpi*-Auktionsmodells unterscheiden sich ausschließlich in bezug auf die Transaktionsbildung. Um diesen Aspekt flexibel abzubilden, wird die Transaktionsbildung in dem Interface Transaktor gekapselt. Das Interface enthält ausschließlich die Methode *Transact*, die auf Basis des angebots- und nachfrageseitigen Offertenvektors eine Transaktionsliste sowie die angebots- und nachfrageseitige Einzelbeobachtung berechnet. Im Folgenden wird die im Kernsystem vorgenommene Implementierung eines Transaktors für das Verfahren der dynamisierte Iteration beschrieben. In den Implementierungsbeispielen wird die Programmiersprache C++ verwendet.

dynamisierte Iteration

Der DI_Transaktor implementiert das Verfahren der dynamisierten Iteration in Verbindung mit dem Erstpreis und dem Durchschnittspreis und liefert als Einzelbeobachtung das Informationsmodell zur dynamisierten Iteration. Die Auswahl des Preisbildungsverfahrens erfolgt im Konstruktor anhand eines Enumerationstypen. Die Deklaration von DI_Transaktor ist in Abbildung 5.1.2.2.a dargestellt.

```
class DI_Transaktor : public Transaktor
{
private:
      enum Pricing m_pc;

      void CalcOptimalTransactions (const POfferVec& ova, const POfferVec& ovb,
                                    TrrVec& tv, Wert& bhin);
      void CreateTransList(const TrrVec& tv, TransList& tlist);
public:
      DI_Transaktor(enum Pricing pc);
      ~DI_Transaktor();

      void Transact(const POfferVec& ova, const POfferVec& ovb,
                    TransList& tlist, CString& sellInfo, CString& buyInfo);
};
```

Abb. 5.1.2.2.a Deklaration von DI_Transaktor

Die Methode *Transact* erhält in *ova* und *ovb* den angebots- und nachfrageseitigen Offertenvektor und liefert in *tlist* eine Transaktionsliste sowie in *sellinfo* und *buyinfo* die angebots- und nachfrageseitige Einzelbeobachtung zurück. Die Verarbeitung erfolgt in drei Schritten. Zunächst wird anhand von *CalcOptimalTransactions* der maximale Bewertungsüberschuss b^{hin} (in Variable *bhin*) und die Menge der optimalen reduzierten Transaktionen TRR_{DI}^* (in *tv*) berechnet. Im zweiten Schritt wird aus TRR_{DI}^* eine Transaktion ausgewählt und eine Preisbildung durchgeführt (vgl. Abschnitt 3.3.2.3. zum Verfahren der dynamisierten Iteration). Abschließend werden die Einzelbeobachtungen erzeugt.

```
void DI_Transaktor::Transact(const POfferVec& ova, const POfferVec& ovb,
              TransList& tlist, CString& sellInfo, CString& buyInfo)
{
      TrrVec            tv;
      WertFunktion      ofront;
      ZahlFunktion      nfront;
      Wert              bhin;
      Zahl              comp;

      CalcOptimalTransactions(ova, ovb, tv, bhin);
      comp = tv.GetSize();

      CreateTransList(tv, tlist);

      ofront = ova.CalcOFront(MS_sell);       // nachfrageseitige Einzelbeobachtung
      nfront = ova.CalcNFront(ofront);
      buyInfo = "DI_info_model_buy " + ofront.GetString() + ' ' + nfront.GetString() + ' '
          + bhin.GetString() + ' '+ comp.GetString();

      ofront = ovb.CalcOFront(MS_buy);        // angebotsseitige Einzelbeobachtung
      nfront = ovb.CalcNFront(ofront);
      sellInfo = "DI_info_model_sell " + ofront.GetString() + ' ' + nfront.GetString() + ' '
          + bhin.GetString() + ' ' + comp.GetString();
}
```

Abb. 5.1.2.2.b Implementierung von Transact(...)

Die Methode *CalcOptimalTransactions* führt eine vollständige Suche über allen reduzierten Transaktionen *TRR* durch (vgl. Abbildung 5.1.2.2.c), und liefert als Ergebnis die Menge TRR_{DI}^* in *tv* zurück. Es sei angemerkt, dass die Transaktionsvektoren im Rahmen der dynamisierten Iteration maximal ein Element enthalten (vgl. hierzu Abschnitt 3.3.2.3.). Die mehrfachen Validierungsabfragen sind notwendig, um Transaktionen bezüglich irrelevanter Kontrakte auszuschließen.

```
void DI_Transaktor::CalcOptimalTransactions(const POfferVec& ova,
            const POfferVec& ovb, TrrVec& tv, Wert& bhin)
{
    Wert diff;
    bhin = 0;

    for (long n = 0; n < ovb.GetSize(); n++)
    for (long m = 0; m < ova.GetSize(); m++)
    for (Kontrakt c = 0; c < Kontrakt::GetContractNum(); c++)
    {
        if (ovb[n] && ovb[n]->IsValid() && ova[m] && ova[m]->IsValid())
        {
            diff = ovb[n]->GetDifference(*ova[m], c);
            if (diff.IsValid()) {
                if (diff == bhin)    tv.Add(Trr(ova[m],ovb[n],c));
                else if (diff > bhin)
                {
                    tv.RemoveAll();
                    tv.Add(Trr(ova[m],ovb[n],c));
                    bhin = diff;
                }
            }
        }
    }
}
```

Abb. 5.1.2.2.c Implementierung von CalcOptimalTransactions(...)

In der Methode *CreateTransList* wird zunächst eine optimale Transaktion $trr^* \in TRR_{DI}^*$ auf Zufallsbasis ausgewählt. Anschließend wird das im Konstruktor spezifizierte Preisbildungsverfahren durchgeführt (vgl. Abbildung 5.1.2.2.d).

```
void DI_Transaktor::CreateTransList(TrrVec& tv, TransList& tlist)
{
    Wert p;

    if (tv.GetSize() == 0)   return;             // keine Transaktion

    long i = (rand() % tv.GetSize());            // Randomisierung
    Offerte* poa = tv[i].GetAsk();
    Offerte* pob = tv[i].GetBid();
    Kontrakt c = tv[i].GetContract();

    switch (m_pc)                                // Preisbildung
    {
    case PC_first:                               // Erstpreis
        p = pob->GetAt(c);
        break;
```

```
        case PC_mean:                                    // Durchschnittspreis, zufällig
                                                         // auf- oder abrunden
            p = (poa->GetAt(c) + pob->GetAt(c)) / 2;
            if ((rand() % 2) == 1)   p = ceil(p);
            else             p = floor(p);
            break;
        }
        tlist.AddTail(Transaction(poa,pob,c,p));
    }
```

Abb. 5.1.2.2.d Implementierung von CreateTransList(...)

Um bei Durchschnittspreisen ganzzahlige Preise zu garantieren, wird bei einer ungeraden Differenz zwischen Angebots- und Nachfrageofferte mit gleicher Wahrscheinlichkeit auf- bzw. abgerundet.

5.1.2.3. Ablaufsteuerung

Die Ablaufsteuerung ist die zentrale Komponente des Marktplatzes und bildet die Schritte des *kpi*-Auktionsmodell ab (vgl. Abschnitt 3.3.1.2.). Die Verarbeitung erfolgt ereignisgesteuert über Methodenaufrufe seitens des Applikationsrahmens. Ereignisse sind zum einen die verschiedenen Aktionen der Agenten, und zum anderen das seitens der Zeitbasis initiierte Ende der Bietphase. Im Rahmen der Ereignisverarbeitung greift die Ablaufsteuerung auf die Dienste der drei anderen Komponenten zurück.

Aktionen

Die Verarbeitung von Aktionen erfolgt, indem die Ablaufsteuerung zunächst die Zulässigkeit der Aktion prüft und den Marktzustand modifiziert, also beispielsweise einen neuen Agenten anmeldet oder eine Offerte hinzufügt. Anschließend versendet sie über den Applikationsrahmen die entsprechende Rückgabe-Information an den Agenten.

Zeitbasis

Die Zeitbasis des Applikationsrahmens wird dazu eingesetzt, periodisch das Ende der Bietphase auszulösen. Die Konfiguration der Zeitbasis wählt die Auktionsfrequenz des Marktplatzes. Die Abfolge der mit diesem Ereignis verbundenen Verarbeitungsschritte ist in Abbildung 5.1.2.3.a in Form eines Sequenzdiagramms dargestellt.

Zunächst werden die Agenten über das Ende der Bietphase informiert. Anschließend werden die während der Bietphase im Marktzustand gesammelten Offerten an den Transaktor übergeben, der die Transaktionsbildung durchführt. Ergebnis der Transaktionsbildung sind ein Transaktionsvektor und die angebots- und nachfrageseitige Einzelbeobachtung. Die Transaktionen werden im Marktzustand protokolliert, und es werden die Käufer und Verkäufer über ihre individuellen Transaktionen benachrichtigt.

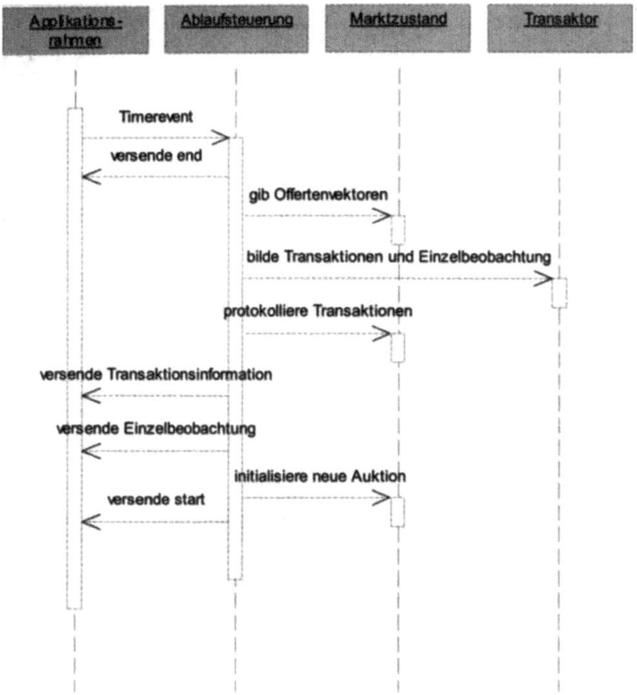

Abb. 5.1.2.3.a Interaktionssequenz bei Ende der Bietphase

Anschließend wird die Einzelbeobachtung versendet und der Marktzustand für die nächste Auktion initialisiert. Hierzu zählt das Inkrementieren der AID und das Löschen der vorhandenen Offerten. Abschließend werden die Agenten über den Start der Folgeauktion benachrichtigt.

5.1.3. Agent

Die Architektur des Agenten ist in die fünf Hauptkomponenten Applikationsrahmen, Interaktionssteuerung, Sequenz, Erwartungsmodell und Strategie gegliedert (vgl. Abbildung 5.1.3.a.). Der Applikationsrahmen hat wie im Marktplatz die Aufgabe, Implementierungsdetails zu kapseln. Hierzu bietet der Applikationsrahmen Dienste zum Versenden und Empfangen von Nachrichten sowie eine Eingabegabemöglichkeit für Benutzerkommandos. Die vier weiteren Komponenten realisieren die fachliche Funktionalität des Agenten. Die Architektur von Erwartungsmodell, Strategie und Sequenz orientiert sich an den spieltheoretischen Konzepten.

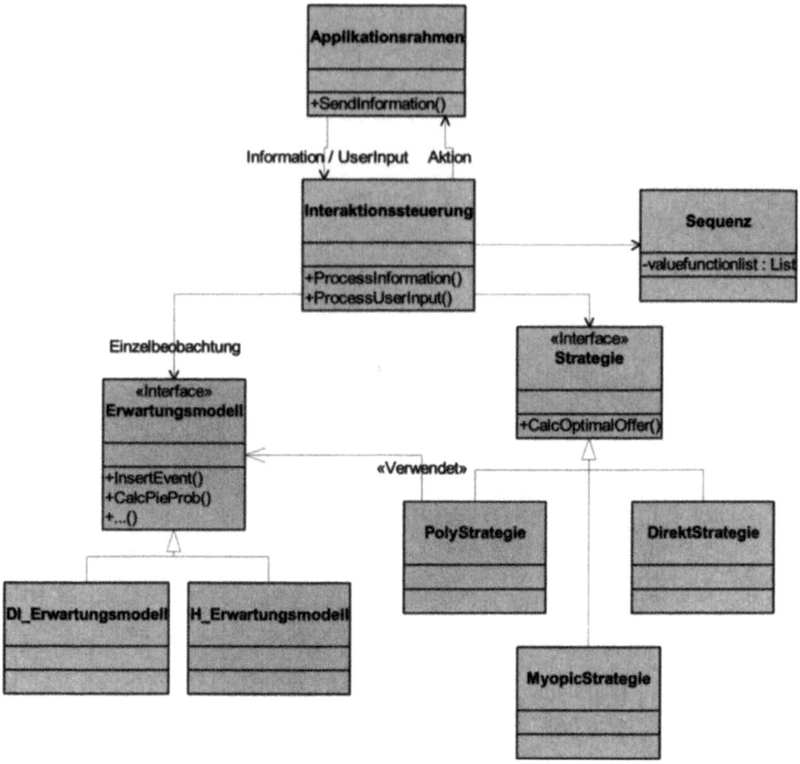

Abb. 5.1.3.a Architekturüberblick zum Agenten

Die Koordination der verschiedenen Dienste wird durch die Interaktionssteuerung vorgenommen. Im Folgenden werden die einzelnen Komponenten ausführlich diskutiert.

5.1.3.1. Umweltmodell und Erwartungsbildung

Das Erwartungsmodell realisiert die in Abschnitt 4.1.2. entwickelten Konzepte zu dem Umweltmodell und der Erwartungsbildung des Polypolisten. Da die konkrete Gestalt dieser Komponente mit dem eingesetzten Informationsmodell variiert, wird ein Interface zur Kapselung der Varianten verwendet. Das Interface beinhaltet neben Methoden zur Konfiguration des Preisbildungsverfahrens, der Marktseite des Agenten und des Erwartungshorizontes die Methoden *InsertEvent* und *CalcPieProb* (vgl. Abbildung 5.1.3.1.a).

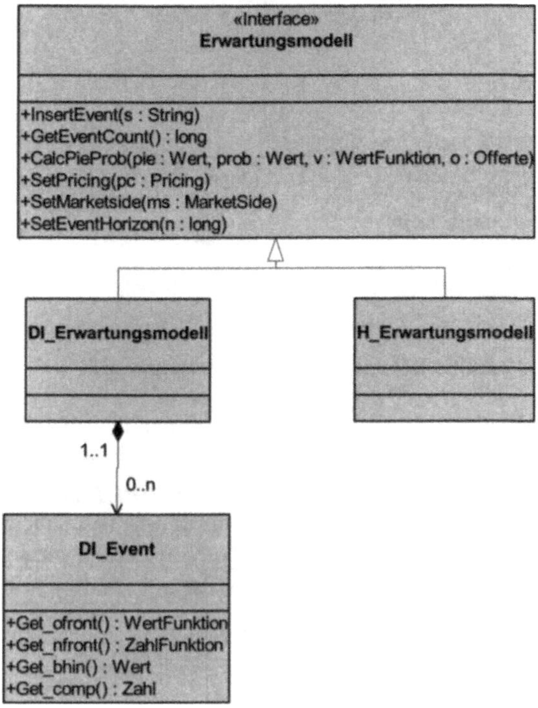

Abb. 5.1.3.1.a Klassendiagramm zum Erwartungsmodell

Anhand der Methode *InsertEvent* können der Erwartungsbildung neue Einzelbeobachtungen hinzugefügt werden. Die Methode *CalcPieProb* berechnet zu einem Transaktionsbedürfnis v und einer Offerte o den aus einer einzelnen Auktion erwarteten Transaktionsgewinn $\pi(o)$ entsprechend (4.1.3.1.a) und die damit verbundene Transaktionswahrscheinlichkeit $T(o)$. Diese Methode wird von der Polypolistenstrategie genutzt. Im Folgenden wird die im Kernsystem vorgenommene Implementierung eines Erwartungsmodells für das Informationsmodell zur dynamisierten Iteration beschrieben.

Das DI_Erwartungsmodell verwaltet die Einzelbeobachtungen in einer Liste von Objekten der Klasse DI_Event, die ausschließlich die Attribute einer Einzelbeobachtung kapselt. Die Deklaration von DI_Erwartungsmodell ist in Abbildung 5.1.3.1.b. dargestellt.

dynamisierte Iteration

```
class DI_Erwartungsmodell : public Erwartungsmodell
{
private:
	DI_EventList		m_ENL;
	long			m_EventHorizon;
	enum MarketSide		m_ms;
```

```
        enum Pricing            m_pc;

        void CalcPieProbForEvent(Wert& pie, Wert& prob, const WertFunktion& v,
                                 const Offerte& o, const EventNode& ev);

public:
        DI_Info_Model();
        ~DI_Info_Model();

        void SetMarketside(enum MarketSide ms)    { m_ms = ms;};
        void SetPricing(enum Pricing pc)          { m_pc = pc;};
        void SetEventHorizon(long l)              { m_EventHorizon = l;};
        bool InsertEvent(CMsg& msg);
        long GetEventCount()                      { return(m_ENL.GetCount());};
        void CalcPieProb(Wert& pie, Wert& prob,
                  const WertFunktion& v, const Offerte& o);
};
```

Abb. 5.1.3.1.b Deklaration von DI_Erwartungsmodell

Die Methode *CalcPieProb* führt eine Iteration über eine anhand von *SetEventHorizon* konfigurierbare Anzahl der letzten Einzelbeobachtungen durch. Für jede Einzelbeobachtung wird anhand von *CalcPieProbForEvent* der erwartete Transaktionsgewinn und die Transaktionswahrscheinlichkeit berechnet. Anschließend wird der Erwartungswert beider Größen gebildet. Dieses Vorgehen entspricht einem Erwartungshorizont gemäß (4.1.2.4.d).

```
void DI_Erwartungsmodell::CalcPieProb(Wert& pie, Wert& prob,
                                 const WertFunktion& v, const Offerte& o)
{
        if (m_ENL.GetCount() == 0) return;  // mindestens ein DI_Event ?
        prob = 0;                           // Ergebnisparameter initialisieren
        pie = 0;

        long n = 0;                         // Erwartungswert bzgl. aller DI_Events bilden
        Wert prob2, pie2;
        for(POSITION pos = m_ENL.GetTailPosition();
            ((pos != NULL) && (n < m_EventHorizon));)
        {
            CalcPieProbForEvent(pie2, prob2, v, o, m_ENL.GetPrev(pos));
            prob = prob + prob2;
            pie = pie + pie2;
            n++;
        }
        prob = prob / (Wert)n;
        pie = pie / (Wert)n;
}
```

Abb. 5.1.3.1.c Implementierung von CalcPieProb(...)

Die Methode *CalcPieProbForEvent* ist in zwei Schritte gegliedert (vgl. Abbildung 5.1.3.1.d). Im ersten Schritt werden in *bmax* und *nko* der maximale Bewertungsüberschuss $b_{\max}$ und die Gesamtzahl aller möglichen Transaktionen $\Sigma_{k' \in KO}\, n_{k'}^{\text{front}}$ ermittelt (vgl. Abschnitt 4.1.2.3.2.). Im zweiten Schritt wird für jeden Kontrakt der erwartete Transaktionsgewinn und die Transaktionswahrscheinlichkeit berechnet und aufsummiert. In beiden

Schritten wird die Marktseite *m_ms* bzw. das Preisbildungsverfahren *m_pc* berücksichtigt. Das implementierte Verfahren geht davon aus, dass die Offerte *o* für seitens des Transaktionsbedürfnisses *v* irrelevante Kontrakte (d.h. $v_k = -\infty$) ausschließlich irrelevante Teilofferten $o_k = -\infty$ bzw. $o_k = \infty$ enthält.

```
void DI_Erwartungsmodell::CalcPieProbForEvent(Wert& pie, Wert& prob,
            const WertFunktion& v, const Offerte& o, const EventNode& ev)
{
    prob = 0;                       // Ergebnisparameter initialisieren
    pie = 0;

    //====== bmax und nko berechnen
    Zahl nko = 0;
    Wert bmax = -1.0;
    Wert diff;
    for (Kontrakt c = 0; c < Kontrakt::GetContractNum(); c++)
    {
        if (ev.m_ofront.GetAt(c).IsValid() && o.GetAt(c).IsValid())
        {
            if (m_ms == MS_buy) diff = o.GetAt(c)-ev.m_ofront.GetAt(c);
            else                diff = ev.Get_ofront().GetAt(c)-o.GetAt(c);

            if (diff > bmax) {
                bmax = diff;
                nko = ev.Get_nfront().GetAt(c);
            }
            else if (diff == bmax) nko = nko + ev.Get_nfront().GetAt(c);
        }
    }
    if (bmax < ev.Get_bhin()) return;

    //====== pie und prob aufsummieren
    Wert Tk, Pk;
    for (c = 0; c < Kontrakt::GetContractNum(); c++)
    {
        if (ev.Get_ofront().GetAt(c).IsValid() && o.GetAt(c).IsValid())
        {
            if (m_ms == MS_buy) diff = o.GetAt(c)-ev.Get_ofront().GetAt(c);
            else                diff = ev.Get_ofront().GetAt(c)-o.GetAt(c);

            if (diff == bmax)
            {
                //====== prob berechnen
                if (bmax == ev.m_bhin)
                        Tk = (Wert)ev.Get_nfront().GetAt(c)
                            / (Wert)(ev.Get_comp() + nko);
                else    Tk = (Wert)ev.Get_nfront().GetAt(c) / (Wert)nko;
                prob = prob + Tk;
                //====== pie berechnen
                switch (m_pc)
                {
                case PC_first:
                    Pk = o.GetAt(c);
                    break;
                case PC_mean:
                    Pk = (ev.Get_ofront().GetAt(c)+o.GetAt(c)) / 2;
                    break;
                }
```

```
                    if (m_ms == MS_buy) pie = pie + Tk * (v.GetAt(c) - Pk);
                    else                pie = pie + Tk * (Pk - v.GetAt(c));
                }
            }
        }
    }
```

Abb. 5.1.3.1.d Implementierung von CalcPieProbForEvent(...)

5.1.3.2. Strategie

Der Komponente Strategie kommt die Aufgabe zu, die zu den verschiedenen Akteurtypen entwickelten Konzepte bereitzustellen. Zur Kapselung wird ein Interface eingesetzt, das ausschließlich die Methode *CalcOptimalOffer* beinhaltet. Diese Methode berechnet die optimale Offerte bezüglich eines einfachen, zeitlimitierten Transaktionsbedürfnisses. Ein zusätzlicher Parameter *info* dient dazu, Informationen über den Optimierungsprozess zurückzuliefern. Im Kernsystem sind insgesamt drei verschiedene Strategiekomponenten realisiert (vgl. Abbildung 5.1.3.2.a).

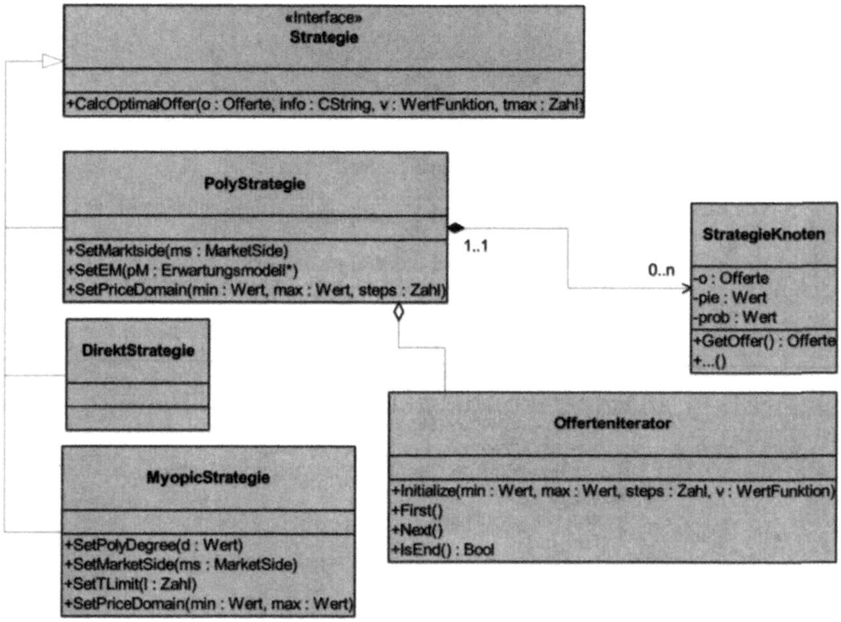

Abb. 5.1.3.2.a Klassenmodell zur Strategie

Im Folgenden werden die drei Strategiekomponenten in die spieltheoretische Konzeption aus Teil 4 eingeordnet und anhand der im Kernsystem vorgenommenen Implementierungen beschrieben.

5.1.3.2.1. Polypolistisches Automatisierungskonzept

Die PolyStrategie implementiert das mehrperiodige Kalkül des polypolistischen Akteurs aus Abschnitt 4.1.3.2. Ausgangspunkt ist ein einfaches, zeitlimitiertes Transaktionsbedürfnis (*v*, *tmax*), für das die in der nächsten Auktion optimale Offerte o^{*1} berechnet wird. Die Deklaration von PolyStrategie ist in Abbildung 5.1.3.2.1.a dargestellt.

```
class PolyStrategie : public Strategie
{
private:
	ErwartungsModell*	m_pM;
	enum MarketSide		m_ms;
	Value			m_min_price, m_max_price;
	long			m_steps_price;

	void CalcOptimalStep(Wert& pie, Wert& prob, Offerte& o,
				WertFunktion& v, Wert& pie_outside);
public:
	PolyStrategie();
	~PolyStrategie();

	void SetMarketside(enum MarketSide ms)			{ m_ms = ms;};
	void SetEM (Erwartungsmodell* pM)			{ m_pM = pM;};
	void SetPriceDomain(Wert& min, Wert& max, long l)
		{ m_min_price = min; m_max_price = max; m_steps_price = l;};
	void CalcOptimalOffer(Offerte& o, CString& info,
		const WertFunktion& v, const long tmax);
};
```

Abb. 5.1.3.2.1.a Deklaration von PolyStrategie

Anhand der Methode *SetMarketside* wird die Marktseite des Agenten konfiguriert. Über die Methode *SetEM* wird der PolyStrategie ein Erwartungsmodell zugeteilt, auf dessen Methode *CalcPieProb* im Rahmen des Optimierungsprozesses zugegriffen werden kann.

Diskretisierung

Der in PolyStrategie implementierte Optimierungsprozess basiert auf einer vollständigen Enumeration aller möglichen Offerten. Um ein derartiges Verfahren anwenden zu können, wird eine Diskretisierung der Menge aller Offerten $o \in \mathbb{R}^{nk}$ vorgenommen. Der gewählte Ansatz besteht darin, als Teilofferten o_k nur diskrete Werte innerhalb eines vorzugebenen Intervalls zu berücksichtigen. Mit der Methode *SetPriceDomain* kann die Menge der zu berücksichtigenden Werte anhand der Parameter *min*, *max* und *steps* gewählt werden. Hierbei wird das Intervall [*min*,*max*] in *steps* äquidistante Teilschritte zerlegt, d.h. es wird die Menge der Offerten $o \in \{min, min+(max-min)/(steps-1),...,max\}^{nk}$ betrachtet. Als Quantisierung bietet sich in der Praxis die kleinste verfügbare Währungseinheit an.

Die Methode *CalcOptimalOffer* ist in drei Schritte gegliedert. Zunächst wird als Vorbedingung geprüft, ob bereits mindestens eine Einzelbeobachtung vorliegt. Liegen keine Einzelbeobachtungen vor, so wird als Offerte eine Maximalforderung bzw. ein Minimalgebot zurückgegeben. Dieser Fall tritt nur in der ersten Auktion eines Marktes auf. Andernfalls wird im zweiten Schritt das in Abschnitt 4.1.3.2. entwickelte Induktionsverfahren durchgeführt. In den einzelnen Iterationsschritten wird anhand der Methode *CalcOptimalStep* die jeweils optimale Offerte o^{*t} und der daraus erwartete Transaktionsgewinn $\pi_{ges}{}^{*t}$ sowie die Transaktionswahrscheinlichkeit $T(o^{*t})$ berechnet. Diese Ergebnisse werden in einer Liste von StrategieKnoten protokolliert, die später in einer Stringrepräsentation im Parameter *info* zurückgeliefert wird.

Im dritten Schritt wird geprüft, ob der Optimierungsprozess zu einem erwarteten Transaktionsgewinn größer Null geführt hat. Ist dies der Fall, so wird die errechnete Offerte als Ergebnis verwendet. Liegt demgegenüber ein erwarteter Transaktionsgewinn von Null vor, so existieren in der Regel viele alternative Optimalofferten. Hierzu zählen alle Offerten o mit $T(o)$, also beispielsweise eine Maximalforderung oder ein Minimalgebot. Anstelle der vom Optimierungsprozess quasi zufällig anhand der Suchreihenfolge ausgewählten Optimalofferte wird in diesem Fall gezielt eine Präferenzoffenbarung vorgenommen, also eine Offerte entsprechend den Präferenzen des Agenten gewählt. Dieses Vorgehen erfolgt mit dem Ziel, dass der Agent sein Transaktionsbedürfnis in den Prozess der Erwartungsbildung korrekt einbringt und verhindert Szenarien, in denen profitable Transaktionsmöglichkeiten aufgrund divergenter Erwartungen zwischen Angebots- und Nachfrageseite ungenutzt bleiben. Abbildung 5.1.3.2.1.b stellt die Implementierung von *CalcOptimalOffer* dar.

```
void PolyStrategie::CalcOptimalOffer(Offerte& o, CString& info,
                        const WertFunktion& v, const long tmax)
{

    if (m_pModel->GetEventCount() == 0)   // keine Einzelbeobachtungen vorhanden
    {
        for (Kontrakt c = 0; c < Kontrakt::GetContractNum(); c++)
            if (m_ms == MS_buy)       o.SetAt(c, m_min_price);
            else                      o.SetAt(c, m_max_price);
        info = o.GetString() + " (no eventnodes present)";
        return;
    }

    Wert                pie, prob;        // Backward-Induction
    Offerte             o;
    StrategieKnotenList SKL;
    SKL.AddHead(StrategyNode(Offerte(), Wert(0), Wert(1)));
    for (long t = 0; t <= tmax; t++)
    {
        CalcOptimalStep(pie, prob, o, v, SKL.GetHead().Get_pie());
        SKL.AddHead(StrategyNode(o, pie, prob));
    }

    if (SKL.GetHead().Get_pie() == 0)        // bei pie == 0 Präferenzoffenbarung
    {
        o = v;
        info = "pie = 0, preference revelation";
```

```
        } else {
            o = SKL.GetHead().Get_offer();
            info = CString("StrategyNodeVec (offer, pie, prob)\r\n") + SKL.GetString();
        }
    }
```

Abb. 5.1.3.2.1.b Implementierung von CalcOptimalOffer(...)

Die einzelnen Iterationsschritte des Induktionsverfahrens werden in der Methode *CalcOptimalStep* durchgeführt (vgl. Abbildung 5.1.3.2.1.c). Die Methode berechnet entsprechend (4.1.3.2.e) für eine Auktion t zu einem vorgegebenen Transaktionsbedürfnis v und einem Transaktionsgewinn π_{ges}^{*t+1} den maximalen erwarteten Transaktionsgewinn π_{ges}^{*t}, eine optimale Offerte o^{*t} sowie die damit verbundene Transaktionswahrscheinlichkeit $T(o^{*t})$. Die Optimierung erfolgt in Form einer vollständige Suche über alle möglichen Offerten $o \in \{min, min+(max-min)/(steps-1),...,max\}^{nk}$ entsprechend der oben beschriebenen Diskretisierung. In diesem Iterationsprozess ist zusätzlich zu berücksichtigen, dass für seitens des Transaktionsbedürfnisses v irrelevante Kontrakte $v_k = -\infty$ ausschließlich irrelevante Teilofferten $o_k = -\infty$ bzw. $o_k = \infty$ generiert werden.

In *CalcOptimalOffer* wird eine von der Klasse Offerte abgeleitete Klasse OffertenIterator eingesetzt, in der die Erzeugung aller möglichen Offerten gekapselt ist. Für jede Offerte wird zur Berechnung des erwarteten Transaktionsgewinns und der Transaktionswahrscheinlichkeit die Methode *CalcPieProb* der Komponente Erwartungsmodell eingesetzt (vgl. Abschnitt 5.1.3.1.). Das hier implementierte Suchverfahren liefert bei mehreren Optima immer die erste Fundstelle als Ergebnis.

```
void PolyStrategie::CalcOptimalStep(Wert& pie, Wert& prob, Offerte& o,
                            const WertFunktion& v, const Wert& pie_outside)
{
    pie = -1.0;                         // Ergebnisparameter initialisieren
    o.SetValid(TRUE);

    // Maximum-Suche
    Value pie2, prob2;
    OffertenIterator oi(m_min_price, m_max_price, m_steps_price, v);
    while (!oi.IsEnd())
    {
        m_pM->CalcPieProb(pie2, prob2, v, oi);
        if ((double)pie < (pie2 + (1-prob2) * pie_outside))
        {
            pie     = pie2 + (1-prob2) * pie_outside;
            prob    = prob2;
            o       = oi;
        }
        oi.Next();
    }
}
```

Abb. 5.1.3.2.1.c Implementierung von CalcOptimalStep(...)

numerischer Aufwand

Die zur Optimierung durchgeführte, vollständige Suche kann in Abhängigkeit des Szenarios einen großen numerischen Aufwand bedeuten. In *CalcOptimalOffer* findet eine Iteration über *tmax* Schritte statt, in *CalcOptimalStep* wird eine Iteration über $steps^{nk}$ Offerten vorgenommen. Jeder Iterationsschritt in *CalcOptimalStep* beinhaltet einen Aufruf der Methode *CalcPieProb* des Erwartungsmodells. Im Fall von DI_Erwartungsmodell führt *CalcPieProb* eine Iteration über die anhand von *SetEventHorizon* konfigurierte Anzahl von Einzelbeobachtungen durch, wobei jeder Iterationsschritt einen Aufruf von *CalcPieProbForEvent* und damit zwei Iterationen über den Kontraktraum beinhaltet. Abbildung 5.1.3.2.d fasst die numerischen Aufwände zusammen.

Klasse::Methode	Iterationen
PolyStrategie::CalcOptimalOffer	*tmax*
PolyStrategie::CalcOptimalStep	$steps^{nk}$
DI_Erwartungsmodell::CalcPieProb	*event_horizon*
DI_Erwartungsmodell::CalcPieProbForEvent	2 *nk*

Abb. 5.1.3.2.1.d Numerische Aufwände

Der numerische Gesamtaufwand ergibt sich aus der Multiplikation aller Teilaufwände. In komplexen Szenarien, insbesondere bei großen Kontrakträumen, kann der mit dem implementierten Verfahren verbundene Aufwand die Grenzen des technisch Möglichen erreichen und überschreiten. Einen Lösungsansatz können hier andere Optimierungsansätze, wie beispielsweise genetische Verfahren, bieten.

5.1.3.2.2. Präferenzoffenbarung

Die DirektStrategie implementiert als Agentenverhalten die Präferenzoffenbarung, liefert also bezüglich eines einfachen, zeitlimitierten Transaktionsbedürfnisses (v, *tmax*) als optimale Offerte o^{1*} die darin enthaltene Bewertungsfunktion v. Die Deklaration und Implementierung der DirektStrategie sind in Abbildung 5.1.3.2.2.a dargestellt.

```
class DirektStrategie : public Strategie
{
public:
	DirektStrategie();
	~DirektStrategie();

	void CalcOptimalOffer(Offer& o, CString& info, const WertFunktion& v,
					const long tmax)
					{ o = v; info = CString("");};
};
```

Abb. 5.1.3.2.2.a Deklaration und Implementierung von DirektStrategie

Die Präferenzoffenbarung ist für keinen der in Teil 4 betrachteten Akteurtypen optimal, und führt in der Regel zu einem suboptimalen erwarteten Transaktionsgewinn. Im Rahmen der in Teil 6 durchgeführten Fallstudien kommen der DirektStrategie zwei Aufgaben zu. Erstens bietet die Präferenzoffenbarung einen Referenzpunkt, an dem die Bedeutung der verschiedenen Aspekte strategischen Verhaltens gemessen werden kann. Zweitens wird die DirektStrategie verwendet, um exogen vorgegebene Offerten und Strategien umzusetzen. Hierzu wird der DirektStrategie als Eingabeparameter v direkt die exogen definierte Offerte übergeben. Dieses Vorgehen wird in Abschnitt 5.1.3.3. näher beschrieben und später beispielsweise zur Umsetzung der Monopolistenstrategien eingesetzt.

5.1.3.2.3. Myopische Alternativstrategien

Unter dem Begriff myopische Alternativstrategien sind im Rahmen des Kernsystems verschiedene, auf heuristischen Überlegungen basierende Automatisierungskonzepte zusammengefasst. Die nachfolgend modellierte Klasse myopischer Alternativstrategien wurde anderen, dem Bereich der MAS zuzuordnenden Softwaresystemen nachempfunden (vgl. hierzu beispielsweise das Kasbah-System [Chav96]). Diese heuristischen Strategien werden in Teil 6 exemplarisch als Vergleichspunkt zu den in Teil 4 entwikkelten, spieltheoretischen Konzepten herangezogen (vgl. Abschnitt 6.1.2.3.).

Konzept

Ausgangspunkt des Konzepts ist ein einfaches, zeitlimitiertes Transaktionsbedürfnis (v, $tmax$). Der Betrag der Teilofferten o_k^{1*} wird für jede Auktion t anhand einer fest vorgegebenen Formel berechnet. Für einen Nachfrager wird das Gebot o_k sukzessive von einem Minimalwert p_{min} zu dem Wert v_k erhöht, für einen Anbieter wird die Forderung o_k ausgehend von einem Maximalwert p_{max} auf den Wert v_k reduziert. Der Wert $diff_k$ sei die Differenz zwischen der Start- und der Endofferte, für einen Nachfrager gilt also $diff_k = p_{min} - v_k$ und für einen Anbieter $diff_k = p_{max} - v_k$.

Der Betrag der Teilofferten wird als Funktion $o_k(v_k, t) = v_k + diff_k f(t, tmax)$ modelliert. Die darin enthaltene Abbildung $f: \mathbb{N} \times \mathbb{N} \rightarrow [0,1]$ beschreibt den Verlauf der Teilofferten im Zeitraum $0,\ldots,tmax$. Als konkrete Form wird im Folgenden die Funktion $f(t,tmax) = (tmax-t)^y/x$ mit den Parametern $x,y \in \mathbb{R}$ gewählt. Diese Funktion hat an der Stelle $t = tmax$ immer den Wert Null, woraus die Teilofferte $o_k = v_k$ resultiert. Damit als Teilofferte bei $t = 0$ der Wert p_{min} bzw. p_{max} gewählt wird, muss zusätzlich $f(0,tmax) = 1$ gelten. Auflösen nach dem Parameter x ergibt $x = tmax^y$, und es folgt für die Teilofferten die Funktion

$$o_k(v_k, t) = v_k + diff_k\,((tmax-t)^y/(tmax^y)). \quad (5.1.3.2.3.a)$$

Anhand des Parameters y kann beispielsweise ein linearer oder quadratischer Offertenverlauf gewählt werden. In Abbildung 5.1.3.2.3.a sind exemplarische Funktionsverläufe von $f(t,tmax)$ mit $tmax = 10$ hinsichtlich einer Variation von y dargestellt. Die Funktionswerte können alternativ als Teilofferten o_k eines Anbieters mit $v_k = 0$ und einer Maximalforderung $p_{max} = 1$ interpretiert werden.

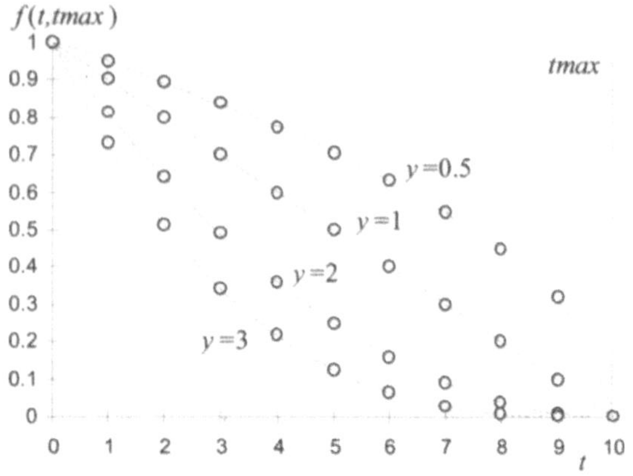

Abb. 5.1.3.2.3.a Exemplarische Verläufe von $f(t,tmax)$ in Abhängigkeit von y

Realisierung

Die Deklaration der im Kernsystem implementierten MyopicStrategie ist in Abbildung 5.1.3.2.3.b. dargestellt.

```
class MyopicStrategie : public Strategie
{
private:
	Wert			m_min_price, m_max_price;
	enum MarketSide		m_ms;
	long			m_tmax;
	double			m_polydegree;
public:
	MyopicStrategie();
	~MyopicStrategie();

	void SetMarketSide(enum MarketSide ms)		{ m_ms = ms;};
	void SetPolyDegree(double d)			{ m_polydegree = d;};
	void SetMinMaxPrice(Wert& min, Wert& max)
				{ m_min_price = min; m_max_price = max;};
	void SetTMax(long l)				{ m_tmax = l;};

	void CalcOptimalOffer(Offerte& o, CString& info,
				const WertFunktion& v, const long tmax);
};
```

Abb. 5.1.3.2.3.b Deklaration von MyopicStrategie

Anhand der Methode *SetMarketside* wird die Marktseite des Agenten gewählt, die Methode *SetPolyDegree* konfiguriert den Parameter y des Offertenverlaufes. Mit der Methode *SetMinMaxPrice* werden das Minimalgebot p_{min} und die Maximalforderung p_{max} eingestellt. Die Methode *SetTMax* konfiguriert das bei Entstehen des Transaktionsbedürfnisses vorliegende

Zeitlimit *tmax*, der Parameter der Methode *CalcOptimalOffer* enthaltene Parameter *tmax* beschreibt demgegenüber die zum aktuellen Zeitpunkt *t* noch verbleibende Zeit. Die auf diesen Parametern aufbauende Implementierung von *CalcOptimalOffer* ist in Abbildung 5.1.3.2.3.c dargestellt.

```
void MyopicStrategie::CalcOptimalOffer(Offerte& o, CString& info,
                                       const WertFunktion& v, const long tmax)
{
    if (m_tmax == 0) {
        o = v;
        return;
    }

    Wert diff, f, ok;
    o.SetValid(TRUE);
    for (Kontrakt c = 0; c < Kontrakt::GetContractNum(); c++)
        if (p.GetAt(c).IsValid())
        {
            if (m_ms == MS_buy)     diff = m_min_price-v.GetAt(c);
            else                    diff = m_max_price-v.GetAt(c);
            f = pow((double)tmax, m_polydegree)
                / pow((double)m_tmax, m_polydegree);
            ok = v.GetAt(c) + f * diff;
            if (m_ms == MS_buy)     ok = ceil(ok);     // auf- bzw. abrunden
            else                    ok = floor(ok);
            o.SetAt(c, ok);
        } else {
            o.SetAt(c, Wert());
        }
}
```

Abb. 5.1.3.2.3.c Implementierung von CalcOptimalOffer(...)

Die Berechnung erfolgt entsprechend (5.1.3.2.3.a) in einer Schleife über alle Kontrakte. Um ganzzahlige Offerten zu garantieren, werden die errechneten Teilofferten entsprechend der Marktseite auf- bzw. abgerundet.

5.1.3.3. Sequenz der Transaktionsbedürfnisse

Die Komponente Sequenz bildet eine periodische Folge einfacher, zeitlimitierter Transaktionsbedürfnisse ab. Die Form des Sequenzmodells ist an den Erfordernissen der in Teil 6 betrachteten Fallstudien ausgerichtet. Das Modell besteht aus fünf Elementen:

- Periodendauer *TP*,
- Zeitlimit *tmax*,
- Startzeitpunkt *tstart*,
- Vektor einfacher Transaktionsbedürfnisse $vv = (v^1,...,v^n)$ und
- Wiederholungsanzahl *repeat*.

Die Periodendauer *TP* beschreibt den für die gesamte Sequenz einheitlichen Abstand zwischen dem Entstehen zweier aufeinanderfolgender Transaktionsbedürfnisse. Das Element *tmax* definiert das allen Transaktionsbedürfnissen gemeinsame Zeitlimit. Die mit diesen beiden Elementen beschriebene, periodische Struktur wird durch einen Startzeitpunkt *tstart* bezüglich der AID eingeleitet. Abbildung 5.1.3.3.a illustriert den periodischen Aufbau des Sequenzmodells für *TP* = 13, *tmax* = 5 und *tstart* = 6.

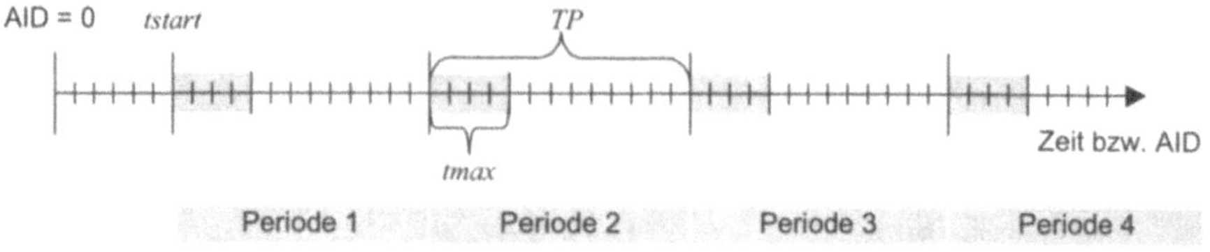

Abb. 5.1.3.3.a Periodischer Aufbau des Sequenzmodells

Zu Beginn jeder Periode wird ein neues Transaktionsbedürfnis des Vektors *vv* gültig. Nachdem in der Periode *n* das letzte Transaktionsbedürfnis v^n erreicht wurde, wird in Periode *n*+1 erneut mit dem ersten Transaktionsbedürfnis v^1 gestartet. Dieser Neubeginn wird insgesamt *repeat*-mal durchgeführt, anschließend liefert die Sequenz keine weiteren Transaktionsbedürfnisse.

Im Rahmen des Kernsystems nimmt die Komponente Sequenz unterschiedliche Aufgaben wahr. Bei Einsatz der PolyStrategie und der MyopicStrategie wird die Sequenz als ein mehrfaches Transaktionsbedürfnis interpretiert (vgl. auch Abschnitt 2.2.3.2.). In Kombination mit der DirektStrategie kann die Sequenz alternativ dazu verwendet werden, eine vorgegebene Folge von Offerten abzubilden, die von der DirektStrategie an den Marktplatz durchgereicht werden. Die letztere Alternative wird im Rahmen der in Teil 6 durchgeführten Fallstudien zur Umsetzung der verschiedenen Monopolistenstrategien eingesetzt.

5.1.3.4. Interaktionssteuerung

Die Interaktionssteuerung ist, analog der Ablaufsteuerung des Marktplatzes, die zentrale Komponente des Agenten. Zur Verarbeitung der seitens des Applikationsrahmens eintreffenden Ereignisse wird wiederum auf die Dienste der anderen Komponenten zurückgegriffen. Ereignisse sind zum einen die verschiedenen Informationen des Marktplatzes, und zum anderen direkte Eingaben des Benutzers. Im Folgenden wird nur die Interaktion mit dem Marktplatz dargestellt, die im Kernsystem implementierten Benutzerkommandos werden später in Abschnitt 5.2.2.2. beschrieben.

Seitens der Informationen des Marktplatzes sind insbesondere Auktionsstarts, Transaktionen und Einzelbeobachtungen für die Interaktionssteuerung relevant. Die nach einem Auktionsende vom Marktplatz versendete Einzelbeobachtung wird von der Interaktionssteuerung an das Erwartungsmodell über dessen Methode *InsertEvent* weitergeleitet. Wird eine Transaktion durchgeführt, so wird die Sequenz darüber benachrichtigt, dass das aktuelle Transaktionsbedürfnis erloschen ist.

Die Verarbeitung eines Auktionsstarts erfolgt in einer Reihe von Schritten, deren Abfolge in Abbildung 5.1.3.4.a in Form eines Sequenzdiagramms dargestellt ist.

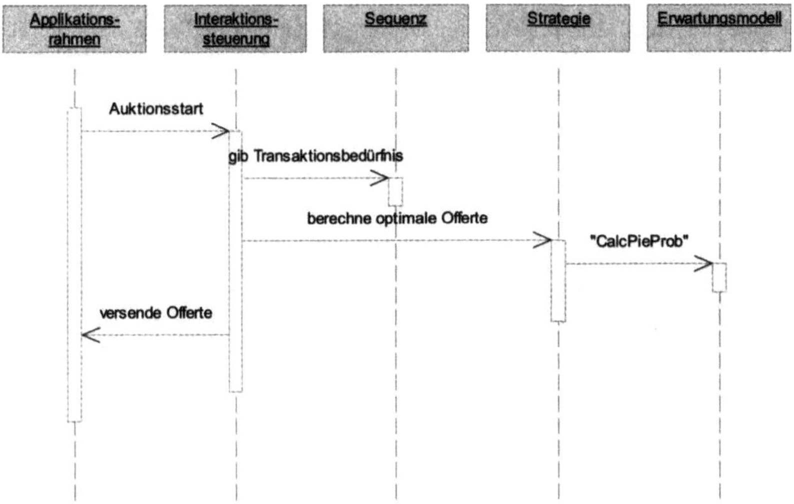

Abb. 5.1.3.4.a Interaktionssequenz bei Auktionsstart

Zunächst wird die Komponente Sequenz über den Start der nächsten Auktion benachrichtigt, und es wird das aktuelle Transaktionsbedürfnis sowie das damit verbundene Zeitlimit erfragt. Liegt ein unbefriedigtes Transaktionsbedürfnis vor, so wird anschließend die Berechnung der optimalen Offerte an die Strategie delegiert. Im Falle der Polypolistenstrategie wird in dieser Berechnung auf das Erwartungsmodell zurückgegriffen. Abschließend wird die berechnete Offerte anhand des Applikationsrahmens an den Marktplatz übermittelt.

5.2. Kernsystem *memba*

Die vorstehend dargestellte Architektur ist in der Form des Kernsystems *memba* implementiert und validiert. Dieses Kernsystem dient als konkrete Plattform für die in Teil 6 durchgeführten Fallstudien und den in Abschnitt

5.3. beschriebenen, Web-basierten Demonstrationsprototyp. Im Folgenden werden zunächst verschiedene Realisierungsaspekte diskutiert, anschließend werden die Benutzungsschnittstellen des Marktplatzes und des Agenten beschrieben.

5.2.1. Realisierungsaspekte

Die im Rahmen der Realisierung des Kernsystems getroffenen Entwurfsentscheidungen orientieren sich, sowohl hinsichtlich der eingesetzten Technologien als auch des Realisierungsumfanges, an den in Teil 6 durchgeführten Fallstudien. Im Mittelpunkt dieser Fallstudien steht die Evaluierung der theoretischen Konzepte, insbesondere in Form einer Analyse des aus verschiedenen Szenarien resultierenden Marktverhaltens, also der vom Marktsystem implizierten Allokationsregel.

eingesetzte Technologien

Für die Realisierung des Kernsystems ist eine Reihe unterschiedlicher Technologien geeignet. Hinsichtlich der Implementierung sind dies neben allgemeinen Programmiersprachen wie Java und C++ auch spezielle Agentensprachen wie Telescript (vgl. beispielsweise [Bren98, S.199ff.]). Java bietet eine hohe Plattformunabhängigkeit, die insbesondere im Kontext des E-Commerce interessant ist. Die Programmiersprache C++ bietet gegenüber Java anderseits erhebliche Performanzvorteile. Da sowohl aufseiten des Marktplatzes als auch aufseiten des Agenten, insbesondere im Rahmen des polypolistischen Automatisierungskonzeptes, umfangreiche und zeitkritische Optimierungsprobleme zu lösen sind, wird für das Kernsystem *memba* derzeit die Programmiersprache C++ eingesetzt.

Für die Kommunikation zwischen Agent und Marktplatz als Komponenten eines verteilten Systems stehen ebenfalls verschiedene Technologien zur Verfügung. Im Rahmen des Kernsystems wird die Verteilung derzeit anhand einer Serialisierung der betroffenen Nachrichtenobjekte über TCP/IP-Sockets gelöst. Der Einsatz von abstrakteren Verteilungstechnologien wie Remote Procedure Call (RPC), Remote Method Invocation (RMI) und Komponentenmodellen wie der Common Object Request Broker Architecture (CORBA) oder Enterprise Java Beans (EJB) ist grundsätzlich möglich, wird jedoch derzeit nicht durchgeführt. Eine andere technische Erweiterungsmöglichkeit ist die Einbettung des in Abschnitt 5.1.1.1. entwickelten Verhandlungsprotokolls in einen standardisierten syntaktischen Rahmen wie beispielsweise XML (vgl. [W3C01]) oder KQML (vgl. [Fini93; Fini94]).

Realisierungsumfang

Im Kernsystem *memba* ist aufseiten des Marktplatzes derzeit das Verfahren der dynamisierten Iteration zur Transaktionspartnerwahl und Kontraktoptimierung implementiert. Die Verfahren des Gesamtoptimums und der iterativen Näherungslösung wurden aus den in Abschnitt 3.3.2.4.3. diskutierten Gründen nicht umgesetzt. Im Zusammenhang mit dieser Entscheidung ist derzeit sowohl aufseiten des Marktplatzes als auch aufseiten des Agenten das Informationsmodell zur dynamisierten Iteration implementiert. Als Preisbildungsverfahren sind der Erstpreis und der Durchschnittspreis realisiert.

5.2.2. Benutzungsschnittstellen

Der Marktplatz und der Agent sind mit graphischen Benutzungsschnittstellen ausgestattet, über die sowohl die Startkonfiguration vorgenommen als auch der laufende Betrieb kontrolliert und gesteuert werden kann. Beide Komponenten bieten alternativ eine Kommandozeilen-basierte Startkonfiguration, über die in umfangreicheren Fallstudien ein Batch-orientierte Steuerung vorgenommen werden kann. Im Folgenden wird zunächst der Marktplatz, anschließend der Agent beschrieben.

5.2.2.1. Marktplatz

Setup-Dialog

Wird der Marktplatz ohne Kommandozeilen-Parameter gestartet, so erscheint zunächst der in Abbildung 5.2.2.1.a dargestellte Setup-Dialog zur Eingabe der Startkonfiguration.

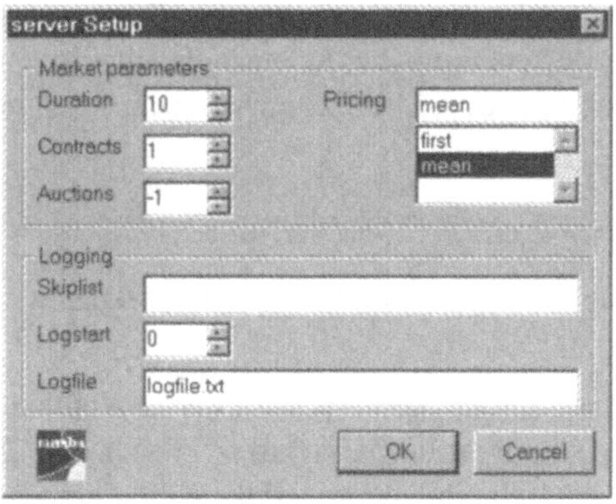

Abb. 5.2.2.1.a Setup-Dialog des Marktplatzes

Der Setup-Dialog ist in die Bereiche *Market parameters* und *Logging* unterteilt. Als Marktparameter können die

- Auktionsdauer in Sekunden (*Duration*),
- das Preisbildungsverfahren (*Pricing*),
- die Anzahl der gehandelten Kontrakte (*Contracts*) und
- die Anzahl der insgesamt durchzuführenden Auktionen (*Auctions*)

konfiguriert werden. Als Preisbildungsverfahren kann mit *mean* der Durchschnittspreis und mit *first* der nachfrageseitige Erstpreis gewählt werden. Bei Erreichen der angegebenen Auktionsanzahl wird der Marktplatz automatisch terminiert. Wird als Auktionsanzahl der Wert -1 angegeben, so werden unbegrenzt viele Auktionen durchgeführt.

Beim Beenden des Marktplatzes wird eine Protokolldatei des Marktgeschehens erzeugt, in der eine statistische Auswertung des Marktgeschehens und eine chronologischen Liste aller empfangenen und versendeten Nachrichten enthalten sind. Der Name der Protokolldatei wird in *Logfile* spezifiziert. Wird dem Dateinamen ein "+"-Zeichen vorangestellt, so wird eine eventuell bestehende Datei gleichen Namens nicht ersetzt, sondern die Protokollinformationen werden an die bestehende Datei angehängt.

Anhand der *Skiplist* können spezifische Nachrichten aus dem Protokoll ausgeblendet werden. Hierzu wird in der *Skiplist* eine mit Leerzeichen separierte Liste von Zeichenketten angegeben. Für jede Nachricht wird geprüft, ob in ihr eine in der *Skiplist* angegebene Zeichenkette enthalten ist. Ist dies für eine Nachricht der Fall, so wird sie im Nachrichtenprotokoll ausgeblendet. Auf diese Weise können sowohl einzelne Nachrichtentypen als auch Nachrichten einzelner Adressaten ausgeblendet werden. Mit *Logstart* kann zusätzlich konfiguriert werden, ab welcher Auktion mit der Protokollierung, sowohl hinsichtlich der Nachrichten als auch bezüglich der statistischen Auswertung, begonnen werden soll.

Kommando-zeile

Werden bei Programmstart Kommandozeilen-Parameter angegeben, so wird die Startkonfiguration der Kommandozeile entnommen und es erscheint kein Setup-Dialog. Die Kommandozeile muss den folgenden Aufbau besitzen:

```
server    <Pricing> <Contracts> <Duration> <Auctions> <Logstart> <Logfile> <Skiplist>
```

Für die einzelnen Parameter sind die im Setup-Dialog einstellbaren Werte zulässig.

Monitor-Dialog

Nach der Startkonfiguration erscheint der in Abbildung 5.2.2.1.b dargestellte Monitor-Dialog des Marktplatzes. Im linken Teil des Monitor-Dialogs wird das Nachrichtenprotokoll darstellt. Diese Anzeige berücksichtigt die *Skiplist*, nicht jedoch den in *Logstart* angegebenen Protokollstart.

Der rechte Teil des Monitor-Dialogs stellt den aktuellen Marktzustand und statistische Auswertungen dar. Im oberen Teil sind die auf dem Markt angemeldeten Agenten mit der aktuellen Offerte, dem Transaktionsbedürfnis, dem insgesamt erzielten Transaktionsgewinn und der Anzahl der bereits durchgeführten Transaktionen dargestellt.

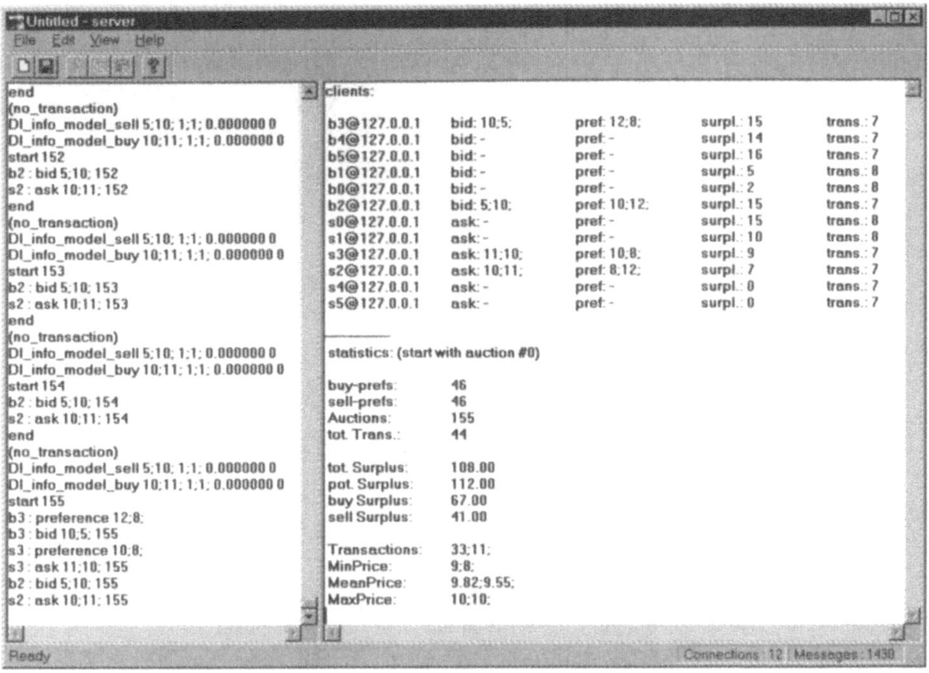

Abb. 5.2.2.1.b Monitor-Dialog des Marktplatzes

Im unteren Teil werden drei Blöcke mit je vier agentenübergreifenden Informationen dargestellt. Der erste Block enthält die Gesamtanzahl der nachfrage- und angebotsseitigen Transaktionsbedürfnisse sowie die Anzahl der insgesamt durchgeführten Auktionen und Transaktionen. Die zweite Block weist den auf dem Markt insgesamt erzielten Transaktionsgewinn und den potenziellen Transaktionsgewinn aus. Der potenzielle Transaktionsgewinn basiert im Gegensatz zu den tatsächlich durchgeführten Transaktionen auf dem maximalen Bewertungsüberschuss bezüglich der beteiligten Transaktionsbedürfnisse. Die beiden Werte differieren genau dann, falls aufgrund strukturverzerrter Offerten ineffiziente Kontrakte gewählt wurden. Die beiden letzten Werte des zweiten Blocks geben den nachfrage- und angebotsseitigen Teil des insgesamt erzielten Transaktionsgewinns an. Der dritte Block stellt für jeden Kontrakt die Anzahl der durchgeführten Transaktionen sowie den Mindest-, Durchschnitts- und Maximalpreis dar.

5.2.2.2. Agent

Setup-Dialog

Wird der Agent ohne Kommandozeilen-Parameter gestartet, so erscheint wie im Falle des Marktplatzes zunächst ein Setup-Dialog zur Eingabe der Startkonfiguration (vgl. Abbildung 5.2.2.2.a).

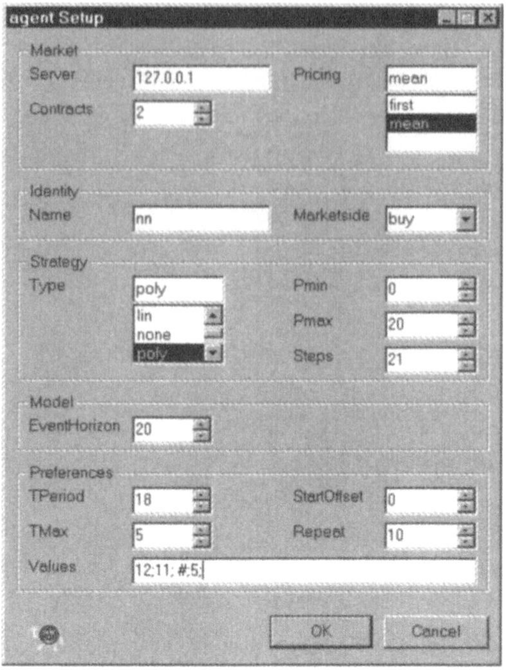

Abb. 5.2.2.2.a Setup-Dialog des Agenten

Der Setup-Dialog ist in fünf Bereiche gegliedert. Anhand des Bereiches *Market* wird die IP-Adresse des Marktplatzes sowie die Anzahl der dort gehandelten Kontrakte und das Preisbildungsverfahren konfiguriert. Die beiden letzten Parameter müssen mit den auf dem gewählten Marktplatz konfigurierten Werten übereinstimmen. Der Name und die Marktseite des Agenten werden im Bereich *Identity* spezifiziert.

Im Bereich *Strategy* kann anhand von *Type* zwischen den verschiedenen Strategiekomponenten aus Abschnitt 5.1.3.2. gewählt werden. Mit *poly* wird die PolyStrategie gewählt, die Diskretisierung der Offerten und der damit verbundene Suchraum kann anhand von *Pmin*, *Pmax* und *Steps* konfiguriert werden. Die *DirektStrategie* wird mit *direct* aktiviert. Mit *lin*, *sqr* und *sqrt* steht die MyopicStrategie in drei Varianten hinsichtlich des Parameters y zur Verfügung, der Minimal- und Maximalwert wird anhand von *Pmin* und *Pmax* gewählt (vgl. Abschnitt 5.1.3.2.3.). Die Variante *none* deaktiviert die Strategiekomponente des Agenten, so dass ausschließlich manuelle Aktionen durchgeführt werden. Die verschiedenen Typen sind in Abbildung 5.2.2.2.b tabellarisch zusammengefasst.

Type	Komponente	Parameter
poly	PolyStrategie	Pmin, Pmax, Steps
direct	DirektStrategie	–
lin		$y = 1$, Pmin, Pmax
sqr	MyopicStrategie	$y = 2$, Pmin, Pmax
sqrt		$y = 0.5$, Pmin, Pmax
none	–	–

Abb. 5.2.2.2.b Strategietypen des Agenten

Im Bereich *Model* kann der Erwartungshorizont der Komponente Erwartungsmodell spezifiziert werden (vgl. Abschnitt 5.1.3.1.). Über den Bereich *Preferences* werden die verschiedenen Parameter der Komponente Sequenz konfiguriert (vgl. Abschnitt 5.1.3.3.). Der Vektor einfacher Transaktionsbedürfnisse wird unter *Preferences* spezifiziert. Ein einzelnes Transaktionsbedürfnis v wird als Liste der kontraktbezogenen Bewertungen v_k dargestellt, wobei jede Einzelbewertung durch ein Semikolon terminiert wird. Irrelevante Kontrakte ($v_k = -\infty$) werden durch ein Nummernkreuz # gekennzeichnet. Die Eingabe "#;5;" stellt beispielsweise eine Transaktionsbedürfnis dar, in dem Kontrakt 1 irrelevant ist und für Kontrakt 2 eine Bewertung von $v_2 = 5$ besteht. Eine Folge mehrerer Transaktionsbedürfnisse wird durch Leerzeichen getrennt.

Kommandozeile

Werden bei Programmstart Kommandozeilen-Parameter angegeben, so wird die Startkonfiguration der Kommandozeile entnommen und es erscheint kein Setup-Dialog. Die Kommandozeile muss den folgenden Aufbau besitzen:

```
agent   <IP> 0 <Name> <Pricing> <Marketside> <Type> <Pmin> <Pmax> < Steps>
        <Contracts> <Repeat> <StartOffset> <TMax> <TPeriod> <EventHorizon>
        <Values>
```

Für die einzelnen Parameter sind die im Setup-Dialog einstellbaren Werte zulässig. Als zweiter Parameter muss der Wert 0 angegeben werden. Wird die Batch-orientierte Startkonfiguration verwendet, so terminiert der Agent automatisch, falls über einen Zeitraum von 5 Minuten keine Information seitens des Marktplatzes empfangen wurde.

Monitor-Dialog

Nach Abschluss der Startkonfiguration meldet sich der Agent unter den angegebenen Namen bei dem Marktplatz an. Anschließend erscheint der in Abbildung 5.2.2.2.c dargestellte Monitor-Dialog.

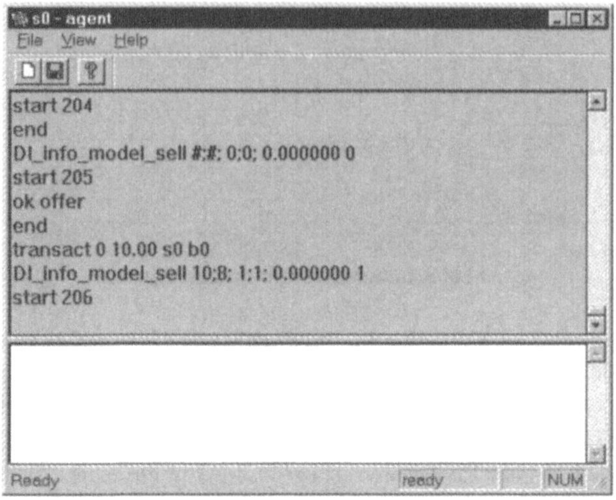

Abb. 5.2.2.2.c Monitor-Dialog des Agenten

Im oberen Teil des Monitor-Dialogs wird das Nachrichtenprotokoll des Agenten dargestellt. Der untere Teil dient zur direkten Eingabe von Kommandos über Tastatur. Als Kommandos können alle Aktionen verwendet werden (vgl. Abbildung 5.1.1.1.b).

5.3. Web-basierter Demonstrationsprototyp

Das Kernsystem bietet eine domänenunabhängige Plattform zum Aufbau elektronischer Marktplätze. Eine einfache Anwendung des Kernsystems ist der über das Internet unter *www.ecortex.de/memba* erreichbare Demonstrationsprototyp eines solchen Marktplatzes. Als Beispiel einer beliebigen Kontraktdifferenzierung wird der Handel roter und blauer Tassen betrachtet. Der Demonstrationsprototyp ist also ein Marktplatz, auf dem zwischen einer Vielzahl von Anbietern und Nachfragern simultan über die Transaktionsparameter Preis $p \in \mathbb{R}$ und Kontrakt $k \in \{rot, blau\}$ verhandelt wird.

Das System besteht aus einer domänenspezifischen Web-Applikation, die sich indirekt des Kernsystems bedient. Die Web-Applikation bietet dem Anwender die Möglichkeit, das allgemeine Marktgeschehen zu beobachten, eigene Agenten zu starten, sowie deren Verhalten und die daraus resultierenden Marktreaktionen zu verfolgen. Beim Start eines Agenten sind insbesondere die für das polypolistische Automatisierungskonzept relevanten Parameter zu definieren. Dies sind im Einzelnen:

- die Marktseite des Agenten (Anbieter oder Nachfrager),
- das Transaktionsbedürfnis in Form
  - des Reservationspreises bzw. der Zahlungsbereitschaft $v \in \mathbb{R}^2$ für alternativ eine rote oder eine blaue Tasse
  - und des Zeitlimits $tmax \in \mathbb{N}$,
- sowie das Automatisierungskonzept, wobei alternativ zum polypolistischen Automatisierungskonzept auch die anderen Strategiekomponenten aus Abschnitt 5.1.3.2. gewählt werden können.

Weitere Funktionen der Web-Applikation sind eine einfache Benutzerauthentifizierung und das Bereitstellen statischer Hintergrundinformationen. Das am Demonstrationsprototypen beobachtbare Marktverhalten, beispielsweise in Form von Kreuzpreiseffekten zwischen roten und blauen Tassen, entspricht der ökonomischen Theorie des vollkommenen Marktes.

Die Web-Applikation und das Kernsystem interagieren im Rahmen einer losen Kopplung, die durch die Komponente des Exchange-Managers realisiert wird (vgl. Abbildung 5.3.a).

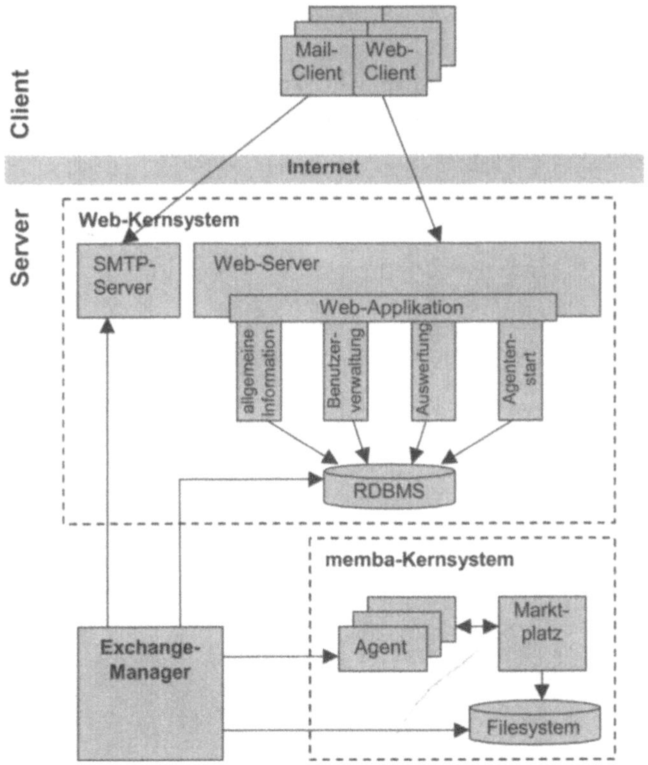

Abb. 5.3.a Architektur des Demonstrationsprototypen

Der Exchange-Manager hat die Aufgaben, einerseits die in der Datenbank der Web-Applikation hinterlegten Agentenstarts auf dem Kernsystem durchzuführen, und anderseits die vom Kernsystem erzeugten und im File-system abgelegten Informationen in diese Datenbank zu importieren. Die Komponente des Exchange-Managers nimmt damit eine einfache Form einer Enterprise Application Integration (EAI) vor, die Kernsystem und Web-Applikation miteinander verbindet. Der Integrationsansatz einer losen Kopplung bietet sich insbesondere an, um einen erweiterten elektronischen Markt, wie beispielsweise das hier vorgestellte Kernsystem, in eine bereits bestehende E-Commerce Applikation zu integrieren.

Eine Architekturvariante besteht darin, die Agenten direkt auf den Client-Rechnern der Benutzer zu starten. Diese Alternative bietet als Vorteile, dass erstens die mit dem polypolistischen Automatisierungskonzept verbundenen numerischen Aufwände auf viele Rechner verteilt werden, und zweitens, dass die vertrauliche Information des eigenen Transaktionsbedürfnisses eines Akteurs dessen Rechner in dieser Architekturvariante nicht verlässt. Für den Demonstrationsprototypen wurde demgegenüber die in Abbildung 5.3.a dargestellte Architektur gewählt, um anhand eines reinen Web-Client eine maximale Plattformunabhängigkeit auf der Client-Seite zu erreichen.

Der Demonstrationsprotoyp wird kontinuierlich weiterentwickelt. Der aktuelle Stand ist über die Webseite *www.ecortex.de/memba* des Forschungsprojektes abfragbar.

6. Fallstudien zu ausgewählten Marktszenarien

Im Mittelpunkt der Fallstudien zu ausgewählten Marktszenarien steht das Zusammenwirken von Anbietern und Nachfragern im Rahmen des *kpi*-Auktionsmodells. Zur Analyse des Marktverhaltens wird das im vorhergehenden Teil entwickelte Kernsystem *memba* eingesetzt. Die Wahl einer empirischen Vorgehensweise erfolgt vor dem in Abschnitt 2.3.3.2. diskutierten Hintergrund, dass eine analytische Herleitung der vom Marktsystem implizierten Allokationsregel aus Komplexitätsgründen nicht möglich ist. Im Folgenden wird zunächst die Marktform des Polypols untersucht. Anschließend werden das Monopol und das Dyopol betrachtet.

6.1. Polypol

Das Polypol ist durch eine Vielzahl von angebots- und nachfrageseitigen Marktteilnehmern charakterisiert, von denen jeder einzelne als Preisnehmer agiert. Diese Marktform erlaubt eine vollständige Automatisierung, in der jeder einzelne Marktteilnehmer durch einen Softwareagenten auf Basis des polypolistischen Automatisierungskonzeptes repräsentiert wird. Im Folgenden werden die Eigenschaften eines derartigen Marktsystems untersucht.

periodisches Marktszenario

Ausgangspunkt der Fallstudien zum Polypol ist ein Marktszenario, in dem sich *na* angebots- und *nn* nachfrageseitige Transaktionsbedürfnisse in einem Abstand von *TP* Zeiteinheiten periodisch wiederholen.

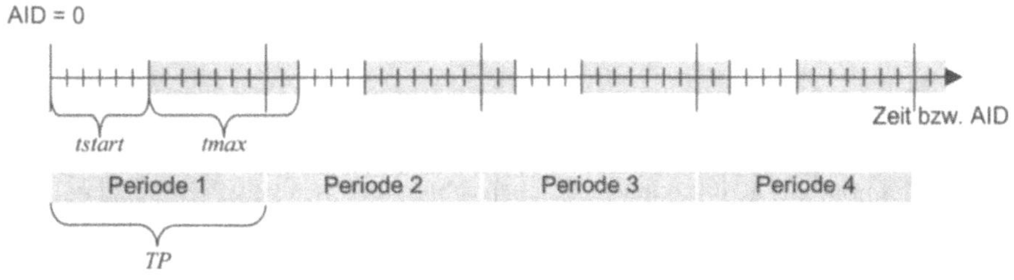

Abb. 6.1.a Beispiel eines periodischen Transaktionsbedürfnisses

Jedes periodische Transaktionsbedürfnis ist durch einen Startoffset $tstart \in \mathbb{N}$, eine Bewertung $v \in \mathbb{N}^{nk}$ und ein Zeitlimit $tmax \in \{1,...,TP\text{-}1\}$ definiert.

Die Beschränkung auf ganzzahlige Bewertungen dient der numerischen Vereinfachung der Fallstudien. Mit der Annahme $tmax < TP$ werden Überschneidungen zwischen angrenzenden Perioden ausgeschlossen. Der zeitliche Ablauf eines periodischen Transaktionsbedürfnisses ist in Abbildung 6.1.a exemplarisch dargestellt.

Die Angebots- und Nachfrageseite eines polypolistisches Marktszenarios ist darauf aufbauend durch

- die Anzahl der Kontrakte *nk*,
- die Periodenlänge *TP*,
- die Anzahl *na* und *nn* der periodischen Transaktionsbedürfnisse (v, $tmax$, $tstart$),
- deren Bewertungen $(v^{a,1},...,v^{a,na})$ und $(v^{n,1},...,v^{n,nn})$,
- die Zeitlimits $(tmax^{a,1},...,tmax^{a,na})$ und $(tmax^{n,1},...,tmax^{n,nn})$ sowie
- die Startzeitpunkte $(tstart^{a,1},...,tstart^{a,na})$ und $(tstart^{n,1},...,tstart^{n,nn})$

definiert. Als Verhandlungsmechanismus wird die *kpi*-Auktion eingesetzt, zur Transaktionsbildung wird die dynamisierte Iteration in Kombination mit dem Durchschnittspreis verwendet (vgl. hierzu Abschnitt 3.3.2.4.3. und 3.3.3.4.). Es wird genau eine Auktion pro Zeiteinheit durchgeführt, sodass pro Periode insgesamt *TP* Auktionen stattfinden.

Jedes periodische Transaktionsbedürfnis wird durch genau einen Agenten repräsentiert. Die Parameter des periodischen Transaktionsbedürfnisses können direkt in der Komponente Sequenz des Kernsystems abgebildet werden (vgl. Abschnitt 5.1.3.3.). In der Regel wird das polypolistische Automatisierungskonzept in Form der PolyStrategie eingesetzt, womit der Erwartungshorizont *TH* als weiterer Parameter hinzutritt. Der Suchraum der PolyStrategie wird in allen Fallstudien auf ganzzahlige Offerten beschränkt. In einzelnen Fallstudien werden auch verschiedene Formen der myopischen Alternativstrategie untersucht.

6.1.1. Gleichgewichtsprozess

Beispielszenario

Im Folgenden wird zunächst der Gleichgewichtsprozess des Marktsystems anhand eines einfachen Beispielszenarios betrachtet. Es wird ein Markt mit homogenen Kontrakten $nk = 1$ betrachtet, auf dem pro Periode $na = 10$ Anbieter und $nn = 10$ Nachfrager interagieren. Die Bewertungen v der Anbieter sind äquidistant im Intervall [-19,-1], die der Nachfrager im Intervall [1,19] verteilt. In Abbildung 6.1.1.a sind die Angebots- und Nachfragekurve des Beispielszenarios dargestellt. Der grau dargestellte Bereich kennzeichnet das Intervall markträumender Preise.

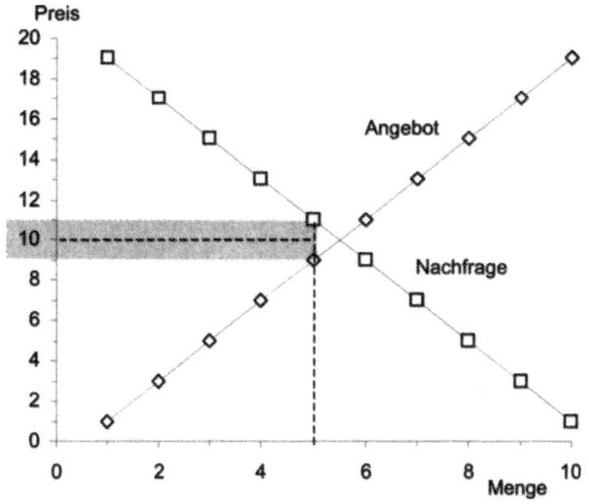

Abb. 6.1.1.a Angebots- und Nachfragekurve

Die Startzeitpunkte *tstart* sind jeweils innerhalb einer Marktseite gleichmäßig über die Periodendauer $TP = 20$ verteilt. Für alle Agenten wird das polypolistische Automatisierungskonzept mit einem Erwartungshorizont von $TH = 20$ verwendet. Die Parameter der Fallstudie sind in Abbildung 6.1.1.b tabellarisch zusammengefasst.

	Angebot	Nachfrage
Anzahl der Kontrakte *nk*	1	
Periodenlänge *TP*	20	
Anzahl *na* und *nn* der Transaktionsbedürfnisse	10	
Bewertungen $(v^{a,1},...,v^{a,na})$ und $(v^{n,1},...,v^{n,nn})$	(-1,...,-19) äquidistant	(19,...,1) äquidistant
Zeitlimits $(tmax^{a,1},...,tmax^{a,na})$ und $(tmax^{n,1},...,tmax^{n,nn})$	19 uniform	
Startzeitpunkte $(tstart^{a,1},...,tstart^{a,na})$ und $(tstart^{n,1},...,tstart^{n,nn})$	(0,...,18) äquidistant	
Erwartungshorizont *TH*	20 uniform	
Suchraum (*Pmin, Pmax, Steps*)	(0,20,21) uniform	

Abb. 6.1.1.b Parameter des Beispielszenarios

Im Mittelpunkt der Fallstudien dieses Abschnitts stehen die Startzeitpunkte *tstart*, der Erwartungshorizont *TH* und die aus der Periodenlänge *TP* resultierende Auktionsfrequenz. Die Fallstudien zeigen, dass das seitens des Marktsystems erzielte Gleichgewicht in der Regel unabhängig von den genannten Parametern ist. Für den Erwartungshorizont und die Auktionsfrequenz ergeben sind Mindestwerte, die für einen ökonomisch sinnvolles

Aufbau

Marktgeschehen erforderlich sind. Diese Ergebnisse ermöglichen, in weiteren Fallstudien auf die anderen Parameter und speziell auf die Allokationsregel des Marktsystems zu fokussieren.

6.1.1.1. Startzeitpunkt

Als erster Marktparameter werden die Startzeitpunkte *tstart* bezüglich des Gleichgewichtsprozesses untersucht. Um den Einfluss unterschiedlicher Startzeitpunkte zu untersuchen, wird der Start beider Marktseiten variiert. Hierzu werden alle Transaktionsbedürfnisse einer Marktseite um einen einheitlichen Wert von *ta* bzw. *tn* Zeiteinheiten in der Form $tstart^{a,i} = tstart^{a,i} + ta$ und $tstart^{n,j} = tstart^{n,j} + tn$ verschoben.

Konvergenzprozess

In Abbildung 6.1.1.1.a sind die Preise der in den ersten 300 Iterationen durchgeführten Transaktionen für unterschiedliche Werte von *ta* und *tn* dargestellt. Mit dem Symbol △ ist der Verlauf für einen simultanen Start mit $ta = tn = 5$ dargestellt. Das Symbol □ zeigt den Verlauf für einen sequentiellen Start mit $ta = 5$ und $tn = 25$, mit dem Symbol ◇ ist der Verlauf für $ta = 25$ und $tn = 5$ dargestellt.

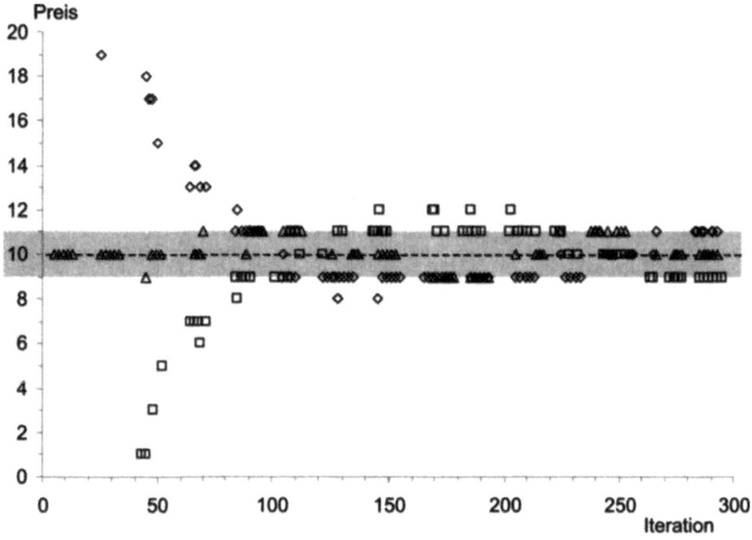

Abb. 6.1.1.1.a Exemplarische Verläufe der Transaktionspreise

In allen drei Varianten wird nach hinreichend vielen Iterationen ein Gleichgewicht erreicht, in dem alle Transaktionen zu markträumenden Preisen durchgeführt werden. Bei simultanem Start (Symbol △) beider Marktseiten wird dieses Gleichgewicht sofort erreicht. Wird demgegenüber beispielsweise der Start der Angebotsseite verzögert (Symbol ◇), so spiegelt der hohe Preis zunächst den Nachfrageüberhang der ersten Periode wieder. Mit fortschreitendem Marktgeschehen passen sich anschließend die Erwartungen der Agenten und damit der Preis den veränderten Bedingungen an.

Die Fallstudie zeigt, dass das Marktsystem unabhängig von den Startzeitpunkten zu markträumenden Gleichgewichtspreisen konvergiert. Dieses Ergebnis gilt auch hinsichtlich einer Variation der Startzeitpunkte und Startreihenfolge innerhalb einer Marktseite, wobei die Länge des Konvergenzprozesses mit der konkreten Gestalt des Szenarios variiert. Im folgenden Abschnitt wird beispielsweise ein Szenario mit veränderter Startreihenfolge innerhalb der Nachfrageseite betrachtet, dass zu einem identischen Marktgleichgewicht führt.

6.1.1.2. Erwartungshorizont

In der folgenden Fallstudie wird der Einfluss des Erwartungshorizontes auf den Gleichgewichtsprozess untersucht. Die nachfrageseitigen Transaktionsbedürfnisse werden in umgekehrter Startreihenfolge $(v^{n,1},...,v^{n,10}) = (1,...,19)$ angeordnet, da die Effekte eines geringen Erwartungshorizontes in dem so veränderten Szenario besonders deutlich werden. Die Fallstudie wird für die Erwartungshorizonte $TH = 1,...,30$ durchgeführt, wobei jeweils ein für alle Agenten einheitlicher Wert gewählt wird.

In Abbildung 6.1.1.2.a sind die durchschnittlichen Transaktionspreise in Abhängigkeit des Erwartungshorizontes dargestellt. Preisbildung

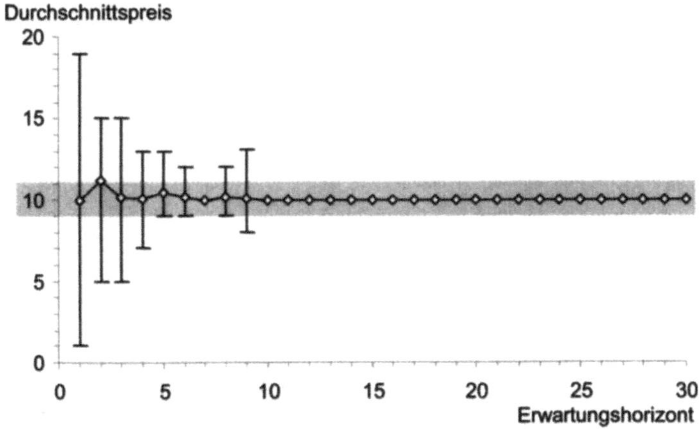

Abb. 6.1.1.2.a Transaktionspreise und Erwartungshorizont

Die Durchschnittspreise basieren auf 500 Iterationen (25 Perioden), denen zur Abgrenzung vom Konvergenzprozess 1000 ungewertete Iterationen vorgeschaltet sind. Zu jedem Durchschnittspreis ist zusätzlich der minimale und der maximale darin enthaltene Transaktionspreis eingezeichnet.

Während der Durchschnittspreis für alle betrachteten Erwartungshorizonte im Intervall markträumender Preise liegt, nimmt der Bereich zwischen minimalem und maximalem Transaktionspreis mit abnehmendem Erwartungshorizont zu. Für einen Erwartungshorizont $TH < 10$ stellt sich kein Marktgleichgewicht ein, sondern der Marktpreis schwankt innerhalb jeder Periode zwischen dem jeweiligen Minimal- und Maximalwert. Dieser Effekt ist darauf zurückzuführen, dass die einzelnen Agenten aufgrund ihres geringen Erwartungshorizontes die Schwankungen von Angebot und Nachfrage falsch antizipieren. Für $TH \geq 10$ bildet sich demgegenüber ein eindeutiger Gleichgewichtspreis heraus.

Konvergenzdauer

In Abbildung 6.1.1.2.b ist ergänzend für $TH \geq 10$ die Konvergenzdauer zum Gleichgewicht dargestellt. Mit dem Symbol ◆ ist die Anzahl der Iterationen bezeichnet, nach der der Preis das Intervall [9,11] nicht wieder verlässt. Im Gegensatz zur Fallstudie in Abschnitt 6.1.1.1. erreicht der Marktprozess in diesem Szenario immer ein stationäres Gleichgewicht von $p = 10$. Das Symbol ◇ beschreibt, nach wie vielen Iterationen dieses Gleichgewicht dauerhaft erreicht ist.

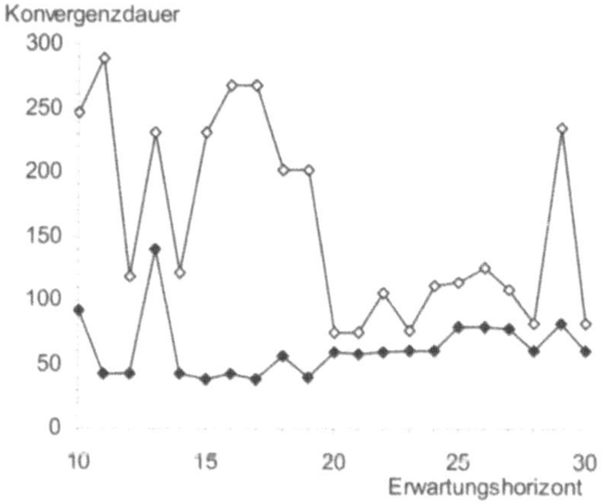

Abb. 6.1.1.2.b Konvergenzdauer und Erwartungshorizont

Die Fallstudie zeigt, dass der Gleichgewichtsprozess für hinreichend große Erwartungshorizonte zu einem von diesem Parameter unabhängigen Ergebnis führt. Der im vorhergehenden Abschnitt gewählte Erwartungshorizont von $TH = TP = 20$ hat gute Konvergenzeigenschaften, da die Agenten genau eine Periode in ihre Erwartungsbildung einbeziehen. In den weiteren Fallstudien wird jeweils ein Erwartungshorizont entsprechend der Periodenlänge gewählt.

6.1.1.3. Auktionsfrequenz

Als dritter Marktparameter wird die Auktionsfrequenz, also die Anzahl der Auktionen pro Periode, untersucht. Da in allen Fallstudien genau eine Auktion pro Zeiteinheit durchgeführt wird, ist die Auktionsfrequenz mit der Periodenlänge *TP* identisch. Als Fallstudie zur Auktionsfrequenz wird das Beispielszenario mit Periodenlängen *TP* = 2,...10 durchgeführt.

Effizienz

Zunächst wird der pro Periode insgesamt erzielte Transaktionsgewinn betrachtet. Eine gesamtwirtschaftlich optimale Allokation liegt vor, wenn in jeder Periode jeweils zwischen den ersten fünf Transaktionsbedürfnissen beider Marktseiten eine Transaktion durchgeführt wird (vgl. Abbildung 6.1.1.a). Der insgesamt erzielte Transaktionsgewinn beträgt in diesem Fall 18+14+10+6+2 = 50 Geldeinheiten. In Abbildung 6.1.1.3.a ist die Effizienz des Marktsystems, also der Quotient aus dem tatsächlich erzielten Transaktionsgewinn und dem theoretischen Maximum, in Abhängigkeit von *TP* dargestellt.

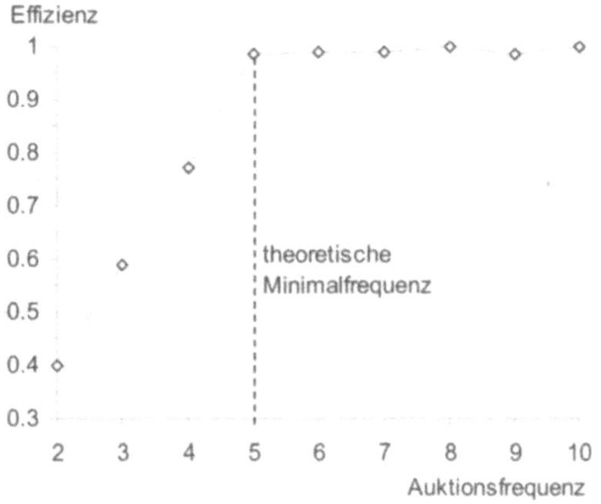

Abb. 6.1.1.3.a Effizienz und Auktionsfrequenz

Die Grafik zeigt, dass die maximale Effizienz ab einer Auktionsfrequenz von *TP* = 5 erreicht wird. Da die optimale Allokation insgesamt fünf Transaktionen pro Periode beinhaltet, stellt dieser Wert im Kontext der dynamisierten Iteration die für eine optimale Allokation notwendige, theoretische Minimalfrequenz dar.

Divergenzprozess

Ein Unterschreiten der theoretischen Minimalfrequenz kann neben den dargestellten Effizienzeinbußen dazu führen, dass sich im Marktsystem kein Gleichgewichtspreis herausbildet. In Abbildung 6.1.1.3.b sind für *TP* = 4 die Beträge der an den Transaktionen beteiligten Angebots- und Nachfrageofferten für die ersten 40 Iterationen (2 Perioden) dargestellt.

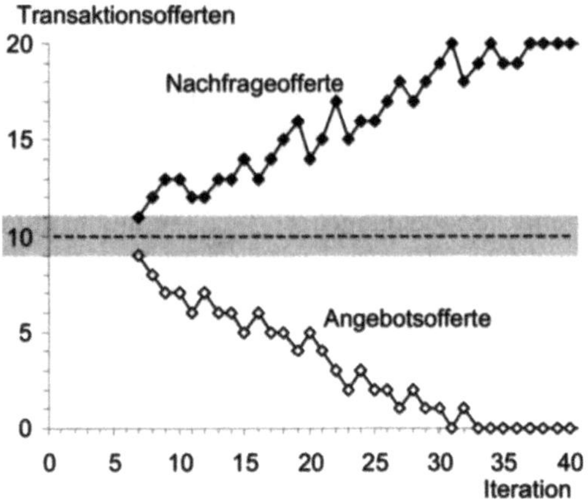

Abb. 6.1.1.3.b Transaktionsofferten für *TP* = 4

Die Grafik zeigt einen divergierenden Verlauf der Angebots- und Nachfrageofferten. Die Begrenzung auf das Intervall [0,20] folgt aus dem Suchraum der PolyStrategie (vgl. Abbildung 6.1.1.b). Für größere Suchräume würden die Offerten entsprechend weiter divergieren. Ursache des Divergenzprozesses ist, dass auf beiden Marktseiten eine Konkurrenz um das begrenzte Transaktionsvolumen des Marktes stattfindet. Im Rahmen dieser Konkurrenz erhöhen die Nachfrager einerseits kontinuierlich ihre Gebote, andererseits senken die Anbieter kontinuierlich ihre Forderungen. Der Markt befindet sich damit dauerhaft im Ungleichgewicht, und es ist kein Ausgleich auf Basis des Marktpreises möglich. Ein weiterer interessanter Aspekt besteht darin, dass beispielsweise die Nachfrager ihre Zahlungsbereitschaften überbieten, da sie den Divergenzprozess auch in ihren Preiserwartungen berücksichtigen.

minimale Auktionsfrequenz

In Abbildung 6.1.1.3.c sind die Beträge der an den Transaktionen beteiligten Angebots- und Nachfrageofferten in Abhängigkeit der Auktionsfrequenz dargestellt. Die abgebildeten Werte beziehen sich auf Transaktionen nach Abschluss des Konvergenz- bzw. Divergenzprozess. Dies ist im betrachteten Szenario nach spätestens 40 Iterationen (2 Perioden) der Fall.

Die Fallstudie zeigt, dass der Gleichgewichtsprozess für hinreichend große Auktionsfrequenzen zu einem von diesem Parameter unabhängigen Ergebnis führt. Darüber hinaus ist aus Abbildung 6.1.1.3.c erkennbar, dass auch bei der theoretischen Minimalfrequenz von *TP* = 5 noch Verzerrungen des Marktgleichgewichtes auftreten können. In den weiteren Fallstudien werden jeweils hinreichend große Auktionsfrequenzen gewählt.

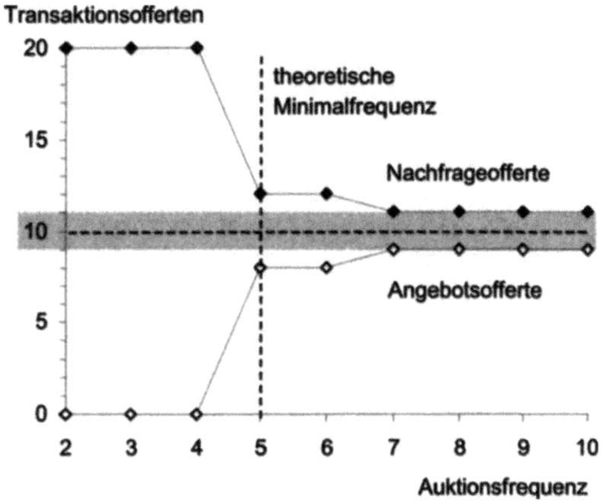

Abb. 6.1.1.3.b Konvergenz und Auktionsfrequenz

6.1.2. Individualverhalten

Im Mittelpunkt der folgenden Fallstudien steht der einzelne Agent. Zunächst wird eine exemplarische Strategieberechnung durchgeführt, die die verschiedenen Elemente des polypolistischen Automatisierungskonzeptes an einem konkreten Beispiel illustriert. Anschließend wird untersucht, welchen Einfluss die Variation eines Transaktionsbedürfnisses hinsichtlich der Bewertung v und des Zeitlimits $tmax$ auf den erzielten Transaktionsgewinn und die Transaktionsquote hat. Zum Abschluss werden verschiedene myopische Alternativstrategien mit dem polypolistischen Automatisierungskonzept verglichen.

6.1.2.1. Exemplarische Strategieberechnung

Ausgangspunkt der exemplarischen Strategieberechnung ist das Beispielszenario aus Abschnitt 6.1.1. In Abbildung 6.1.2.1.a sind die nachfrageseitigen Einzelbeobachtungen der Iterationen 169 bis 188 einer derartigen Fallstudie dargestellt (zum Aufbau der Nachricht *DI_info_model_buy* vgl. Abschnitt 5.1.1.1.). In der dargestellten Periode werden insgesamt 5 Transaktionen durchgeführt. Die Erwartungsbildung verwendet einen Erwartungshorizont von $TH = 20$, d.h. es werden die letzten 20 Einzelbeobachtungen mit gleichem Gewicht in die Erwartungsbildung einbezogen.

```
DI_info_model_buy 9; 1; 0.000000 3
DI_info_model_buy 11; 1; 0.000000 0
DI_info_model_buy 9; 1; 0.000000 3
DI_info_model_buy 11; 1; 0.000000 0
DI_info_model_buy 9; 1; 0.000000 3
DI_info_model_buy 11; 1; 0.000000 0
DI_info_model_buy 11; 1; 0.000000 0
DI_info_model_buy 11; 1; 0.000000 0
DI_info_model_buy 11; 1; 0.000000 0
DI_info_model_buy 11; 1; 0.000000 0
DI_info_model_buy 11; 1; 0.000000 0
DI_info_model_buy 11; 1; 0.000000 0
DI_info_model_buy 11; 1; 0.000000 0
DI_info_model_buy 11; 1; 0.000000 0
DI_info_model_buy 11; 1; 0.000000 0
DI_info_model_buy 11; 1; 0.000000 0
DI_info_model_buy 9; 1; 1.000000 1
DI_info_model_buy 11; 1; 0.000000 0
DI_info_model_buy 9; 1; 0.000000 3
DI_info_model_buy 11; 1; 0.000000 0
```

Abb. 6.1.2.1.a Nachfrageseitige Einzelbeobachtungen der Iterationen 169 bis 188

Transaktions- und Preis-erwartung

Für die Transaktionserwartung $T(o)$ ergibt sich der in Abbildung 6.1.2.1.b dargestellte Verlauf, das Intervall markträumender Preise [9,11] ist erneut grau dargestellt.

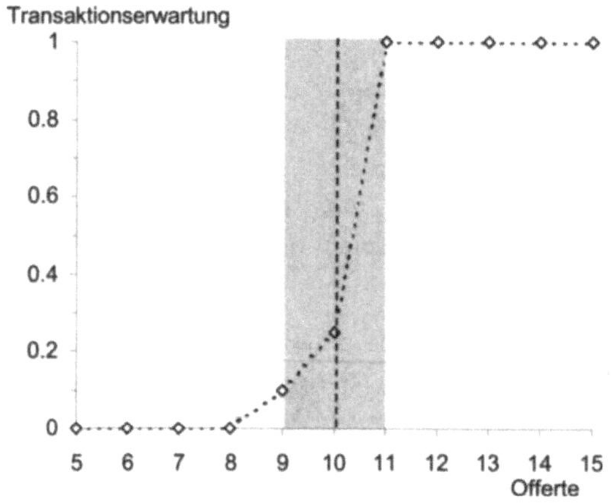

Abb. 6.1.2.1.b Exemplarische Transaktionserwartung $T(o)$

Der dargestellte Verlauf ist mit dem Konzept der doppelt geknickten Preis-Absatz-Funktion vergleichbar (vgl. beispielsweise [Wöhe96, S.677 ff.]). Die Preiserwartung $P(o)$ ist in Abbildung 6.1.2.1.c dargestellt. Die Funktion $P(o)$ zeigt einen nichtlinearen Verlauf, d.h. der erwartete Transaktionspreis nimmt nicht linear mit der Höhe der geplanten Offerte zu. Für Offerten $o < 9$ existieren keine Preiserwartungen, da die Transaktionserwartung in diesem Bereich Null beträgt.

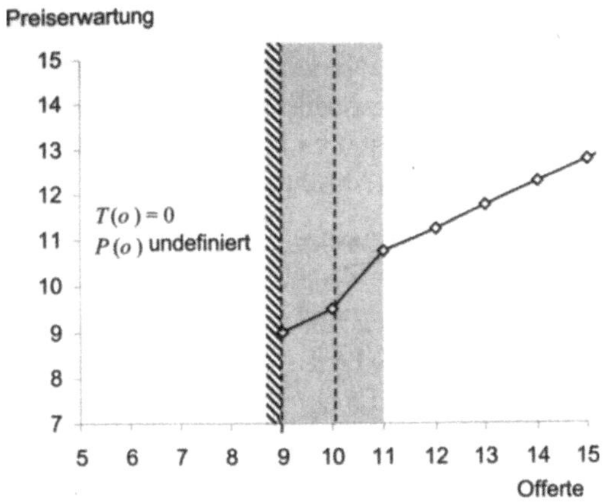

Abb. 6.1.2.1.c Exemplarische Preiserwartung $P(o)$

Für einen konkreten Nachfrager mit einer Zahlungsbereitschaft von $v = 15$ und einem Zeitlimit von $tmax = 19$ ergibt sich aus dem mehrperiodigen Kalkül der in Abbildung 6.1.2.1.d dargestellte Handlungsplan (vgl. Abschnitt 4.1.3.2.).

Handlungsplan und strategisches Verhalten

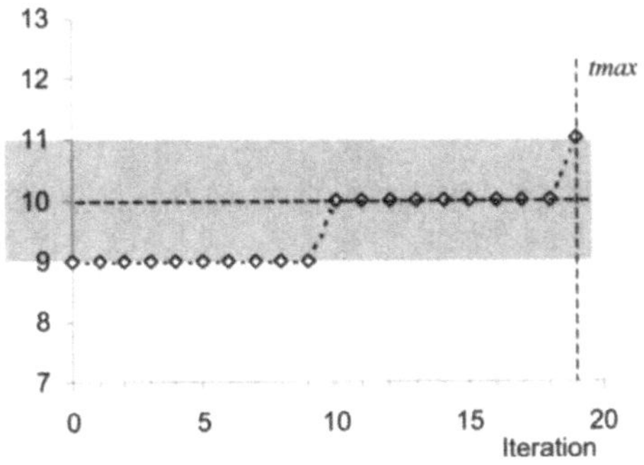

Abb. 6.1.2.1.d Exemplarischer Handlungsplan

Alle geplanten Offerten liegen im Intervall markträumender Preise. Der Verlauf der Offerten illustriert das strategische Verhalten des Agenten. Für die ersten zehn Iterationen sieht der Handlungsplan Offerten entsprechend der unteren Intervallgrenze vor. Falls bis zu diesem Zeitpunkt keine Transaktion durchgeführt wurde, so wird die Offerte bis zur oberen Intervallgrenze bei Erreichen des Zeitlimits *tmax* erhöht.

6.1.2.2. Variation des Transaktionsbedürfnisses

Als zweiter Aspekt des Individualverhaltens wird untersucht, welchen Einfluss die Form eines Transaktionsbedürfnisses auf den erzielten Transaktionsgewinn und die Transaktionsquote hat. Die Fallstudien basieren wiederum auf dem Beispielszenario aus Abschnitt 6.1.1.

Variation der Zahlungsbereitschaft

Zunächst wird die Transaktionsanzahl der verschiedenen Nachfrager in Abhängigkeit ihrer Bewertung v betrachtet. Die Fallstudie basiert auf 400 Iterationen (20 Perioden) des Beispielszenarios, denen zur Abgrenzung vom Konvergenzprozess 200 ungewertete Iterationen vorgeschaltet sind. In Abbildung 6.1.2.2.a ist jeweils die durchschnittliche Transaktionsanzahl pro Periode in Abhängigkeit der Zahlungsbereitschaft dargestellt.

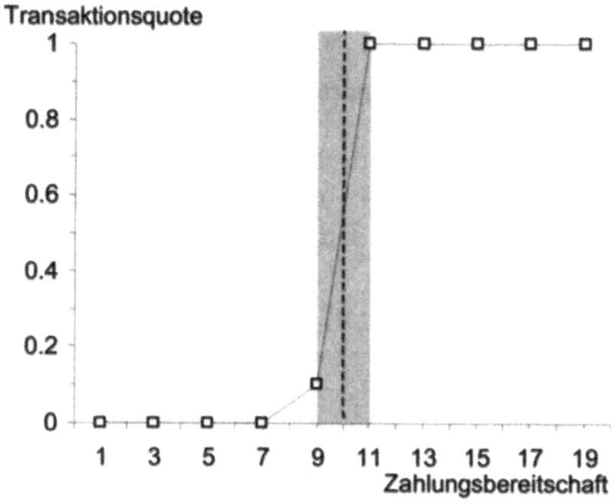

Abb. 6.1.2.2.a Transaktionsquote und Zahlungsbereitschaft

Die Transaktionsquote zeigt, dass nur Nachfrager mit einer Zahlungsbereitschaft in Höhe von mindestens der unteren Intervallgrenze markträumender Preise Transaktionen durchführen. Für die Zahlungsbereitschaft $v = 9$ liegt eine geringe, von Null verschiedene Transaktionsquote vor, die aus einem im Intervall [9,11] oszillierenden Marktpreis resultiert (vgl. auch Abbildung 6.1.1.1.a).

In Abbildung 6.1.2.2.b ist für die verschiedenen Nachfrager jeweils der durchschnittliche Transaktionsgewinn pro Periode in Abhängigkeit der Zahlungsbereitschaft dargestellt. Die Grafik zeigt, dass alle Nachfrager mit einer Zahlungsbereitschaft v größer dem Gleichgewichtspreis $p = 10$ im Durchschnitt einen Transaktionsgewinn in Höhe der Differenz zwischen ihrer Zahlungsbereitschaft und dem Gleichgewichtspreis erzielen. Für die Zahlungsbereitschaft $v = 9$ ergibt sich zwar eine geringe Transaktionsquote, der Periodengewinn beträgt jedoch Null.

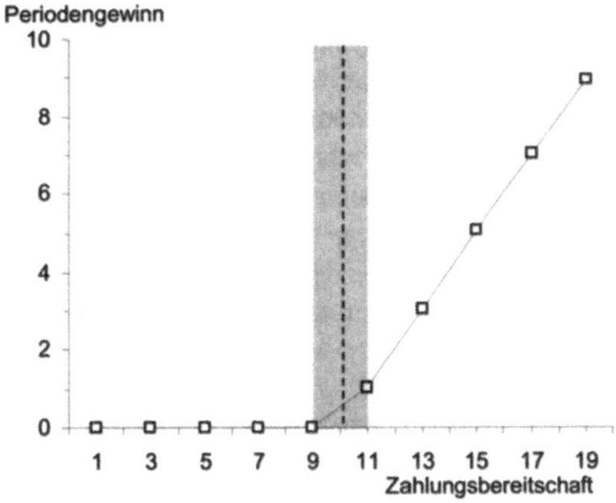

Abb. 6.1.2.2.b Periodengewinn und Zahlungsbereitschaft

Das Marktsystem zeigt das aus theoretischer Perspektive erwartete Ergebnis, dass eine Erhöhung der Zahlungsbereitschaft direkt in den Periodengewinn eingeht.

Variation des Zeitlimits

Als zweiter Aspekt wird die Variation des Zeitlimits eines einzelnen Transaktionsbedürfnisses betrachtet. Die Fallstudie baut erneut auf dem Beispielsszenario auf, wobei für den Nachfrager mit der Zahlungsbereitschaft $v = 17$ verschiedene Zeitlimits $tmax = 0,...,19$ untersucht werden. Für jedes Zeitlimit werden 200 Iterationen durchgeführt, denen zur Abgrenzung vom Konvergenzprozess 200 ungewertete Iterationen vorgeschaltet sind. Abbildung 6.1.2.2.c stellt den durchschnittlichen Transaktionsgewinn pro Periode in Abhängigkeit des Zeitlimits dar.

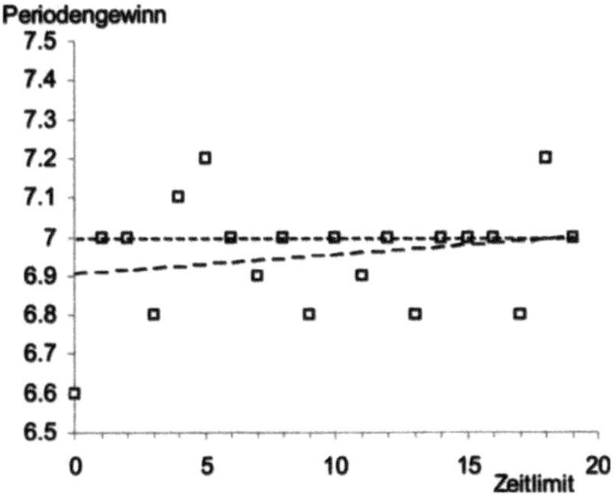

Abb. 6.1.2.2.c Periodengewinn und Zeitlimit

Bei einem Gleichgewichtspreis von $p = 10$ kommt dem betrachteten Nachfrager mit $v = 17$ ein erwarteter Periodengewinn von $\pi = 7$ zu. Diese theoretische Vorüberlegung deckt sich mit dem in Abbildung 6.1.2.2.b dargestellten, empirischen Ergebnis der Fallstudie. Bei Variation des Zeitlimits ergibt sich eine Streuung der Periodengewinne um diesen Wert. Die in der Abbildung 6.1.2.2.c dargestellte Regressionsgerade hat einen in *tmax* leicht steigenden, jedoch wenig signifikanten Verlauf. Insgesamt ist für das untersuchte Marktszenario festzustellen, dass das Zeitlimit des Transaktionsbedürfnisses im Marktgleichgewicht nur geringen Einfluss auf den erzielten Periodengewinn hat.

6.1.2.3. Myopische Alternativstrategien

Einen weiteren Aspekt des Individualverhaltens bildet die Frage nach der Leistungsfähigkeit des polypolistischen Automatisierungskonzeptes im Vergleich zu myopischen Alternativstrategien. Aus der theoretischen Konzeption in Abschnitt 4.1. folgt, dass es sich bei dem polypolistischen Automatisierungskonzept um eine unter dem Ziel der Gewinnmaximierung optimale Verhaltensvorschrift handelt. In den folgenden Fallstudien wird der mit dem polypolistischen Automatisierungskonzept erzielbare Transaktionsgewinn mit verschiedenen myopischen Alternativstrategien aus Abschnitt 5.1.3.2.3. verglichen.

Die Fallstudien basieren auf dem Beispielszenario aus Abschnitt 6.1.1., wobei für den Nachfrager mit der Zahlungsbereitschaft $v = 17$ verschiedene myopische Alternativstrategien eingesetzt werden. Für jede Strategie wird analog der zweiten Fallstudie aus Abschnitt 6.1.2.2. das Zeitlimit des Transaktionsbedürfnisses im Bereich $tmax = 0,...19$ variiert. Für jedes Zeitlimit werden wiederum 200 Iterationen durchgeführt, denen zur Abgrenzung vom Konvergenzprozess 200 ungewertete Iterationen vorgeschaltet sind.

Offertenverläufe

Als theoretische Vorüberlegung seien zunächst die Offertenverläufe der drei myopischen Alternativstrategien *sqr*, *lin* und *sqrt* für ein Zeitlimit von $tmax = 5$ und eine Startofferte von $Pmin = 0$ betrachtet (vgl. Abschnitt 5.1.3.2.3. und 5.2.2.2.). Die in Abbildung 6.1.2.3.a dargestellten Werte ergeben sich aus (5.1.3.2.3.a) für die Parameter $y = 2$, $y = 1$ und $y = 0.5$. Die myopischen Alternativstrategien verwenden keine Marktinformationen, der Offertenverlauf ist unabhängig vom Marktgeschehen. Dies hat zur Folge, dass in Abbildung 6.1.2.3.a die Mehrzahl der Offerten außerhalb des im Szenario vorhandenen Intervalls markträumender Preise [9,11] liegt.

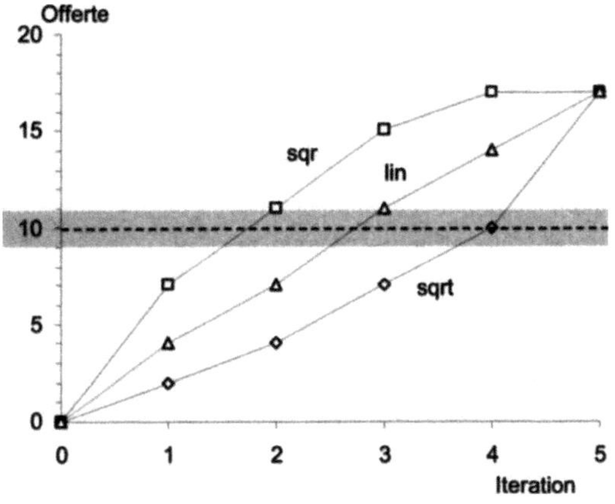

Abb. 6.1.2.3.a Offertenverläufe für *tmax* = 5

Verlauf der Periodengewinne

In den folgenden Abbildungen sind jeweils die durchschnittlichen Periodengewinne einer myopischen Alternativstrategie in Abhängigkeit des Zeitlimits *tmax* dargestellt. Die einzelnen Werte sind mit dem Symbol ◇ gekennzeichnet. Als Vergleichspunkt sind mit dem Symbol □ zusätzlich die korrespondierenden Periodengewinne des polypolistischen Automatisierungskonzeptes entsprechend Abbildung 6.1.2.2.c eingezeichnet. Beide Verläufe werden jeweils durch eine Regressionsgerade ergänzt. Abbildung 6.1.2.3.b stellt die Ergebnisse für die myopische Alternativstrategie *lin* (d.h. $y = 1$) dar.

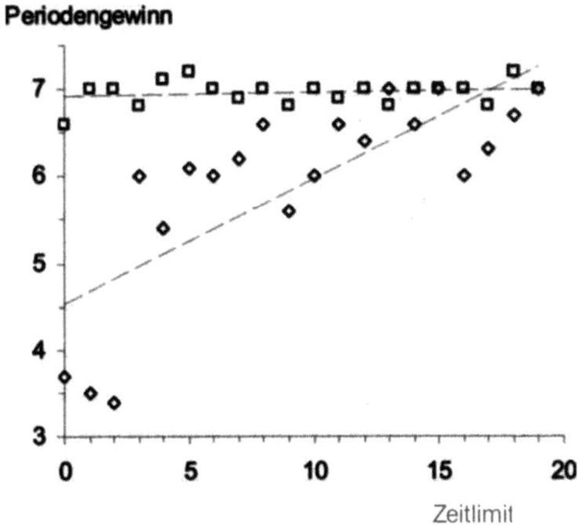

Abb. 6.1.2.3.b Myopische Alternativstrategie *lin*

In Abbildung 6.1.2.3.c ist der Verlauf der Periodengewinne für die myopische Alternativstrategie *sqr* (d.h. $y = 2$) dargestellt.

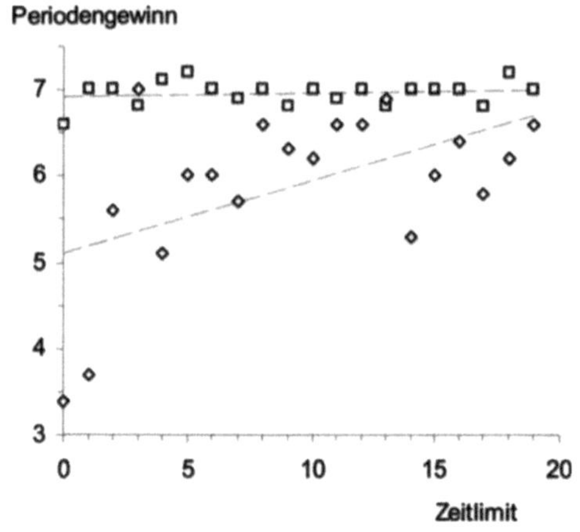

Abb. 6.1.2.3.c Myopische Alternativstrategie *sqr*

Die folgende Abbildung 6.1.2.3.d stellt die Ergebnisse für die dritte myopische Alternativstrategie *sqrt* (d.h. $y = 0.5$) dar.

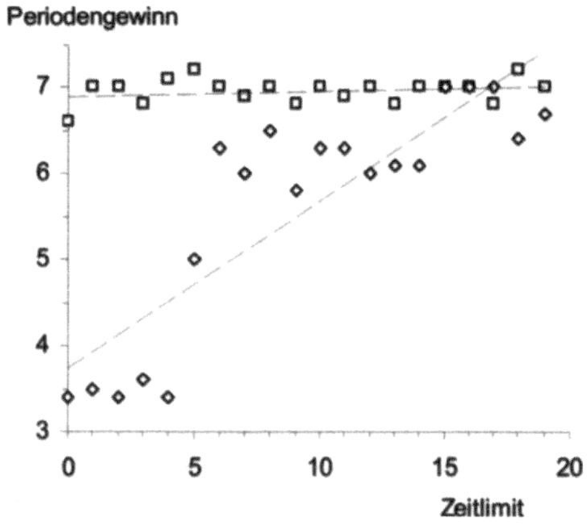

Abb. 6.1.2.3.d Myopische Alternativstrategie *sqrt*

Präferenz-offenbarung

Als weiterer Bezugspunkt wird die Alternativstrategie der Präferenzoffenbarung untersucht. Die Periodengewinne bei Präferenzoffenbarung sind in Abbildung 6.1.2.3.e dargestellt. Die Präferenzoffenbarung führt unabhängig vom Zeitlimit zu einem Periodengewinn in Höhe von ungefähr der Hälfte des anhand des polypolistischen Automatisierungskonzeptes erzielten Wertes.

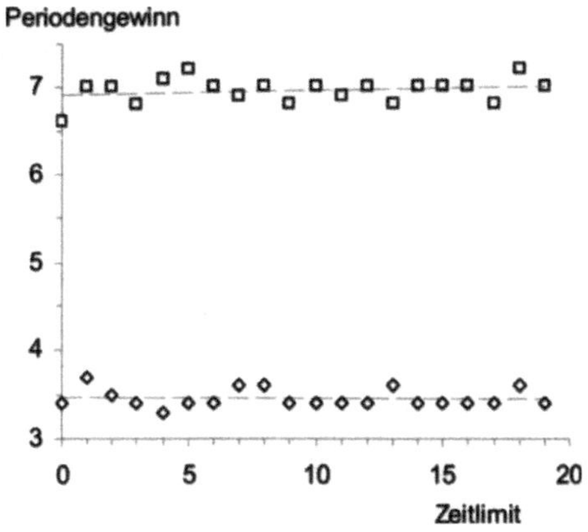

Abb. 6.1.2.3.e Präferenzoffenbarung

Für alle drei myopischen Alternativstrategien ergibt sich, dass der erzielte Periodengewinn im Gegensatz zum polypolistischen Automatisierungskonzept und der Präferenzoffenbarung mit dem Zeitlimit des Transaktionsbedürfnisses stark variiert. Der Verlauf der Periodengewinne hat in allen drei Fallstudien eine ähnliche Gestalt. Für kleine *tmax* erzielen die myopischen Alternativstrategien jeweils einen Periodengewinn, der näherungsweise dem der Präferenzoffenbarung entspricht. Dies ist ungefähr die Hälfte des anhand des polypolistischen Automatisierungskonzept erzielten Wertes. Die Differenz zum Periodengewinn des polypolistischen Automatisierungskonzepts nimmt mit zunehmenden Zeitlimit *tmax* ab und geht für große *tmax* gegen Null. Vergleich

Die Abhängigkeit der myopischen Alternativstrategien vom Zeitlimit beruht darauf, dass keine Informationen über das Marktgeschehen berücksichtigt werden. Anstelle eines am Marktgeschehen ausgerichteten Verhaltens wird eine fest vorgegebene Sequenz von Offerten im Intervall [*Pmin*, *v*] durchgeführt, deren Schrittweite maßgeblich vom Zeitlimit *tmax* und der Intervallbreite abhängt. Mit zunehmender Schrittweite nimmt die Wahrscheinlichkeit ab, den auf dem Markt erzielbaren Mindestpreis zu realisieren.

Zusammenfassend ist festzuhalten, dass die myopischen Alternativstrategien im Gegensatz zum polypolistischen Automatisierungskonzept den aus theoretischer Perspektive erzielbaren Transaktionsgewinn oft nicht erreichen. Die Fallstudien zeigen die Profitabilität und damit auch die Praxisrelevanz des polypolistischen Automatisierungskonzeptes.

6.1.3. Marktverhalten

Im Folgenden wird untersucht, wie sich die Variation einer gesamten Marktseite auf die erzielte Allokation auswirkt. Als Aspekte der Allokation werden der Gleichgewichtspreis, die totale Transaktionsquote und der totale Periodengewinn betrachtet. Die empirischen Ergebnisse der Fallstudien werden jeweils mit dem theoretischen Marktgleichgewicht verglichen. Zunächst wird eine Variation der Bewertungen untersucht, anschließend wird eine Mengenvariation betrachtet. Die Analyse eines Szenarios zum Angebots- bzw. Nachfrageüberhang beschließt diesen Abschnitt.

6.1.3.1. Bewertungsvariation

Szenario

Als erster Aspekt des Marktverhaltens wird die homogene Variation aller Bewertungen einer Marktseite untersucht. Den Ausgangspunkt bildet erneut das Beispielszenario aus Abschnitt 6.1.1., wobei als Bewertungen der angebots- und nachfrageseitigen Transaktionsbedürfnisse die Vektoren $(v^{a,1},...,v^{a,10}) = (-5,...,-14)$ und $(v^{n,1},...,v^{n,10}) = (9+x,...,0+x)$ gewählt werden. Der in den nachfrageseitigen Bewertungen enthaltene Offset x dient einer vertikalen Verschiebung der Nachfragekurve. In Abbildung 6.1.3.1.a sind die Angebotskurve und drei exemplarische Nachfragekurven des Szenarios dargestellt. Für den Offset $x = 11$ ergibt sich ein Intervall markträumender Preise, das in der Abbildung grau dargestellt ist. Für die ebenfalls dargestellten Offsets $x = 0$ und $x = 6$ existiert jeweils ein eindeutiger Gleichgewichtspreis.

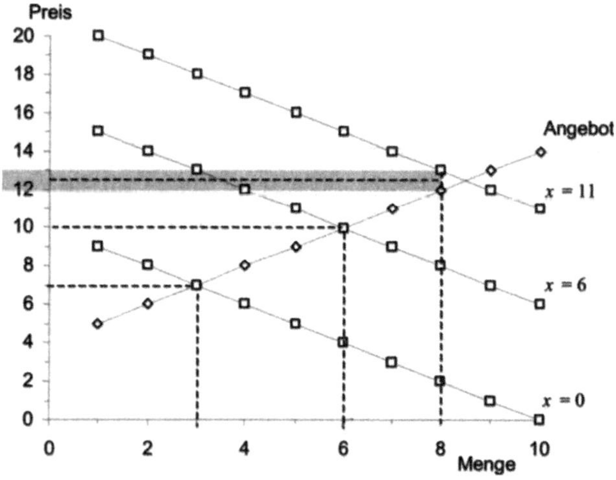

Abb. 6.1.3.1.a Szenario zur Bewertungsvariation

In der Fallstudie wird der Offset im Bereich $x = 0,...,11$ variiert. Für jeden Offset werden 200 Iterationen durchgeführt, denen zur Abgrenzung vom Konvergenzprozess 100 ungewertete Iterationen vorgeschaltet sind.

In Abbildung 6.1.3.1.b sind die theoretisch und empirisch ermittelten Gleichgewichtspreise in Abhängigkeit des Offsets dargestellt. Der grau dargestellte Bereich beschreibt das Intervall der aus theoretischer Perspektive markträumenden Preise, das Symbol ◇ bezeichnet die im Marktsystem empirisch ermittelten Werte.

Gleichgewichtspreis

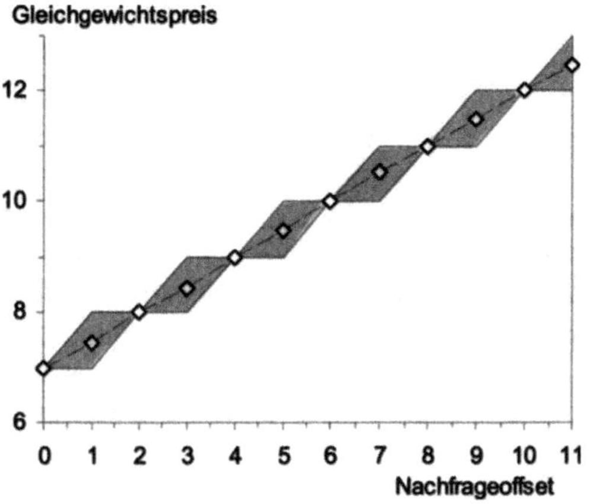

Abb. 6.1.3.1.b Theoretischer und empirischer Gleichgewichtspreis

Die Fallstudie zeigt, dass das Marktsystem unabhängig vom Offset einen markträumenden Preis herausbildet.

Abbildung 6.1.3.1.c stellt den auf dem Markt pro Periode insgesamt erzielten Transaktionsgewinn in Abhängigkeit des Offsets dar.

totaler Periodengewinn

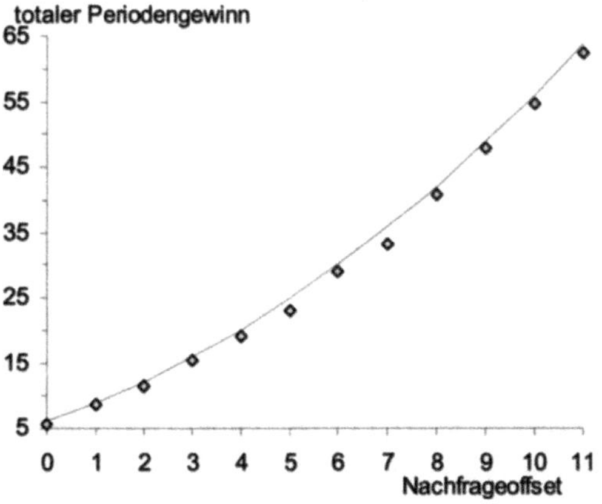

Abb. 6.1.3.1.c Theoretischer und empirischer Periodengewinn

Die durchgezogene Linie beschreibt das theoretische Maximum. Die im Marktsystem empirisch ermittelten Werte sind mit dem Symbol ◇ eingezeichnet. Der Vergleich zwischen dem theoretischen Optimum und dem durchschnittlich erzielten Periodengewinn ergibt, dass das Marktsystem unabhängig vom Offset eine näherungsweise effiziente Allokation erzielt.

6.1.3.2. Mengenvariation

Szenario

In der folgenden Fallstudie wird die Variation der Anzahl der auf einer Marktseite vorliegenden Transaktionsbedürfnisse betrachtet. Hierzu wird das Beispielszenario aus Abschnitt 6.1.1. wie folgt modifiziert. Es werden $na = 10$ angebotsseitige Transaktionsbedürfnisse $(v^{a,1},...,v^{a,10}) = (-5,...,-14)$ und $nn = 5,...,20$ nachfrageseitige Transaktionsbedürfnisse $(v^{n,1},...,v^{n,nn}) = (15,...,6)$ betrachtet. Die Bewertungen und Startzeitpunkte der Transaktionsbedürfnisse sind äquidistant angeordnet. Um eine hinreichende Auktionsfrequenz bereitzustellen, wird die Periodenlänge auf $TP = 30$ erhöht. Das Zeitlimit und der Erwartungshorizont werden uniform entsprechend der Periodenlänge mit $tmax = 29$ und $TH = 30$ gewählt. In Abbildung 6.1.3.2.a sind die Angebotskurve und drei exemplarische Nachfragekurven des Szenarios dargestellt.

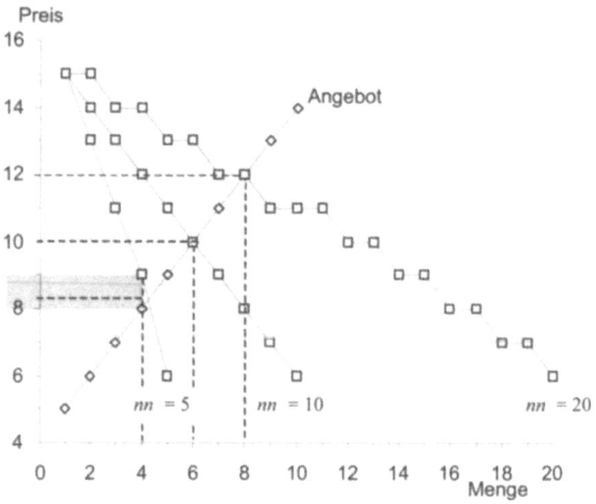

Abb. 6.1.3.2.a Szenario der Mengenvariation

Eine Variation der Nachfragemenge nn entspricht in der Abbildung einer Drehung der Nachfragekurve um den Punkt (1,15) und führt aus theoretischer Perspektive zu einer Veränderung des Gleichgewichtspreises. Es werden jeweils 300 Iterationen durchgeführt, denen zur Abgrenzung vom Konvergenzprozess 300 ungewertete Iterationen vorgeschaltet sind.

In Abbildung 6.1.3.2.b sind die theoretisch und empirisch ermittelten Gleichgewichtspreise in Abhängigkeit der Nachfragemenge dargestellt. Wie im vorangegangenen Abschnitt beschreibt der grau dargestellte Bereich das Intervall der aus theoretischer Perspektive markträumenden Preise, und das Symbol ◇ bezeichnet die im Marktsystem empirisch ermittelten Werte.

Gleichgewichtspreis

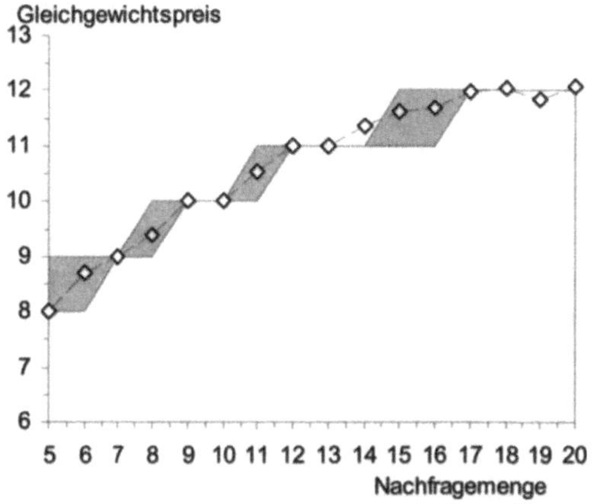

Abb. 6.1.3.2.b Theoretischer und empirischer Gleichgewichtspreis

Der Vergleich der theoretischen und empirischen Werte zeigt, dass das Marktsystem auch in diesem Szenario einen näherungsweise markträumenden Preis herausbildet.

In Abbildung 6.1.3.2.c ist der auf dem Markt pro Periode erzielte Transaktionsgewinn in Abhängigkeit der Nachfragemenge dargestellt. Die durchgezogene Linie beschreibt das theoretische Maximum. Die im Marktsystem empirisch ermittelten Werte sind mit dem Symbol ◇ eingezeichnet.

totaler Periodengewinn

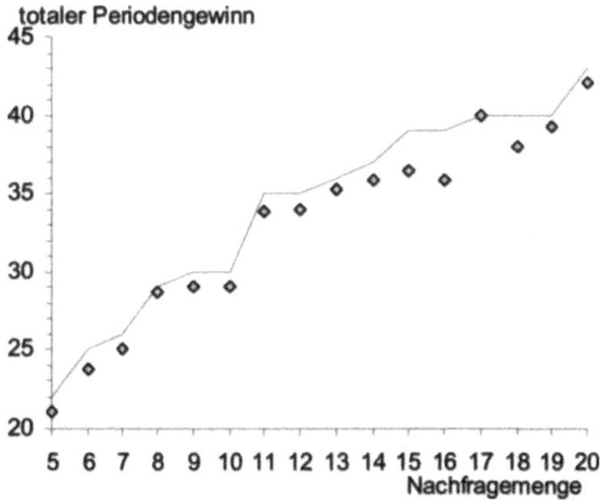

Abb. 6.1.3.2.c Theoretischer und empirischer Periodengewinn

Der unstetige Verlauf der theoretischen Optima in Abhängigkeit der Nachfragemenge *nn* resultiert aus Rundungseffekten, die bei der näherungsweise äquidistanten Verteilung von *nn* Transaktionsbedürfnissen auf ganzzahlige Bewertungen in Intervall [6,15] auftreten. Die empirischen Werte zeigen einen ähnlichen Verlauf, bleiben jedoch in Abhängigkeit der Nachfragemenge leicht hinter dem theoretischen Optimum zurück. Insgesamt ist jedoch festzuhalten, dass das Marktsystem auch in diesem Szenario eine näherungsweise effiziente Allokation erzielt.

6.1.3.3. Angebots- und Nachfrageüberhang

Szenario

Einen weiteren Aspekt des Marktverhaltens bietet der Fall eines Angebots- bzw. Nachfrageüberhanges. Als Szenario wird wie im vorangegangenen Abschnitt eine nachfrageseitige Mengenvariation $nn = 5,...,20$ betrachtet, wobei jedoch als Bewertungen der angebots- und nachfrageseitigen Transaktionsbedürfnisse die Vektoren $(v^{a,1},...,v^{a,10}) = (-1,...,-5)$ und $(v^{n,1},...,v^{n,nn}) = (19,...,15)$ gewählt werden. In Abbildung 6.1.3.2.a sind die Angebotskurve und drei exemplarische Nachfragekurven des Szenarios dargestellt.

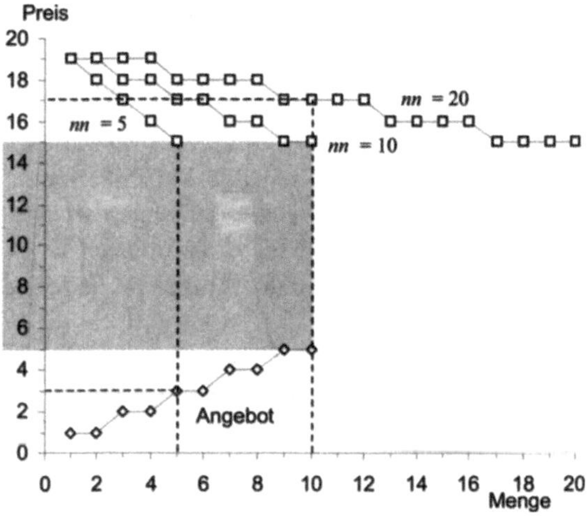

Abb. 6.1.3.3.a Szenario zum Marktüberhang

Die Abbildung illustriert, dass zwischen Angebots- und Nachfragefunktion kein Schnittpunkt im üblichen Sinne existiert. Für $nn < na$ liegt ein Angebotsüberhang, für $nn > na$ ein Nachfrageüberhang vor. In beiden Fällen existiert ein eindeutiger Gleichgewichtspreis, der durch die Überhangseite definiert wird. Im Grenzfall $nn = na = 10$ liegt demgegenüber das in der Abbildung grau gekennzeichnete Intervall [5,15] markträumender Preise vor.

In Abbildung 6.1.3.3.b sind die durchschnittlichen Transaktionspreise in Abhängigkeit der Nachfragemenge *nn* dargestellt. Für jede Nachfragemenge werden 1000 Iterationen (50 Perioden) durchgeführt, denen zur Abgrenzung vom Konvergenzprozess 300 ungewertete Iterationen vorgeschaltet sind.

Durch-
schnittspreise

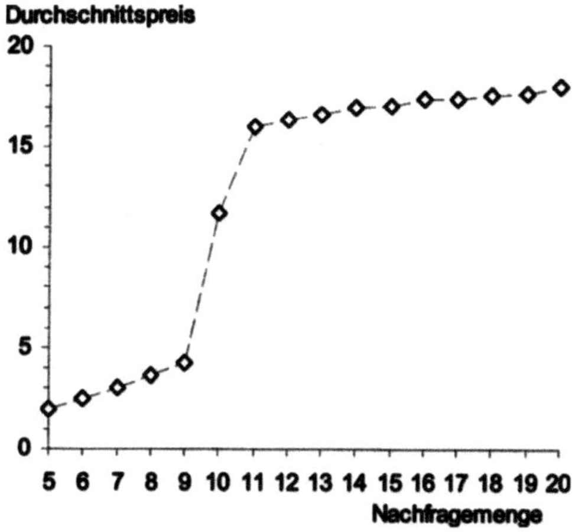

Abb. 6.1.3.3.b Durchschnittspreis in Abhängigkeit der Nachfragemenge

Der Verlauf des Durchschnittspreises besitzt eine Sprungstelle bei $nn = 10$, also bei dem Wechsel vom Angebots- zum Nachfrageüberhang. In Abbildung 6.1.3.3.c sind die Transaktionspreise der ersten 1000 Iterationen für den Fall ausgeglichener Marktseiten ($nn = 10$) dargestellt.

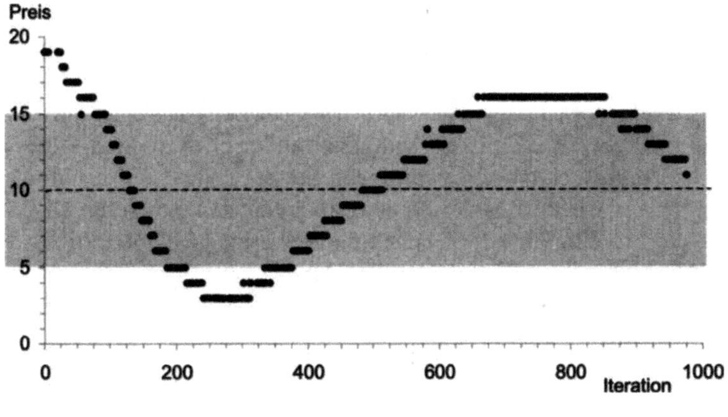

Abb. 6.1.3.3.c Verlauf der Transaktionspreise

In dieser Fallstudie oszilliert der Gleichgewichtspreis langfristig im Intervall markträumender Preise, wobei ein leichtes Überschwingen der Intervallgrenzen auftritt. Der Verlauf verdeutlicht den bereits in Abschnitt 6.1.1.1.

ansatzweise beobachteten Effekt, dass im Marktsystem Preisschwankungen innerhalb des Intervalls markträumender Preise auftreten können. Zusammenfassend ist festzustellen, dass das Marktsystem auch im Falle eines Angebots- bzw. Nachfrageüberhanges ein ökonomisch plausibles Verhalten zeigt.

6.1.4. Kontraktdifferenzierung

Im Mittelpunkt der folgenden Fallstudien stehen Szenarien mit differenzierten Kontrakträumen, also Märkte, auf denen mehr als genau ein Kontrakt gehandelt wird. Zunächst wird ein Blindtest zur Kontraktdifferenzierung durchgeführt und der Aspekt der individuellen Strukturverzerrung betrachtet. Anschließend wird dann die Effizienz des Marktsystems anhand von zwei Differenzierungsszenarien untersucht. Den Abschluss bildet die Analyse der Kompensationswirkungen bei Bewertungs- und Mengenvariationen hinsichtlich eines Kontraktes.

6.1.4.1. Blindtest

Als Blindtest zur Kontraktdifferenzierung wird ein Szenario mit undifferenzierten Transaktionsbedürfnissen hinsichtlich einer Variation der Kontraktanzahl nk untersucht. Dieser Blindtest dient der Analyse, inwieweit die Form des Kontraktraumes an sich die Allokation des Marktsystems beeinflusst.

Szenario

Es wird ein Markt mit $na = nn = 9$ angebots- und nachfrageseitigen Transaktionsbedürfnissen betrachtet, deren Startzeitpunkte äquidistant über eine Periodenlänge von $TP = 10$ verteilt sind. Das Zeitlimit und der Erwartungshorizont werden uniform entsprechend der Periodenlänge mit $tmax = 9$ und $TH = 10$ gewählt. Für die Kontraktanzahl werden alternativ die Werte $nk = 1,...,3$ untersucht. Die Bewertungen der angebots- und nachfrageseitigen Transaktionsbedürfnisse sind jeweils äquidistant im Intervall [-14,-6] bzw. [6,14] verteilt. Für $nk = 1$ lauten die Bewertungsvektoren $(v^{a,1},...,v^{a,9}) = (-6,...,-14)$ und $(v^{n,1},...,v^{n,9}) = (6,...,14)$. Für $nk = 2$ und $nk = 3$ werden undifferenzierte Transaktionsbedürfnisse verwendet, d.h. für jedes Transaktionsbedürfnis $v = (v_1,...,v_{nk})$ gilt $v_1 = ... = v_{nk}$.

Vergleich

Aus theoretischer Perspektive ist in diesem Szenario ein von der Kontraktanzahl unabhängiger Gleichgewichtspreis von $p = 10$ zu erwarten, bei dem in jeder Periode 5 Transaktionen mit einem totalen Periodengewinn von $\pi = 20$ durchgeführt werden. In Abbildung 6.1.4.1.a sind die Ergebnisse der Fallstudie tabellarisch dargestellt. Für jede Kontraktanzahl werden 100 Iterationen (10 Perioden) durchgeführt, denen zur Abgrenzung vom Konvergenzprozess 10 ungewertete Iterationen vorgeschaltet sind.

	theoretisch	empirisch		
		$nk = 1$	$nk = 2$	$nk = 3$
Gleichgewichtspreise	10	10	10,10	10,10,10
totale Transaktionsquote	Summe 5	5	2.3, 2.7	2.3, 1.0, 1.7
totaler Periodengewinn	20	20	20	20
...davon nachfrageseitig	10	10	10	10
...davon angebotsseitig	10	10	10	10

Abb. 6.1.4.1.a Tabellarischer Vergleich

Die empirisch ermittelten Werte entsprechen der theoretischen Vorüberlegung und zeigen, dass der Differenzierungsgrad des Marktes bei undifferenzierten Transaktionsbedürfnissen keine Auswirkungen auf die Allokation hat. Die Transaktionsquote ist aufgrund der Randomisierung im Rahmen der *kpi*-Auktion ungleichmäßig über die Kontrakte verteilt.

6.1.4.2. Individuelle Strukturverzerrung

Als zweiter Aspekt der Kontraktdifferenzierung wird das strategische Verhalten eines einzelnen Agenten anhand eines konkreten Szenarios betrachtet (vgl. hierzu auch Abschnitt 4.1.3.3.). In der folgenden Fallstudie wird das Szenario des vorhergehenden Abschnitts mit $nk = 2$ Kontrakten um ein nachfrageseitiges Transaktionsbedürfnis mit der Bewertung $v = (12,13)$ erweitert. Dieses einzelne, differenzierte Transaktionsbedürfnis dient zur Untersuchung der Strukturverzerrung in einem Umfeld undifferenzierter Transaktionsbedürfnisse.

Abbildung 6.1.4.2.a stellt exemplarisch einen konkreten Handlungsplan des Nachfragers mit der Bewertung $v = (12,13)$ für $t = 0,...,tmax$ anhand der Offerte o^{*t}, dem insgesamt erwarteten Transaktionsgewinn π_{ges}^{*t} und der Transaktionswahrscheinlichkeit $T(o^{*t})$ in tabellarischer Form dar.

t	o^{*t}	π_{ges}^{*t}	$T(o^{*t})$
0	0, 10	2.223140	0.033333
1	0, 10	2.196351	0.033333
2	0, 10	2.168639	0.033333
3	0, 10	2.139972	0.033333
4	0, 10	2.110315	0.033333
5	0, 10	2.079637	0.033333
6	0, 11	2.047900	0.650000
7	0, 11	1.994000	0.650000
8	0, 11	1.840000	0.650000
9 (= *tmax*)	0, 12	1.400000	1.000000

Abb. 6.1.4.2.a Exemplarischer Handlungsplan

Die Fallstudie zeigt sowohl die dynamischen Aspekte und als auch die Strukturverzerrung im Rahmen des strategischen Verhaltens. Die Strukturverzerrung beinhaltet, dass der Agent in allen Iterationen für Kontrakt 1 eine Teilofferte o_1 in Höhe des durch die Untergrenze des Suchraumes *Pmin* vorgegebenen Minimalgebotes plant. Die dynamischen Aspekte werden an der Teilofferte o_2 deutlich (vgl. auch Abschnitt 4.1.3.3.1. und 6.1.2.1.)

Der dargestellte Handlungsplan beinhaltet implizit, dass ausschließlich Transaktionen bezüglich Kontrakt 2 angestrebt werden. Dieses Verhalten ist nicht nur aus individueller, sondern auch aus gesamtwirtschaftlicher Perspektive effizient, da Kontrakt 2 bezüglich aller angebotsseitigen Transaktionsbedürfnisse optimal ist. Insgesamt ist festzustellen, dass das strategische Verhalten im betrachteten Szenario zu stark strukturverzerrten Offerten führt, jedoch nicht die effiziente Kontraktoptimierung seitens des Marktes behindert.

6.1.4.3. Effizienz

Im Folgenden wird die gesamtwirtschaftliche Effizienz des Marktsystems anhand von zwei konkreten, kontraktdifferenzierten Szenarien untersucht. Die empirischen Ergebnisse werden jeweils mit dem theoretisch erzielbaren Effizienzoptimum verglichen.

unkorrelierte Differenzierung

In der ersten Fallstudie wird ein Szenario betrachtet, in dem auf beiden Marktseiten jeweils eine zwischen den verschiedenen Kontrakten unkorrelierte Verteilung der kontraktbezogenen Einzelbewertungen vorliegt. Es wird ein Markt mit $nk = 2$ Kontrakten und $na = nn = 9$ Transaktionsbedürfnissen untersucht. Die Bewertungen der angebotsseitigen und nachfrageseitigen Transaktionsbedürfnisse lauten $v^a \in \{-8,-10,-12\} \times \{-8,-10,-12\}$ und $v^n \in \{8,10,12\} \times \{8,10,12\}$. Die konkreten Bewertungen der Transaktionsbedürfnisse sind in Abbildung 6.1.4.3.a dargestellt.

Angebot ($v^{a,1},\ldots,v^{a,9}$)	Nachfrage ($v^{n,1},\ldots,v^{n,9}$)
-8, **-8**	8, 8
-8, -10	8, 10
-8, -12	8, **12**
-10, **-8**	10, 8
-10, -10	10, 10
-10, -12	10, **12**
-12, **-8**	**12**, 8
-12, -10	**12**, 10
-12, -12	**12**, **12**

Abb. 6.1.4.3.a Unkorrelierte Differenzierung

Die Startzeitpunkte *tstart* sind jeweils innerhalb einer Marktseite äquidistant über eine Periodenlänge von $TP = 20$ verteilt. Das Zeitlimit und der Erwartungshorizont werden uniform entsprechend der Periodenlänge mit $tmax = 19$ mit $TH = 20$ gewählt. In der Fallstudie werden 200 Iterationen (10 Perioden) durchgeführt, denen zur Abgrenzung vom Konvergenzprozess 100 ungewertete Iterationen vorgeschaltet sind.

Aus theoretischer Perspektive existiert in diesem Szenario ein eindeutiger Gleichgewichtspreis von $p = (10,10)$. Für eine gesamtwirtschaftlich effiziente Allokation sind mindestens fünf Transaktionen bezüglich der in Abbildung 6.1.4.3.a fett gesetzten Einzelbewertungen notwendig und maximal acht Transaktionen möglich. In Abbildung 6.1.4.3.b sind die theoretischen und die empirisch ermittelten Werte in tabellarischer Form dargestellt.

	theoretisch	empirisch
Gleichgewichtspreise	10, 10	10, 10
totale Transaktionsquote	min. 5 (2, 2) max. 8 (5, 5)	8 (4.4, 3.6)
totaler Periodengewinn	20	20
...davon nachfrageseitig	10	10
...davon angebotsseitig	10	10

Abb. 6.1.4.3.b Tabellarischer Vergleich

Der Vergleich der verschiedenen Aspekte zeigt, dass das Marktsystem zu einer effizienten, mit den theoretischen Vorüberlegungen übereinstimmenden Allokation führt.

lineare Differenzierung

Ausgangspunkt der zweiten Fallstudie ist ein an das lineare Präferenzspektrum des Hotelling-Modells angelehntes Szenario (vgl. auch Abschnitt 4.2.2.1.).

Angebot $(v^{a,1},...,v^{a,9})$	Nachfrage $(v^{n,1},...,v^{n,9})$
-8, -10, -12	**12**, 10, 8
-10, **-8**, -10	10, **12**, 10
-12, -10, **-8**	8, 10, **12**
-9, -11, -13	**11**, 9, 7
-11, **-9**, -11	9, **11**, 9
-13, -11, **-9**	7, 9, **11**
-10, -12, -14	10, 8, 6
-12, -10, -12	8, 10, 8
-14, -12, -10	6, 8, 10

Abb. 6.1.4.3.c Lineare Differenzierung

Es wird ein Markt mit $nk = 3$ Kontrakten und $na = nn = 9$ Transaktionsbedürfnissen betrachtet. Die konkreten Bewertungen der Transaktionsbedürfnisse sind in Abbildung 6.1.4.3.a dargestellt. Die weiteren Parameter werden analog der unkorrelierten Differenzierung gewählt.

Der theoretische Gleichgewichtspreis beträgt in diesem Szenario $p = (10,10,10)$. Für eine gesamtwirtschaftlich effiziente Allokation sind mindestens sechs Transaktionen bezüglich der in Abbildung 6.1.4.3.c fett gesetzten Einzelbewertungen notwendig. In Abbildung 6.1.4.3.d sind die theoretischen und die empirisch ermittelten Werte in tabellarischer Form dargestellt.

	theoretisch	empirisch
Gleichgewichtspreise	10.00, 10.00, 10.00	10.00, 10.00, 9.88
totale Transaktionsquote	min. 6 (2, 2, 2) max. 9 (3, 3, 3)	8.6 (3.0, 3.0, 2.6)
totaler Periodengewinn	18	17.6
...davon nachfrageseitig	9	9.3
...davon angebotsseitig	9	8.3

Abb. 6.1.4.3.d Tabellarischer Vergleich

Die empirischen Werte differieren sowohl hinsichtlich der Preise als auch bezüglich der Periodengewinne leicht vom theoretischen Gleichgewicht. Insgesamt wird das theoretische Gleichgewicht jedoch auch in diesem Szenario vom Marktsystem näherungsweise erreicht.

6.1.4.4. Kompensationseffekte

Einen weiteren Aspekt bilden die Kompensationseffekte zwischen den einzelnen Kontrakten bei Bewertungs- und Mengenvariationen. Im Folgenden werden zwei Szenarien mit $nk = 2$ Kontrakten betrachtet, in denen die Angebotsseite in unterschiedlicher Form variiert wird. Auf der Nachfrageseite befinden sich jeweils $nn = 9$ Transaktionsbedürfnisse mit den Bewertungen $v^n \in \{10,12,14\} \times \{10,12,14\}$, es liegt also die in Abbildung 6.1.4.4.a dargestellte, unkorrelierte Differenzierung vor.

Die Startzeitpunkte *tstart* sind innerhalb jeder Marktseite äquidistant über eine Periodenlänge von $TP = 20$ verteilt, das Zeitlimit und der Erwartungshorizont werden uniform entsprechend der Periodenlänge mit $tmax = 19$ mit $TH = 20$ gewählt. In allen Fallstudien werden jeweils 200 Iterationen (10 Perioden) durchgeführt, denen zur Abgrenzung vom Konvergenzprozess 100 ungewertete Iterationen vorgeschaltet sind.

Nachfrage $(\nu^{n,1},...,\nu^{n,9})$
10, 10
10, 12
10, 14
12, 10
12, 12
12, 14
14, 10
14, 12
14, 14

Abb. 6.1.4.4.a Bewertungen der Nachfrageseite

Bewertungsvariation

Als erste Fallstudie wird das Szenario einer Bewertungsvariation untersucht. Es werden $na = 10$ angebotsseitige Transaktionsbedürfnisse betrachtet, die in $na_1 = 5$ spezifische Transaktionsbedürfnisse für Kontrakt 1 und $na_2 = 5$ spezifische Transaktionsbedürfnisse für Kontrakt 2 untergliedert sind. Die Bewertungen der angebotsseitigen Transaktionsbedürfnisse sind in Abbildung 6.1.4.4.b. dargestellt.

Angebot $(\nu^{a,1},...,\nu^{a,10})$
-8-x, -∞
-9-x, -∞
-10-x, -∞
-11-x, -∞
-12-x, -∞
-∞, -8
-∞, -9
-∞, -10
-∞, -11
-∞, -12

Abb. 6.1.4.4.b Angebotsseite zur Bewertungsvariation

Über den Offset x kann die Bewertung der spezifischen Transaktionsbedürfnisse bezüglich Kontrakt 1 variiert werden. In Abbildung 6.1.4.4.c ist der empirisch ermittelte Gleichgewichtspreis in Abhängigkeit des Offsets $x = -5, ..., 5$ dargestellt. Das Symbol ◇ bezeichnet den Preis $p_1(x)$ für Kontrakt 1, der Preise $p_2(x)$ für Kontrakt 2 ist mit dem Symbol □ gekennzeichnet. Beide Verläufe sind in der Abbildung um eine quadratische Regression ergänzt.

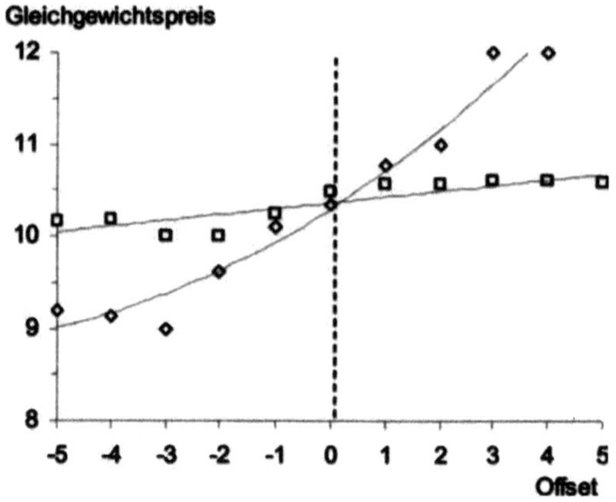

Abb. 6.1.4.4.c Gleichgewichtspreise bei Bewertungsvariation

Mit dem Offset x steigen die Reservationspreise der Anbieter von Kontrakt 1, wodurch sich im Marktsystem ein direkter Preiseffekt $\Delta p_1/\Delta x > 0$ vollzieht. Gleichzeitig findet ein schwächer ausgeprägter Kreuzpreiseffekt $\Delta p_2/\Delta x > 0$ statt. An der Stelle $x = 0$ liegt ein bezüglich beider Kontrakte symmetrisches Marktszenario vor, das zu näherungsweise identischen Gleichgewichtspreisen $p_1 = p_2$ führt. Abbildung 6.1.4.4.d stellt die Transaktionsquoten $tq_1(x)$ und $tq_2(x)$ in analoger Form dar. Mit dem Symbol $\triangle$ ist zusätzlich die Summe $tq_1(x)$+$tq_2(x)$ eingezeichnet.

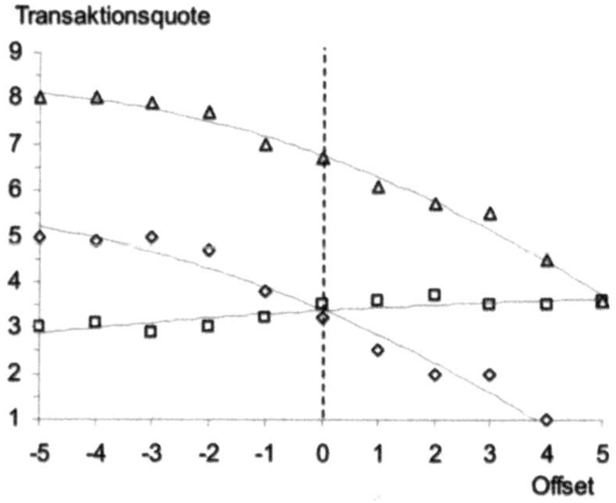

Abb. 6.1.4.4.d Transaktionsquoten bei Bewertungsvariation

Mit zunehmendem Offset x nimmt zum einen die totale Transaktionsquote $tq_1(x)$+$tq_2(x)$ ab, zum anderen findet ein Kompensationseffekt zwischen beiden Kontrakten mit $\Delta tq_1/\Delta x < 0$ und $\Delta tq_2/\Delta x > 0$ statt. Der Teileffekt $\Delta tq_2/\Delta x > 0$ führt über eine nachfrageseitige Wettbewerbssteigerung bezüglich Kontrakt 2 zu dem Kreuzpreiseffekt $\Delta p_2/\Delta x > 0$ in Abbildung 6.1.4.4.c. Insgesamt zeigt das Marktsystem in dem betrachteten Szenario ein ökonomisch plausibles Verhalten.

Mengenvariation

In der zweiten Fallstudie wird das Szenario einer Mengenvariation betrachtet. Bezüglich der Angebotsseite werden $na_1 = 2,...,12$ spezifische Transaktionsbedürfnisse für Kontrakt 1 und $na_2 = 5$ spezifische Transaktionsbedürfnisse für Kontrakt 2 betrachtet. Die Bewertungen der angebotsseitigen Transaktionsbedürfnisse sind in Abbildung 6.1.4.4.e dargestellt.

Angebot $(v^{a,1},...,v^{a,na})$
-8, ∞
:
-12, ∞
∞, -8
∞, -9
∞, -10
∞, -11
∞, -12

Abb. 6.1.4.4.e Angebotsseite zur Mengenvariation

In Abbildung 6.1.4.4.f ist der empirisch ermittelte Gleichgewichtspreis in Abhängigkeit der Angebotsmenge na_1 dargestellt. Die verwendeten Symbole entsprechen Abbildung 6.1.4.4.c.

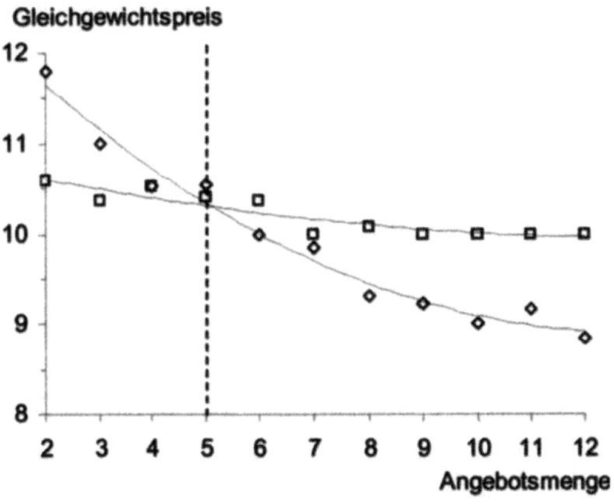

Abb. 6.1.4.4.f Gleichgewichtspreise bei Mengenvariation

Mit zunehmender Angebotsmenge na_1 findet sowohl ein direkter Preiseffekt $\Delta p_1/\Delta na_1 < 0$ als auch ein schwächer ausgeprägter Kreuzpreiseffekt $\Delta p_2/\Delta na_1 < 0$ statt. Bei $na_1 = 5$ liegt ein symmetrisches Szenario vor, das zu näherungsweise identischen Gleichgewichtspreisen $p_1 = p_2$ führt. Abbildung 6.1.4.4.g stellt die Transaktionsquoten $tq_1(x)$ und $tq_2(x)$ analog Abbildung 6.1.4.4.d dar.

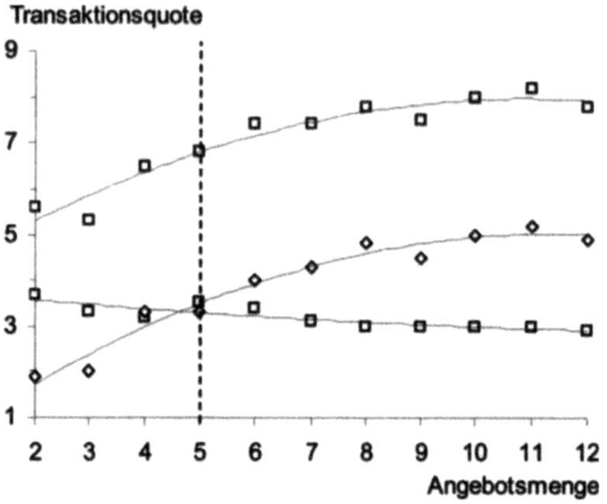

Abb. 6.1.4.4.g Transaktionsquoten bei Mengenvariation

Mit der Angebotsmenge na_1 nimmt zum einen die totale Transaktionsquote $tq_1(x)+tq_2(x)$ zu. Zum anderen findet ein Kompensationseffekt zwischen beiden Kontrakten mit $\Delta tq_1/\Delta x > 0$ und $\Delta tq_2/\Delta x < 0$ statt, d.h. ein Teil der Transaktionen verlagert sich mit zunehmendem na_1 von Kontrakt 2 zu Kontrakt 1. Diese Kompensation führt zu dem Kreuzpreiseffekt $\Delta p_2/\Delta na_1 < 0$. Insgesamt ergibt sich auch für das Szenario der Mengenvariation ein ökonomisch plausibles Verhalten des Marktsystems.

6.2. Andere Marktformen

Ausgehend von den Fallstudien zum Polypol werden im Folgenden verschiedene Aspekte anderer Marktformen betrachtet. Untersuchungsgegenstand ist jeweils ein Markt, auf dem eine Vielzahl polypolistischer Nachfrager mit wenigen Anbietern interagiert. Aufgrund der Asymmetrie beider Marktseiten wird in allen Szenarien der nachfrageseitige Erstpreis eingesetzt, d.h. als Transaktionspreis wird das Gebot des Käufers gewählt. Die Modellierung der Nachfrageseite erfolgt wie im vorangegangenen Abschnitt. Auf der Angebotsseite werden demgegenüber die in Abschnitt 4.2. für den Monopolisten und den Dyopolisten entwickelten Konzepte verwendet. Im folgenden Abschnitt wird zunächst die Marktform des Monopols untersucht, anschließend wird das Dyopol betrachtet.

6.2.1. Monopol

Im Mittelpunkt der Fallstudien zum Monopol steht die vergleichende Analyse der in Abschnitt 4.2. entwickelten Preis-, Mengen- und Relativpreisstrategie anhand konkreter Szenarien. Zur Umsetzung der verschiedenen Monopolistenstrategien im Kernsystem *memba* wird jeweils ein einzelner Agent mit der DirektStrategie eingesetzt. Mit diesem Vorgehen ist es möglich, den durch die jeweilige Monopolistenstrategie vorgegebenen Offertenvektor *oa* direkt in der Sequenz der Transaktionsbedürfnisse abzubilden (vgl. hierzu Abschnitt 5.1.3.3.).

6.2.1.1. Klassisches Monopolszenario

Als erstes Szenario wird ein Monopolmarkt mit homogenen Kontrakten untersucht (vgl. auch Abschnitt 4.2.1.1.). Auf der Nachfrageseite befinden sich $nn = 11$ periodische Transaktionsbedürfnisse mit den Bewertungen $(v^{n,1},...,v^{n,11}) = (5,...,15)$. Die Startzeitpunkte *tstart* sind innerhalb der Nachfrageseite äquidistant über eine Periodenlänge von $TP = 20$ verteilt. Das Zeitlimit und der Erwartungshorizont werden uniform entsprechend der Periodenlänge mit $tmax = 19$ mit $TH = 20$ gewählt. In den Fallstudien werden jeweils 100 Iterationen (5 Perioden) durchgeführt, denen zur Abgrenzung vom Konvergenzprozess 100 ungewertete Iterationen vorgeschaltet sind.

Preisstrategie

In der ersten Fallstudie wird ein Monopolist betrachtet, der die Preisstrategie entsprechend Definition 4.2.1.2.1.a einsetzt. Der Monopolist gibt in jeder Periode eine Angebotsofferte $o = p$ ab, es liegt also ein Überschussangebot von $na = 20$ Offerten vor. In Abbildung 6.2.1.1.a ist die Transaktionsquote in Abhängigkeit des Preises p dargestellt. Die empirisch ermittelten Werte sind mit dem Symbol ◇ gekennzeichnet, die theoretische Preis-Absatz Funktion ist als gestrichelte Linie dargestellt.

Mengenstrategie

In der zweiten Fallstudie wird für den Monopolisten die Mengenstrategie entsprechend Definition 4.2.1.2.1.b eingesetzt. Die Zeitpunkte der $na = x$ Angebotsofferten werden äquidistant über die Periodenlänge verteilt. Abbildung 6.2.1.1.b stellt den Gleichgewichtspreis in Abhängigkeit der Angebotsmenge dar.

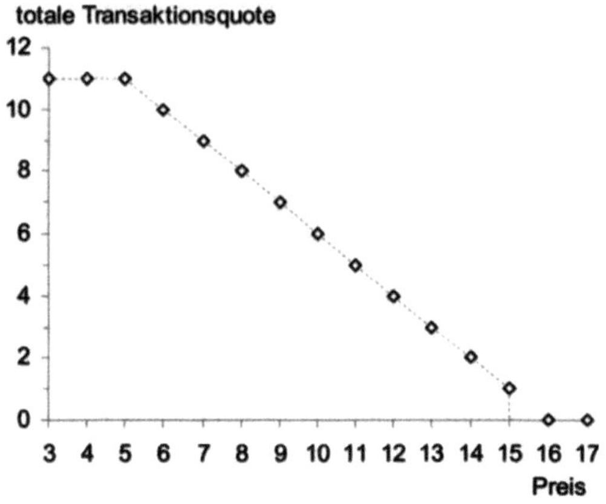

Abb. 6.2.1.1.a Transaktionsquote der Preisstrategie

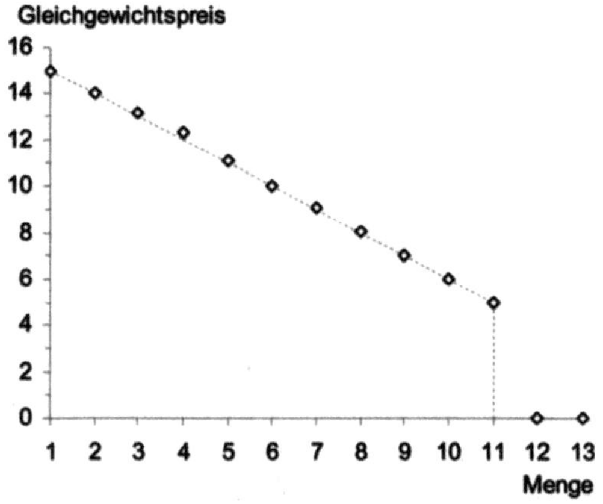

Abb. 6.2.1.1.b Gleichgewichtspreis der Mengenstrategie

Vergleich

In beiden Fallstudien entsprechen die empirisch ermittelten Werte näherungsweise der theoretischen Preis-Absatz Funktion. Damit gilt in dem betrachteten Szenario auch die in Abschnitt 4.2.1.2.1. formulierte Äquivalenzüberlegung bezüglich Preis- und Mengenpolitik, d.h., die Preis- und die Mengenstrategie sind gleichermaßen geeignet, den gewinnmaximalen Cournotpunkt zu realisieren.

6.2.1.2. Differenzierte Kontrakte

Im Folgenden wird der Monopolmarkt um den Aspekt der Kontraktdifferenzierung erweitert (vgl. hierzu Abschnitt 4.2.1.2.3.). Auf der Nachfrageseite befinden sich $nn = 9$ Transaktionsbedürfnisse mit den Bewertungen $v \in \{8,10,12\} \times \{8,10,12\}$, es liegt also die bereits in Abbildung 6.1.4.3.a dargestellte, unkorrelierte Differenzierung vor. Die Startzeitpunkte *tstart* sind innerhalb der Nachfrageseite wiederum äquidistant über eine Periodenlänge von $TP = 20$ verteilt, das Zeitlimit und der Erwartungshorizont werden uniform entsprechend der Periodenlänge mit $tmax = 19$ und $TH = 20$ gewählt. In den Fallstudien werden jeweils 200 Iterationen (10 Perioden) durchgeführt, denen zur Abgrenzung vom Konvergenzprozess 100 ungewertete Iterationen vorgeschaltet sind.

Preisstrategie

Zunächst wird für den Monopolisten die Preisstrategie entsprechend Definition 4.2.1.2.3.a untersucht. Es wird ein Überschussangebot von $na = 20$ Offerten gewählt. In Abbildung 6.2.1.2.a ist die Transaktionsquote tq_1 für Kontrakt 1 in Abhängigkeit des Preises $p = (p_1,p_2)$ mit $p_1 = 7,...,13$ und $p_2 = 7,...,13$ dargestellt.

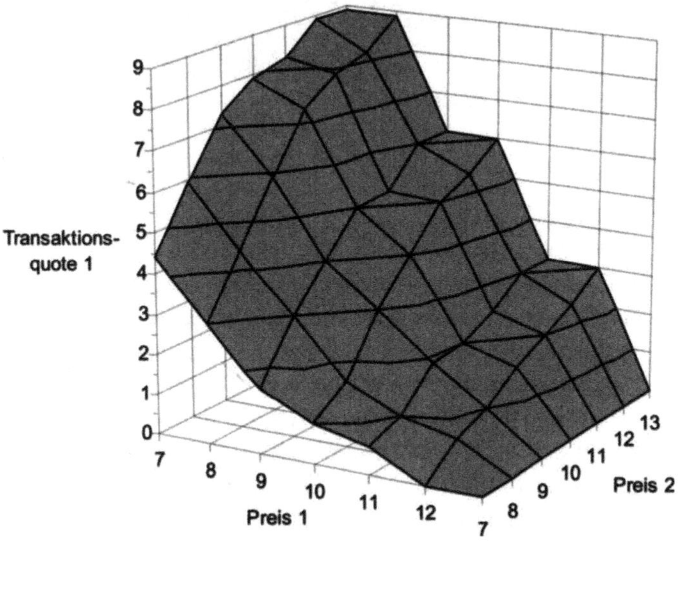

Abb. 6.2.1.2.a Transaktionsquote tq_1 der Preisstrategie

Die Transaktionsquote tq_1 zeigt mit $\Delta tq_1/\Delta p_1 < 0$ und $\Delta tq_1/\Delta p_2 > 0$ den aus theoretischer Perspektive erwarteten Verlauf. Für die Transaktionsquote von Kontrakt 2 gilt aufgrund der Symmetrie des Szenarios $tq_2(p_1,p_2) = tq_1(p_2,p_1)$.

Die Transaktionspreise entsprechen aufgrund des Überschussangebotes immer dem vom Monopolisten vorgegebenen Reservationspreis.

Mengenstrategie

Als zweites Szenario wird für den Monopolisten die Mengenstrategie entsprechend Definition 4.2.1.2.3.b untersucht. Abbildung 6.2.1.2.b stellt den Gleichgewichtspreis p_1 für Kontrakt 1 in Abhängigkeit der Angebotsmenge $x = (x_1, x_2)$ mit $x_1 = 1,...,9$ und $x_2 = 0,...,9$ dar.

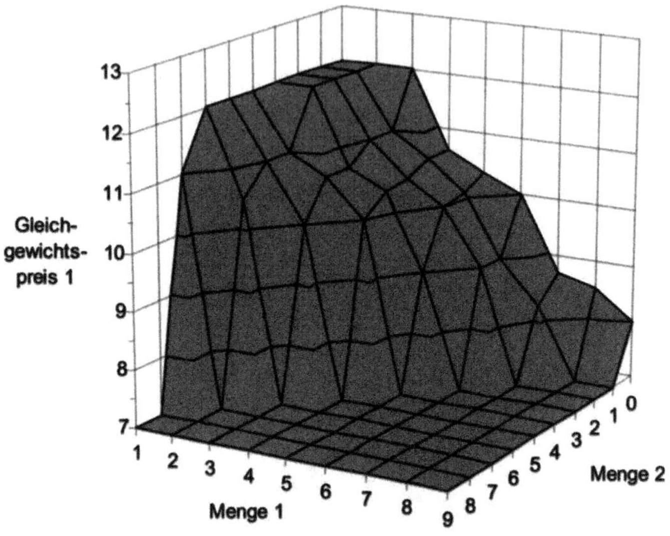

Abb. 6.2.1.2.b Gleichgewichtspreis p_1 der Mengenstrategie

Der Verlauf des Gleichgewichtspreises p_1 zeigt einen direkten Effekt $\Delta p_1/\Delta x_1 \leq 0$ und einen schwächeren, indirekten Effekt $\Delta p_1/\Delta x_2 \leq 0$. Liegt kein Angebotsüberhang $x_1+x_2 > 9$ vor, dann entsprechen die Transaktionsquoten den Angebotsmengen, es gilt also $tq_1 = x_1$ und $tq_2 = x_2$. Andernfalls entspricht die totale Transaktionsquote der Gesamtnachfrage, d.h. es gilt $tq_1+tq_2 = 9$, und der Gleichgewichtspreis sinkt näherungsweise auf den Reservationspreis des Anbieters. Für den Gleichgewichtspreis von Kontrakt 2 gilt aufgrund der Symmetrie des Szenarios $p_2(x_1,x_2) = p_1(x_2,x_1)$.

Relativpreisstrategie

Im dritten Szenario wird für den Monopolisten die Relativpreisstrategie entsprechend Definition 4.2.1.2.3.c betrachtet. Der Relativpreis wird im Folgenden durch die Differenz $r = p_2-p_1$ beschrieben. Abbildung 6.2.1.2.c stellt die Transaktionsquote tq_1 in Abhängigkeit der Angebotsmenge $x = 1,...,10$ und des Relativpreises $r = -5,...,5$ dar. Die Transaktionsquote tq_1 nimmt in der Regel mit der Angebotsmenge x und dem Relativpreis p_2-p_1 zu, d.h. es gilt $\Delta tq_1/\Delta x \geq 0$ und $\Delta tq_1/\Delta r \geq 0$.

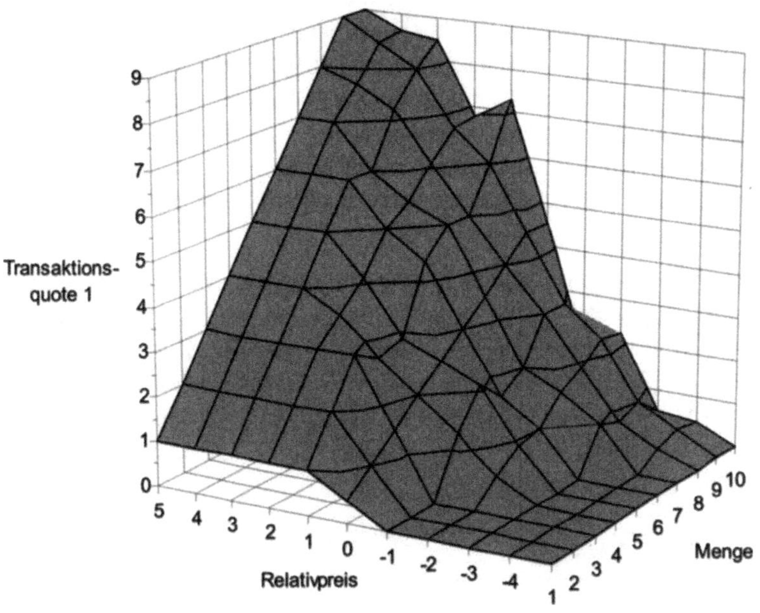

Abb. 6.2.1.2.c Transaktionsquote tq_1 der Relativpreisstrategie

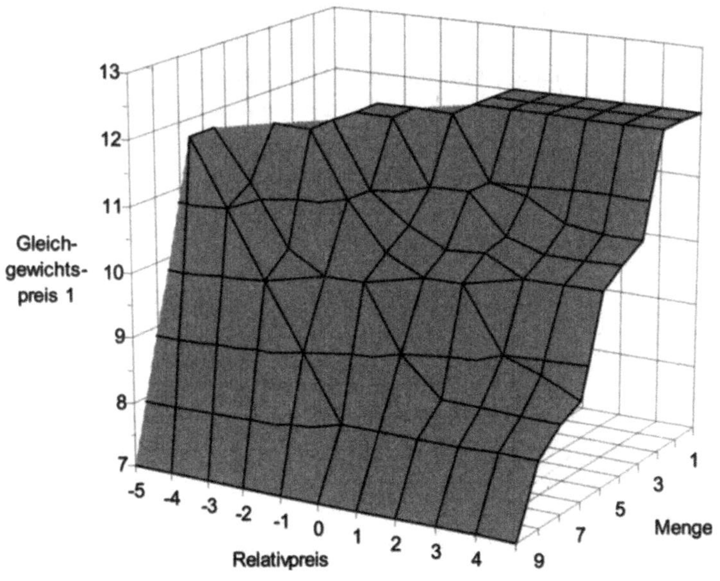

Abb. 6.2.1.2.d Gleichgewichtspreis p_1 der Relativpreisstrategie

In Abbildung 6.2.1.2.d ist der Verlauf des Gleichgewichtspreises p_1 dargestellt. Um die Übersichtlichkeit der dreidimensionalen Darstellung zu erhöhen, ist die Richtung der Relativpreis- und der Mengenachse gegenüber Abbildung 6.2.1.2.c vertauscht. Der Gleichgewichtspreises p_1 zeigt die Eigenschaften $\Delta p_1/\Delta x \leq 0$ und $\Delta p_1/\Delta r \leq 0$. Für kleine Angebotsmengen x in Kombination mit kleinen Relativpreisen r hat die Transaktionsquote für Kontrakt 1 den Wert $tq_1 = 0$ (vgl. Abbildung 6.2.1.2.c), und der Gleichgewichtspreis p_1 ist undefiniert. Aufgrund der Symmetrie des Szenarios gilt $tq_2(-r,x) = tq_1(r,x)$ und $p_2(-r,x) = p_1(r,x)$.

Vergleich

In den drei vorstehenden Fallstudien wurden die Absatzmöglichkeiten des Monopolisten für die Preis-, Mengen- und Relativpreisstrategie untersucht. Dem Vergleich der drei Strategien unter dem Ziel der Gewinnmaximierung wird im Folgenden eine einfache, separierbare Kostenfunktion der Form $c(x_1,x_2) = x_1\, c_1 + x_2\, c_2$ zugrundegelegt (vgl. Abschnitt 4.2.1.2.3.). Auf Basis der empirischen Daten lassen sich die in Abbildung 6.2.1.2.e dargestellten Gewinnfunktionen berechnen.

	Gewinnfunktion
Preisstrategie	$\pi(p_1,p_2) = (p_1-c_1)\, tq_1(p_1,p_2)+(p_2-c_2)\, tq_2(p_1,p_2)$
Mengenstrategie	$\pi(x_1,x_2) = x_1\,(p_1(x_1,x_2)-c_1)+x_2\,(p_2(x_1,x_2)-c_2)$
Relativpreisstrategie	$\pi(r,x) = (p_1(r,x)-c_1)\, tq_1(r,x)+(p_2(r,x)-c_2)\, tq_2(r,x)$

Abb. 6.2.1.2.e Gewinnfunktionen der drei Monopolistenstrategien

Der maximale Monopolistengewinn folgt für eine gegebene Kostensituation $c = (c_1,c_2)$ und eine Monopolistenstrategie aus der Gewinnmaximierung bezüglich der Strategieparameter. Für die Preisstrategie lautet der maximale Monopolistengewinn entsprechend $\pi^* = max_p\, \pi(p_1,p_2)$. In Abbildung 6.2.1.2.f sind die maximalen Monopolistengewinne für ausgewählte Kostensituationen dargestellt. Die empirischen Optima sind jeweils fett gesetzt. Als Vergleichspunkt ist zu jeder Kostensituation das im Cournotpunkt theoretisch erzielbare Optimum angegeben.

Kostensituation (c_1,c_2)	theoretisch	empirisch Preis strategie	Mengen-strategie	Relativpreis-strategie
(0,0)	80	**80**	**80**	**80**
(0,2)	73	72.6	72	**73**
(0,5)	72	71.2	68	**72**
(5,5)	40	**40**	**40**	**40**
(5,7)	35	**35**	33	**35**
(5,10)	30.5	**30.2**	30	**30.2**
(10,10)	10	**9.8**	8	8

Abb. 6.2.1.2.f Maximaler Monopolistengewinn für ausgewählte Kostensituationen

Der Vergleich zeigt, dass der theoretische Maximalgewinn mit allen drei Strategien näherungsweise erzielbar ist. Die Mengenstrategie erzielt in dieser Gegenüberstellung den geringsten Gewinn. Als erweiterter Vergleich werden die durchschnittlichen Monopolgewinne bezüglich aller Kostensituationen $c_1 = 0,...,12$ und $c_2 = 0,...,12$, also die durchschnittlichen Periodengewinne

$$\pi_{avg}^* = \Sigma_{c \in \{0,...,12\}\times\{0,...,12\}} \pi^* /169 \quad (6.2.1.2.a)$$

berechnet. Die Ergebnisse sind in Abbildung 6.2.1.2.g tabellarisch dargestellt.

		theoretisch	empirisch Preis strategie	Mengen-strategie	Relativpreis-strategie
durchschnittlicher Periodengewinn		43.432	43.116	41.8311	43.2633
durchschnittliche Abweichung	absolut	0	-0.316	-1.6008	-0.1686
	relativ	0	-0.0073	-0.03686	-0.00388
maximale Abweichung	absolut	0	-0.8	-4	-2.9
	relativ	0	-0.04	-0.2	-0.2

Abb. 6.2.1.2.g Durchschnittliche Monopolistengewinne bezüglich aller Kostensituationen $c \in \{0,...,12\}^2$

In der Gegenüberstellung zeigen die Preis- und die Relativpreisstrategie mit 0.73 bzw. 0.388 Prozent eine sehr geringe Abweichung vom theoretisch erzielbaren Gewinnmaximum. Die Mengenstrategie differiert demgegenüber stärker und bestätigt damit den Befund aus Abbildung 6.2.1.2.f. Eine mögliche Ursache für das mit einer Abweichung von 3.686 Prozent schlechteste Ergebnis ist die diskrete Nachfragestruktur des Szenarios. Ordnet man die Nachfrager anhand ihrer Zahlungsbereitschaft in absteigender Reihenfolge, dann kann mit der Mengenstrategie die Zahlungsbereitschaft des letzten an einer Transaktion beteiligten Agenten nicht immer voll ausgeschöpft werden (vgl. Abschnitt 4.2.1.2.1.). Insgesamt ist jedoch festzustellen, dass die Strategien weitgehend äquivalent sind und in dem betrachteten Szenario zu einem ökonomisch plausiblen Resultat führen.

6.2.2. Dyopol

Zwischen den Marktformen des Polypols und Monopols existiert eine Vielfalt oligopolistischer Strukturen. Im Folgenden werden die in Abschnitt 4.2.2.1. theoretisch betrachteten Wettbewerbsszenarien anhand des Kernsystems *memba* im Rahmen von Fallstudien untersucht. Zunächst wird ein

Szenario mit homogenen Kontrakten, anschließend der Fall differenzierter Kontrakte betrachtet.

6.2.2.1. Bertrand-Preiswettbewerb

empirische Preis-Absatz-Funktion

In der ersten Fallstudie wird die Preis-Absatz Funktion eines Angebotsdyopols mit homogenen Kontrakten untersucht. Auf der Nachfrageseite befinden sich $nn = 6$ periodische Transaktionsbedürfnisse mit den Bewertungen $(v^{n,1},...,v^{n,6}) = (10,...,15)$. Die Startzeitpunkte *tstart* sind innerhalb der Nachfrageseite äquidistant über eine Periodenlänge von $TP = 10$ verteilt. Das Zeitlimit und der Erwartungshorizont werden uniform entsprechend der Periodenlänge mit $tmax = 9$ und $TH = 10$ gewählt.

Die beiden Dyopolisten 1 und 2 geben in jeder Iteration eine Offerte in Höhe von $p^1 = x$ und $p^2 = 5$ ab. In Abbildung 6.2.2.1.a ist die Transaktionsquote von Dyopolist 1 in Abhängigkeit seines Angebotspreises $x = 2,...,8$ dargestellt. Es werden jeweils 40 Iterationen (4 Perioden) durchgeführt, denen zur Abgrenzung vom Konvergenzprozess 20 ungewertete Iterationen vorgeschaltet sind.

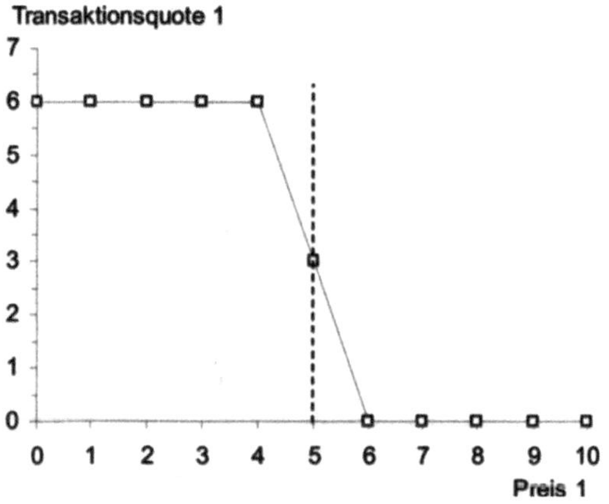

Abb. 6.2.2.1.a Transaktionsquote und Angebotspreis

Die empirisch ermittelte Transaktionsquote zeigt, dass die Gesamtnachfrage bei differierenden Preisen vollständig auf den jeweils günstigeren Anbieter entfällt und sich bei identischen Preisen gleichmäßig auf beide Anbieter aufteilt. Dieses Ergebnis entspricht der theoretischen Preis-Absatz Funktion (4.2.2.1.b) des einfachen Dyopolmodells.

6.2.2.2. Hotelling-Szenario

Szenario

Als Erweiterung hin zu differenzierten Kontrakten wird ein an das Hotelling-Modell angelehntes Szenario betrachtet (vgl. Abschnitt 4.2.2.1.). Es sind insgesamt $nn = 9$ nachfrageseitige Transaktionsbedürfnisse über ein lineares Präferenzspektrum mit drei Positionen verteilt. Auf dem Markt werden $nk = 2$ Kontrakte gehandelt, von denen jeder die Präferenzen an einem Rand des Spektrums exakt befriedigt. Die nachfrageseitigen Bewertungen sind in Abbildung 6.2.2.2.a dargestellt.

Nachfrage ($v^{n,1},...,v^{n,9}$)
12, 8
10, 10
8, 12
11, 7
9, 9
7, 11
10, 6
8, 8
6, 10

Abb. 6.2.2.2.a Bewertungen der Nachfrageseite

Die Startzeitpunkte *tstart* sind innerhalb der Nachfrageseite äquidistant über eine Periodenlänge von $TP = 20$ verteilt, das Zeitlimit und der Erwartungshorizont werden uniform entsprechend der Periodenlänge mit $tmax = 19$ und $TH = 19$ gewählt. Beide Dyopolisten bieten genau ein Produkt bzw. genau einen Kontrakt an, und geben in jeder Iteration eine Offerte $o^1 = (p_1^{\,1},\infty)$ bzw. $o^2 = (\infty,p_2^{\,2})$ ab. Es werden jeweils 200 Iterationen (10 Perioden) durchgeführt, denen zur Abgrenzung vom Konvergenzprozess 60 ungewertete Iterationen vorgeschaltet sind.

empirische Preis-Absatz Funktion

In Abbildung 6.2.2.2.b ist die empirische Preis-Absatz Funktion des Dyopolisten 1 in Abhängigkeit der Preise $p_1^{\,1} = 1,...,12$ und $p_2^{\,2} = 1,...,12$ dargestellt. Die Transaktionsquote tq^1 sinkt mit dem Preis $p_1^{\,1}$ und nimmt mit $p_2^{\,2}$ zu, es gilt $\Delta tq_1/\Delta p_1^{\,1} \leq 0$ und $\Delta tq_1/\Delta p_2^{\,2} \geq 0$. Aufgrund der Kontraktdifferenzierung entfällt die Gesamtnachfrage bei Preisen $p_1^{\,1} \neq p_2^{\,2}$ nicht immer vollständig auf einen der beiden Anbieter. Für die Transaktionsquote von Dyopolist 2 gilt aufgrund der Symmetrie des Szenarios $tq^2(p_1^{\,1},p_2^{\,2}) = tq^1(p_2^{\,2},p_1^{\,1})$.

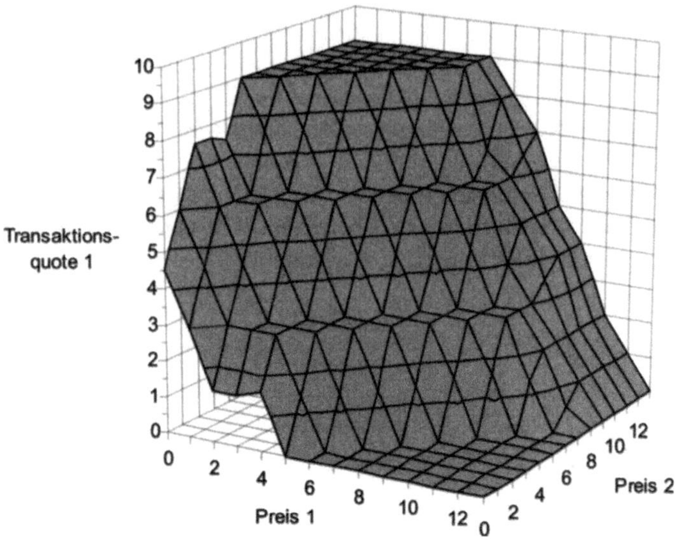

Abb. 6.2.2.2.b Empirische Preis-Absatz Funktion

Nash-Gleichgewicht

Für den Fall konstanter Stückkosten $c_1^{\ 1}$ und $c_2^{\ 2}$ lauten die Gewinnfunktionen der beiden Dyopolisten $\pi^1(p_1^{\ 1},p_2^{\ 2}) = (p_1^{\ 1}-c_1^{\ 1})\ tq^1(p_1^{\ 1},p_2^{\ 2})$ und $\pi^2(p_1^{\ 1},p_2^{\ 2}) = (p_2^{\ 2}-c_2^{\ 1})\ tq^2(p_1^{\ 1},p_2^{\ 2})$. Auf Basis der empirischen Daten lassen sich aus der Maximierung des Periodengewinns die Reaktionsfunktionen $p_1^{\ 1}(p_2^{\ 2})$ und $p_2^{\ 2}(p_1^{\ 1})$ ableiten. In Abbildung 6.2.2.2.c sind die beiden Reaktionsfunktionen für die Kostensituation $c_1^{\ 1} = 7$ und $c_2^{\ 2} = 7$ dargestellt.

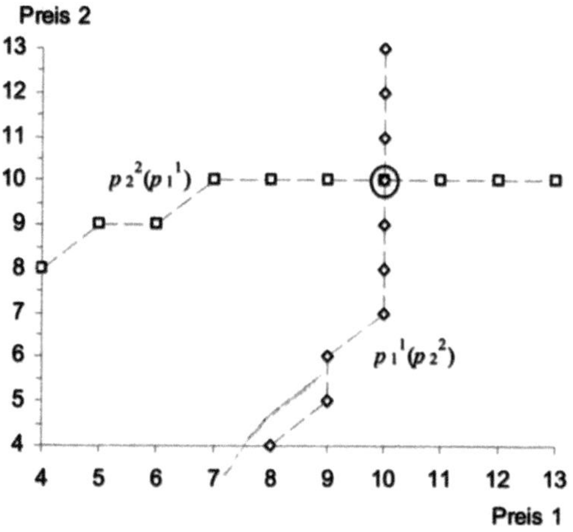

Abb. 6.2.2.2.c Reaktionsfunktionen für $c_1^{\ 1} = 7$ und $c_2^{\ 2} = 7$

Der Schnittpunkt beider Reaktionsfunktionen stellt ein Nash-Gleichgewicht dar. Die in der Abbildung gewählte Kostensituation eignet sich besonders zur Darstellung, da immer genau eine beste Antwort existiert. In anderen Kostensituationen existieren zum Teil mehrere Nash-Gleichgewichte oder es ist kein Nash-Gleichgewicht vorhanden. Für die Kostensituation $c_1^{\,1} = 5$ und $c_2^{\,2} = 8$ ergeben sich beispielsweise zwei alternative, schwache Gleichgewichtspunkte $p = (9,10)$ und $p = (9,11)$. Für die Kostensituation $c_1^{\,1} = c_2^{\,2} = 5$ existiert kein Nash-Gleichgewicht.

Zusammenfassend ist festzustellen, dass die Fallstudie näherungsweise das aus theoretischer Perspektive erwartete Verhalten zeigt. Im Gegensatz zum theoretischen Modell in Abschnitt 4.2.2.1. existiert jedoch nicht immer ein eindeutiges Marktgleichgewicht. Dieses Ergebnis ist darauf zurückzuführen, dass in der Fallstudie eine diskrete Preisdimension verwendet wird, in der die Gleichgewichte des kontinuierlichen Modells nur teilweise abbildbar sind.

7. Zusammenfassung und Ausblick

Ausgangspunkt der vorliegenden Untersuchung ist der Befund, dass die gegenwärtige Praxis elektronischer Märkte auf einfache Verfahren beschränkt ist. Zentrale Erweiterungsbedarfe sind polypolistische Verhandlungen, Interessensausgleiche bezüglich mehrerer Vertragsparameter und ein höherer Automatisierungsgrad. Die Rahmenbedingungen und Aufgaben eines derart erweiterten elektronischen Marktes wurden zunächst im Rahmen des Basismodells definiert (Abschnitt 2.2.). Für den so abgegrenzten Untersuchungsgegenstand wurde dann eine Entwurfsmethode konzipiert, die spieltheoretische und experimentelle Elemente kombiniert und damit die Probleme konventioneller Ansätze vermeidet (Abschnitt 2.3.3.).

Der Vergleich der Anforderungen des Basismodells mit den in der Literatur vorhandenen Auktionsverfahren führte zu dem Ergebnis, dass ein erweiterter Auktionsmechanismus benötigt wird (Abschnitt 3.2.). Aus dieser Motivation heraus wurde die allgemeine *kpi*-Auktion entwickelt (Abschnitt 3.3.). Die eigentliche Automatisierung der Verhandlungen wurde anschließend für verschiedene Akteurtypen konzipiert, wobei der erreichte Automatisierungsgrad mit dem Akteurtyp variiert. Das polypolistische Konzept ermöglicht eine vollständig automatisierte Umsetzung einfacher Transaktionsbedürfnisse (Abschnitt 4.1.). Für den Monopolisten und den Dyopolisten ist demgegenüber nur eine geringere Automatisierung möglich, da die Erwartungsbildung dieser Akteure aufgrund ihrer Marktmacht nicht rein endogen erfolgen kann (Abschnitt 4.2.).

Diese auf spieltheoretischer Basis entwickelten Konzepte wurden zunächst in eine objektorientierte Systemarchitektur (Abschnitt 5.1.) und dann in das konkrete Softwaresystem *memba* (Abschnitt 5.2.) umgesetzt. Anhand dieses Softwaresystems wurden die theoretischen Konzepte anschließend empirisch verifiziert (Abschnitt 6.1. und 6.2.). Hier konnte gezeigt werden, dass das Verhalten des so konstruierten elektronischen Marktes der klassischen Markttheorie folgt. Maßgeblich für die Robustheit und damit die Praxisrelevanz der empirischen Ergebnisse sind die spieltheoretische Fundierung und die analytisch beweisbaren Eigenschaften der entwickelten Verfahren. Im Gegensatz zu den heuristischen Automatisierungskonzepten im Bereich der MAS gewährleistet die gewählte Untersuchungsmethode, dass die in den Fallstudien beobachteten Allokationen immer mit einem Gleichgewicht in Strategien korrespondieren. Mit den Ergebnissen der Arbeit liegt eine spieltheoretisch fundierte, empirisch verifizierte Theorie automatisierter Marktsysteme vor.

Ausblick

Der nächste Schritt hinzu einem Praxiseinsatz ist die Anwendung der erarbeiteten Konzepte auf konkrete Fachdomänen. Die verschiedenen Anwendungsgebiete elektronischer Märkte wurden bereits zu Beginn der Arbeit diskutiert. Eine wesentliche Aufgabe im Kontext eines derartigen Praxiseinsatzes wird darin bestehen, auf Anwenderseite das notwendige Vertrauen und die Akzeptanz für eine vollständige Delegation der Verhandlungsaufgabe an einen intelligenten Agenten zu schaffen. Eine wichtige Grundlage bieten hierbei die analytisch beweisbaren Eigenschaften des Marktsystems, wie beispielsweise die Optimalität des polypolistischen Automatisierungskonzeptes.

Aktuelle Informationen zum Forschungsprojekt *memba* sind per Internet über die Homepage *www.ecortex.de/memba* verfügbar, unter der auch der Demonstrationsprototyp zur Verfügung steht. Der Kontakt ist über die E-Mail Adresse *memba@ecortex.de* möglich.

Literatur

[Abre88] Abreu, D. und A. Rubinstein, The Structure of Nash Equilibria in Repeated Games with Finite Automata, *Econometrica* 56, S.1259-1281, 1988

[Abre88b] Abreu, D., On the Theory of Infinitely Repeated Games with Discounting, *Econometrica* 56, S.383-396, 1988

[Amaz00] Amazon, http://www.amazon.com, Abruf am 5.12.2000

[Andr93] Andreoni, J. und J.H. Miller, Rational Cooperation in the Finitely Repeated Prisoner´s Dilemma: Experimental Evidence, *The Economic Journal* 103, S.570-585, 1993

[Anto92] Anton, J.J. und D.A. Yao, Split Awards, Procurement, and Innovation, *Rand Journal of Economics* 20, S.538-52, 1992

[Arib00] Ariba, http://www.ariba.com, Abruf am 5.12.2000

[Auma76] Aumann, R.J., Agreeing to Disagree, *Annals of Statistics* 4, S.1236-1239

[Auma92] Aumann, R.J. und S. Hart, *Handbook of Game Theory* 1, Amsterdam, 1992

[Auma94] Aumann, R.J. und S. Hart, *Handbook of Game Theory* 2, Amsterdam, 1994

[Axel84] Axelrod, R., *The Evolution of Cooperation*, New York, 1984

[Back93] Back, K. und J.F. Zender, Auctions of Divisible Goods, *Review of Financial Studies* 6, S.733-764, 1993

[Bake96] Baker, A.D., Metaphor or Reality: A Case Study where Agents Bid with Actual Costs to Schedule a Factory, In: Clearwater, S.H. (Hrsg.), *Market-Based Control: A Paradigm for Distributed Resource Allocation*, S.184-223, London, 1996

[Balz99] Balzert, H., *Lehrbuch der Objektmodellierung. Analyse und Entwurf*, Heidelberg, 1999

[Bamb94] Bamberg, G. und A.G. Coenenberg, *Betriebswirtschaftliche Entscheidungslehre* (8. Aufl.), München, 1994

[Baro00] Baron, J.P., Shaw, M.J. und A.D. Bailey, Electronic Catalogs in the Web-Based Business-to-Business Procurement Process, In: Shaw, M., Blanning, R., Strader, T. und A.Whinston (Hrsg.), *Handbook on Electronic Commerce*, S.385-410, Berlin, 2000

[Beam96] Beam, C. und A. Segev, *Electronic Catalogs and Negotiations*, University of Califoria, Berkeley, The Fisher Center for Management and Information Technology (CITM), Publication 96-WP-1016, 1996

[Begg82] Begg, D.K.H., *The Rational Expectation Revolution in Macroeconomics*, Baltimore, 1982

[Beno85] Benoit, J.P. und V. Krishna, Finitely Repeated Games, *Econometrica* 53, S.905-922, 1985

[Bert83] Bertrand, J., Théorie Mathématique de la Richesse Sociale, *Journal des Savants*, S.499-508, 1883

[Bert00] Bertsch, A., Zur Gültigkeit, Nachhaltigkeit und wirtschaftlichen Relevanz digitaler Signaturen, *Wirtschaftsinformatik* 42(6), S.509-516, 2000

[Bich00] Bichler, M. und R. Klimesch, Simulation multivariater Auktionen - Eine Analyse des OTC-Handels mit Finanzderivaten, *Wirtschaftsinformatik* 42 (3), S.244-252, 2000

[Bieb99] Bieberbach, F. und M. Hermann, Die Substitution von Dienstleistungen durch Informationsprodukte auf elektronischen Märkten, In: Scheer, A.-W. und M. Nüttgens (Hrsg.): *Electronic Business Engineering*, S.67-81, Heidelberg, 1999

[Binm92] Binmore, K., *Fun and Games - A Text on Game Theory*, Lexington, 1992

[Bitz81] Bitz, M., *Entscheidungstheorie*, München, 1981

[Böhn99] Böhnlein, M. und A. Ulbrich vom Ende, XML – Extensible Markup Language, *Wirtschaftsinformatik* 41(3), S.274-276, 1999

[Booc94] Booch, G., *Object-Oriented Analysis and Design with Applications* (2. Aufl.), Reading, 1994

[Booc99] Booch, G., Rumbaugh, J. und I. Jacobsen, *The Unified Modeling Language User Guide*, Reading, 1999

[Boyd87] Boyd, R. und J.P. Lorberbaum, No Pure Strategy is Evolutionarily Stable in the Repeated Prisoner's Dilemma Game, *Nature* 327, S.58-59, 1987

[Boyd89] Boyd, R., Mistakes Allow Evolutionary Stability in the Repeated Prisoner's Dilemma Game, *Journal of Theoretical Biology* 136, S.47-56, 1989

[Bran92] Branson, W.H., *Makroökonomie* (3. Aufl.), München, 1992

[Bran97] Branco, F., The Design of Multidimensional Auctions, *RAND Journal of Economics* 28(1), S.63-81, 1997

[Bren98] Brenner, W., Zarnekow, R. und H. Wittig, *Intelligente Softwareagenten - Grundlagen und Anwendungen*, Berlin, 1998

[Broo91] Brooks, R.A., Intelligence without Representation, In: *Artificial Intelligence* 47, S.139-159, 1991

[Budi99] Budimir, M. und P. Gomber, Dynamische Marktmodelle im elektronischen Wertpapierhandel, In: Scheer, A.-W. und M. Nüttgens (Hrsg.): *Electronic Business Engineering*, Heidelberg, S. 251-269, 1999

[Bulo82] Bulow, J., Durable Goods Monopolists, *Journal of Political Economy* 90, S.314-332, 1982

[Bund97] Gesetz zur digitalen Signatur (Signaturgesetz SigG), http://www.regtp.de/imperia/md/content/tech_reg_t/digisign/4.pdf, 1997-01-22, Abruf am 28.12.2000

[Bund97b] Verordnung zur digitalen Signatur (Signaturverordnung SigV), http://www.regtp.de/imperia/md/content/tech_reg_t/digisign/5.pdf, Abruf am 28.12.2000

[Burk96] Burkhard, H.D., Einführung in die Agenten-Technologie, *it+ti* 4, S.6-11, 1996

[Busc96] Buschmann, F., Meunier, R., Rohnert, H., Sommerlad, P., Stal, M., *Pattern-Oriented Software-Architecture - A System of Patterns*, New York, 1996

[Caga56] Cagan, P., The Monetary Dynamics of Hyperinflation, In: Friedman, M. (Hrsg.), *Studies in the Quantity Theory of Money*, S.25-117, Chicago, 1956

[Chat83] Chatterjee, K. und W. Samuelson, Bargaining under Incomplete Information, *Operations Research* 31, S.835-851, 1983

[Chav96] Chavez A. und P. Maes, Kasbah: An Agent Marketplace for Buying and Selling Goods, In: Crabtree, B. und N. Jennings (Hrsg.), Proceedings of the First International Conference on the Practical Application of Intelligent Agents and Multi-Agent Technology (PAAM'96), S.75-90, London, 1996

[Che93] Che, Y.-K., Design Competition through Multidimensional Auctions, *RAND Journal of Economics* 24(4), S.668-680, 1993

[Choi97] Choi, S.-Y., Stahl, D.O. und A.B. Whinston, *The Economics of Electronic Commerce*, Indiana, 1997

[Clea96] Clearwater, S.H., *Market-Based Control: A Paradigm for Distributed Resource Allocation*, London, 1996

[Clea96a] Clearwater, S.H.Constanza, R., Dixon, M. und B. Schroeder, Saving Energy Using Market-Based Control, In: Clearwater, S.H. (Hrsg.), *Market-Based Control: A Paradigm for Distributed Resource Allocation*, S.253-273, London, 1996

[Clif97] Cliff, D. und J. Bruten, *Minimal-Intelligence Agents for Bargaining Behaviors in Market-Based Environments*, HP Labs Technical Report HPL-97-91, 1997

[Coas37] Coase, R., The Nature of the Firm, *Economica* 4, S.386-405, 1937

[Coas72] Coase, R., Durability and Monopoly, *Journal of Law and Economics* 15, S.143-49, 1972

[Comm00] Commerce One, http://www.commerceone.com, Abruf am 5.12.2000

[Copl92] Coplien, J.O., *Advanced C++ Programming Styles and Idioms*, Reading, 1992

[Cram87] Cramton, P., Gibbons, R. und P. Klemperer, Dissolving a Partnership Efficiently, *Econometrica* 55, S.615-632, 1987

[Das97] Das, S.R. und R.K. Sundaram, *Auction Theory: A Summary with Applications to Treasury Markets*, National Bureau of Economic Research (NBER), Working paper 5873, 1997

[Digi00] Ecash, www.digicash.com, Abruf am 28.12.2000

[Ditt99] Dittmar, T. und R. Horstmann, IV-Unterstützung für interne Märkte im Handelsbereich von Kreditinstituten, In: Scheer, A.W. und M. Nüttgens (Hrsg.), *Electronic Business Engineering*, S.209-230, Heidelberg, 1999

[Domo93] Domowitz, I., Automating the Continuous Double Auction in Practice: Automated Trade Execution Systems in Financial Markets, In: Friedman, D. und J. Rust (Hrsg.), *The Double Auction Market - Institutions, Theories, and Evidence*, Proceedings of the Workshop on Double Auction Markets, S.27-60, Massachusetts, 1993

[Ebay00] eBay, http://www.ebay.com, Abruf am 5.12.2000

[Edge97] Edgeworth, F., La Teoria Pura del Monopolio, *Giornale degli Economisti* 40, S.13-31, 1897, alternativ: The Pure Theory of Monopoly, In: Edgeworth F. (Hrsg.), *Papers Relating to Political Economy* 1, S.111-142, London, 1925

[Eick99] Eicker, S. und H. Schwichtenberg, Internet Bill Presentment and Payment als neue Form des Electronic Billing, In: Scheer, A.-W. und M. Nüttgens (Hrsg.), *Electronic Business Engineering*, S.147-167, Heidelberg, 1999

[Fabr97] Fabris, P., E.C. Riders, *CIO Magazine*, 15. Juni 1997, http://www.cio.com/archive/061597_commerce_content.html, Abruf am 5.12.2000

[Farr89] Farrell, J. und R. Ware, Evolutionary Stability in the Repeated Prisoner's Dilemma, *Theoretical Population Biology* 36, S.161-166, 1989

[Feld91] Felderer, B. und S. Homburg, *Makroökonomik und neue Makroökonomik* (5. Aufl.), Berlin, 1991

[Ferg88] Ferguson, D., Yemini, Y. und C. Nikolaou, Microeconomic Algorithms for Load Balancing in Distributed Computer Systems, In: Proceedings of the 8th International Conference on Distributed Computing Systems, S.491-499, Washington, 1988

[Ferg96] Ferguson, D.F., Nickolaou, C., Sairamesh, J. und Y. Yemini, Economic Models for Allocating Resources in Computer Systems, In: Clearwater, S.H. (Hrsg.), *Market-Based Control: A Paradigm for Distributed Resource Allocation*, S.156-183, London, 1996

[Fini93] Finin, T., *Specification of the KQML Agent-Communication Language (Draft)*, http://www.cs.umbc.edu/kqml/kqmlspec/spec.html, Abruf am 4.1.2001

[Fini94] Finin, T., Fritzson, R. McKay, D. und R. McEntire, KQML as an Agent Communication Language, In: Proceedings of the Third International Conference on Information and Knowledge Management (CIKM '94), S. 456-463, 1994

[Fish92] Fishburn, P.C., Utility and Subjective Probability, In: Aumann, R.J. und S. Hart (Hrsg.), *Handbook of Game Theory* 1, S.1397-1435, Amsterdam, 1992

[Forr97] Erwin, B., Modahl, M.A., J. Johnson, *The Forrester Report: Business Trade & Technology Strategies*, Forrester Research, 1997

[Forr98] Dolberg, S., Woodring, S.D., Puchtler, S., Boehm, E.W. und T. Ritter, *The Forrester Report: Commerce Technology Strategies*, Forrester Research, 1998

[Forr00] Schmitt, E., *The Forrester Report: Commerce Software Takes Off*, Forrester Research, 2000

[Fran96] Franklin, S. und A. Grasser, Is it an Agent, or just a Program?: A Taxonomy for Autonomous Agents, In: Muller, J.P., Wooldridge, M.J. und N. R. Jennings (Hrsg.), Intelligent Agents III, Proceedings of the Third Workshop on Agent Theories, Architectures, and Languages, S.21-36, Berlin, 1996

[Frie85] Friedman, J.W., Cooperative Equilibria in Finite Horizon Noncooperative Supergames, *Journal of Economic Theory* 35, S.390-398, 1985

[Frie86] Friedman, J.W., *Game Theory with Applications to Economics*, Oxford, 1986

[Frie93] Friedman, D. und J. Rust (Hrsg.), *The Double Auction Market - Institutions, Theories, and Evidence*, Proceedings of the Workshop on Double Auction Markets, Massachusetts, 1993

[Frie93b] Friedman, D., The Double Auction Market Institution: A Survey, In: Friedman, D. und J. Rust (Hrsg.), *The Double Auction Market - Institutions, Theories, and Evidence*, Proceedings of the Workshop on Double Auction Markets, S.3-25, Massachusetts, 1993

[Fude93] Fudenberg, D. und J. Tirole, *Game Theory*, Cambridge, 1993

[Fulk00] Fulkerson, B. und M. Shank, The New Economy Electronic Commerce, and the Rise of Mass Customization, In: Shaw, M., Blanning, R., Strader, T. und A.Whinston (Hrsg.), *Handbook on Electronic Commerce*, S.411-430, Berlin, 2000

[Gamm94] Gamma, E., Helm, R., Johnson, R. und J. Vlissides, *Design Patterns - Elements of Reusable Object-Oriented Software*, Reading, 1994

[Garb78] Garbade, K.D. und W.L. Silber, Technology, Communication and the Performance of Financial Markets: 1840-1975, *The Journal of Finance* 33, S.819-832, 1978

[Gomb98] Gomber, P., Budimir, M., Kosciankowski, K. und R. Urtheil, Elektronisierung des außerbörslichen Rentenhandels auf Basis von Softwareagenten, In: Weinhardt, C., Meyer zu Selhausen, H. und M. Morlock (Hrsg.), *Informationssysteme in der Finanzwirtschaft*, S.253-267, Heidelberg, 1998

[Gomb99] Gomber, P., Budimir, M., Kosciankowski, K., Urtheil, R., Lohmann, M., Nopper, N. und P. Henning, Agentenbasierter Rentenhandel, *Wirtschaftsinformatik* 41(2), S.124-131, 1999

[Gosa97] Garcia Gosalvez, M., Electronic Product Catalogs: What is missing?, *Electronic Markets* 7(3), S.3-5, 1997

[Grah87] Graham, D.A. und R.C. Marshall, Collusive Bidder Behavior at Single-Object Second-Price and English Auctions, *Journal of Political Economy* 95, S.1217-1239, 1987

[Grah90] Graham, D.A., Marshall, R.C. und J.F. Richard, Differential Payments within a Bidder Coalition and the Shapley Value, *American Economic Review* 80, S.493-510, 1990

[Gul86] Gul, F., Sonnenschein, H. und R. Wilson, Foundations of Dynamic Monopoly and the Coase Conjecture, *Journal of Economic Theory* 39, S.155-190, 1986

[Gutt98] Guttman, R., Moukas, A. und P. Maes, Agent-mediated Electronic Commerce: A Survey, In: *Knowledge Engineering Review* 13(3), 1998, S.147-157.

[Hand97] Handschuh, S., Schmid, B.F. und K. Stanoevska, The Concept of Mediating Electronic Product Catalogues, *Electronic Markets* 7(3), S.32-35, 1997

[Hans88] Hansen, R.G., Auctions with Endogenous Quantity, Rand Journal of Economics 19, S.44-58, 1988

[Hars67] Harsanyi, J.C., Games with Incomplete Information Played by Bayesian Players, Management Science 14, S.159-182, 320-334, 486-502, 1967-68

[Hart96] Hartyn, K. und D.Cheriton, A Market Approach to Operating System Memory Allocation, In: Clearwater, S.H. (Hrsg.), *Market-Based Control: A Paradigm for Distributed Resource Allocation*, S.126-155, London, 1996

[Heck98] Heck, E.v. und P.M. Ribbers, Introducing Electronic Auction Systems in the Dutch Flower Industry - a Comparison of two Initiatives, *Wirtschaftsinformatik* 40(3), S.223-231, 1998

[Hend89] Hendricks, K. und R.H. Porter, Collusion in Auctions, *Annales D'Economie et de Statistique* 15/16, S.217-30, 1989

[Holl84] Holler, M.J., *Ökonomische Theorie des Marktes*, München, 1984

[Holl00] Holler, M.J. und G. Illing, *Einführung in die Spieltheorie* (4. Aufl.), Berlin, 2000

[Hote29] Hotelling, H., Stability in Competition, *Economic Journal* 39, S.41-57, 1929

[Illi99] Illik, J.A., *Electronic Commerce*, München, 1999

[Isc00] Internet Software Consortium, http://www.isc.org/ds/hosts.html, Abruf am 3.12.2000

[Isoc00] Internet Society - History of the Internet, http://info.isoc.org/internet/history, Abruf am 3.12.2000

[Jang00] Jango Excite Shopping, http://jango.excite.com, Abruf am 4.12.2000

[Jenn98] Jennings, N.R., Sycara, K. und M. Woolridge, A Roadmap of Agent Research and Development, *Autonomous Agents and Multi-Agent Systems* 1, S.7-38, 1998

[Jeus97] Jeusfeld, M.A. und M. Jarke, Suchhilfen für das World Wide Web: Funktionsweisen und Metadatenstrukturen, *Wirtschaftsinformatik* 39(5), S.491-499, 1997

[Joji00] Jojic, N., Rui, Y., Zhuang, Y. und T. Huang, A Framework for Garment Shopping over the Internet, In: Shaw, M., Blanning, R., Strader, T. und A.Whinston (Hrsg.), *Handbook on Electronic Commerce*, S.249-270, Berlin, 2000

[Kahn93] Kahn, L.M. und J.K. Murnighan, Conjecture, Uncertainty, and Cooperation in Prisoner's Dilemma Games, *Journal of Economic Behavior and Organization* 22, S.91-117, 1993

[Kerr98] Kerridge, S., Slade, A., Kerridge, S. und K. Ginty, Supplypoint: Electronic Procurement Using Virtual Supply Chains - an Overview, *Electronic Markets* 8(3), S.28-31, 1998

[Kim94] Kim, Y.G., Evolutionarily Stable Strategies in the Repeated Prisoner's Dilemma, *Mathematical Social Sciences* 28, S.167-197, 1994

[Klei61] Kleinrock, L., *Information Flow in Large Communication Nets*, RLE Quarterly Progress Report, Massachusetts Institute of Technology, Juli 1961

[Klei97] Klein, S. und N. Szyperski, *Referenzmodell zum Electronic Commerce*, Arbeitspapier des Lehrstuhls für Wirtschaftsinformatik und Interorganisationssysteme, Universität Münster, 1997

[Klei00] Klein, S., The Emergence of Auctions on the World Wide Web, In: Shaw, M., Blanning, R., Strader, T. und A.Whinston (Hrsg.), *Handbook on Electronic Commerce*, S.627-645, Berlin, 2000

[Klem99] Klemperer, P., Auction Theory: A Guide to the Literature, *Journal of Economic Surveys* 13(3), S.227-286, 1999

[Koch97] Koch, N. und L. Mandel, State of the Art and Classification of Electronic Product Catalogues on CD-ROM, *Electronic Markets* 7(3), S.16-21, 1997

[Krep82] Kreps, D., Milgrom, P., Roberts, J. und R. Wilson, Rational Cooperation in the Finitely Repeated Prisoner's Dilemma, *Journal of Economic Theory* 27, S.245-252, 1982

[Krep82b] Kreps, D. und R. Wilson, Sequential Equilibrium, *Econometrica* 50, S.863-894, 1982

[Kris97] Krishna, V. und J. Morgan, An Analysis of the War of Attrition and the All-Pay Auction, *Journal of Economic Theory* 72, S.343-362, 1997

[Kuwa96] Kuwabara, K., Ishida, T., Nishibe, Y. und T. Suda, An Equilibratory Market-Based Approach for Distributed Resource Allocation and Its Applications to Communication Network Control, In: Clearwater, S.H. (Hrsg.), *Market-Based Control: A Paradigm for Distributed Resource Allocation*, S.53-73, London, 1996

[Lamb00] Lamberti, H.J. und T. Költzsch, Perspektive für Public-Key-Infrastrukturen - Entwicklung der Basis für sicheren Electronic Commerce, *Wirtschaftsinformatik* 42(6), S.517-522, 2000

[Lear00] O'Leary, D.E., Supply Chain Processes and Relationships for Electronic Commerce, In: Shaw, M., Blanning, R., Strader, T. und A.Whinston (Hrsg.), *Handbook on Electronic Commerce*, S.431-444, Berlin, 2000

[Lee97] Lee, H.G., AUCNET: Electronic Intermediary for Used-Car Transactions, In: Schmid, B.F. und S. Klein (Hrsg.), *Electronic Markets* 7(4), S.24-28, 1997

[Lein89] Leininger, W., Linhart, P.B. und R. Radner, Equilibria of the Sealed Bid Mechanism for Bargaining with Incomplete Information, *Journal of Economic Theory* 48, S.63-106, 1989

[LeLa77] Le Lann, G., Distributed Systems - Towards a Formal Approach, In: Gilchrist, B. (Hrsg.), Information Processing 77, Proceedings of the IFIP Congress 77, S.155-60, Toronto, 1977

[Leng98] Lengwiler, Y., *The Multiple Unit Auction with Variable Supply*, Arbeitspapier, 1982

[Lian00] Liang, T.P. und N.S. Chen, Design of Electronic Stores, In: Shaw, M., Blanning, R., Strader, T. und A.Whinston (Hrsg.), *Handbook on Electronic Commerce*, S.215-232, Berlin, 2000

[Lick62] Licklider, J.C.R. und W. Clark, *On-Line Man Computer Communication*, Memorandum, August 1962

[Linc98] Lincke, D.-M., Evaluating Integrated Electronic Commerce Systems, *Electronic Markets* 8(1), S.7-11, 1998

[Lind98] Lindemann, M.A. und A. Runge, Electronic Contracting within the Reference Model for Electronic Markets, In: Baets, W. (Hrsg.), Proceedings of the 6th European Conference on Information Systems (ECIS'98), S.44-59, Aix-en-Provence, 1998

[Lohm98] Lohmann, M., Nopper, N. und P. Henning, Elektronisches Kontrahentenmatching im agentenbasierten Wertpapierhandel, In: Weinhardt, C., Meyer zu Selhausen, H. und M. Morlock (Hrsg.), *Informationssysteme in der Finanzwirtschaft*, S.269-284, Heidelberg, 1998

[Lüdi97] Lüdi, A., Personalize or Perish, *Electronic Markets* 7(3), S.22-25, 1997

[Mail91] Mailath, G.J. und P. Zemsky, Collusion in Second Price Auctions with Heterogenous Bidders, *Games and Economic Behavior* 3, S.467-486, 1991

[Malo87] Malone, T.W., Yates, J. und R.I. Benjamin, Electronic Markets and Electronic Hierarchies, *Communications of the ACM* 30(6), S.484-497, 1987

[Malo88] Malone, T.W., Fikes, R.E., Grant, K.R. und M.T. Howard, Enterprise: A Market-like Task Scheduler for Distributed Computing Environments, In: Huberman, B.A. (Hrsg.), *The Ecology of Computation*, S.177-205, Amsterdam, 1988

[Marr96] Marron, D.B. und C.W. Bartels, The Use of Computer-Assisted Auctions for Allocating Tradeable Pollution Permits, In: Clearwater, S. (Hrsg.): *Market-Based Control: A Paradigm for Distributed Resource Allocation*, World Scientific, S.274-299, Singapore, 1996

[Mask85] Maskin, E.S. und J.G. Riley, Auction Theory with Private Values, *American Economic Review* 75, S.150-155, 1985

[Mato98] Matos, N. und C. Sierra, Evolutionary Computing and Negotiating Agents, In: Proceedings of the Workshop on Agent Mediated Electronic Trading (AMET '98), S.91-111, Minneapolis/St Paul, 1998

[McAf87] McAfee, R.P. und J. McMillan, Auctions and Bidding, *Journal of Economic Literature*, S.699-738, 1987

[McAf89] McAfee, R.P. und J. McMillan, Government Procurement and International Trade, *Journal of International Economics* 26, S.291-308, 1989

[McAf92] McAfee, R.P. und J. McMillan, Bidding Rings, *American Economic Review* 82, S.579-99, 1992

[Medv93] Medvinsky G. und B.C. Neuman, NetCash: A Design for Practical Electronic Currency on the Internet, In: Proceedings of the First ACM Conference on Computer and Communication Security, S.102-106, 1993

[Medv93b] Medvinsky, G. und B.C. Neuman, Electronic Currency for the Internet, *Electronic Markets* 3(9/10), S.23-24, 1993

[Mert99] Mertens, P. und M. Höhl, Wie lernt der Computer den Menschen kennen ? Bestandsaufnahme und Experimente zur Benutzermodellierung in der Wirtschaftsinformatik, In: Scheer, A.W. und M. Nüttgens (Hrsg.), *Electronic Business Engineering*, S.25-49, Heidelberg, 1999

[Merz99] Merz, M., *Electronic Commerce*, Heidelberg, 1999

[Milg82] Milgrom, P. und Robert J. Weber, A Theory of Auctions and Competitive Bidding, *Econometrica* 50, S.1089-1122, 1982

[Milg85] Milgrom, P.R. und R.J. Weber, Distributional Strategies for Games with Incomplete Information, *Mathematics of Operations Research* 10(4), S.619-32, 1985

[Milg85b] Milgrom, P.R., The Economics of Competitive Bidding: A Selective Survey, In: Hurvicz, L., Schmeidler, D. und H. Sonnenschein (Hrsg.), *Social Goals and Social Organization: Essays in Memory of Elisha Pazner*, S. 261-292, Cambridge, 1985

[Milg87] Milgrom, P.R., Auction Theory, In: Bewley, T.F. (Hrsg.), *Advances in Economic Theory: Fifth World Congress*, S.1-32, Cambridge, 1987

[Milg89] Milgrom, P.R., Auctions and Bidding: A Primer, *Journal of Economic Perspectives* 3, S.3-22, 1989

[Mill96] Miller, M.S., Krieger, D., Hardy, N., Hibbert, C. und E.D.Tribble, An Automated Auction in ATM Network Bandwidth, In: Clearwater, S.H. (Hrsg.), *Market-Based Control: A Paradigm for Distributed Resource Allocation*, S.96-125, London, 1996

[Muth61] Muth, J.F., Rational Expectations and the Theory of Price Movements, *Econometrica* 29, S.315-335, 1961

[Myer78] Myerson, R.B., Refinements of the Nash Equilibrium Concept, *International Journal of Game Theory* 7, S.73-80, 1978

[Myer81] Myerson, R.B., Optimal Auction Design, *Mathematics of Operations Research* 6, S.58-73, 1981

[Myer83] Myerson, R.B. und M.A. Satterthwaite, Efficient Mechanisms for Bilateral Trade, *Journal of Economic Theory* 29, S.265-81, 1983

[Myer91] Myerson, R.B., *Game Theory*, Cambridge, 1991

[Nash51] Nash, J., Non-Cooperative Games, *Annals of Mathematics* 54, S.286-295, 1951

[Nech91] Nechvatal, J., Public-Key Cryptography, NIST Special Publication 800-2, National Institute of Standards and Technology, April 1991, http://csrc.nist.gov/nistpubs/800-2.txt, Abruf am 3.12.2000

[Nets00] The SSL Protocol - Version 3.0, http://home.netscape.com/eng/ssl3/ssl-toc.html, Abruf am 28.12.2000

[Nets00b] Secure Socket Layer, http://home.netscape.com/security/techbriefs/ssl.html, Abruf am 28.12.2000

[Neum47] von Neumann, J. und O. Morgenstern, *The Theory of Games and Economic Behavior* (2.Aufl.), Princeton, 1947

[Neum93] Neuman, B.C., Proxy-Based Authorization and Accounting for Distributed Systems, In: Proceedings of the 13th International Conference on Distributed Computing Systems, S.283-291, 1993

[Neum95] Neuman, B.C. und G. Medvinsky, Requirements for Network Payment: The NetCheque Perspective, In: Proceedings of IEEE Compcon'95, S.32-36, 1995

[Neym85] Neyman, A., Bounded Complexity Justifies Cooperation in the Finitely Repeated Prisoner's Dilemma, *Economics Letters* 19, S.227-229, 1985

[Nuss98] Nusser, S., *Sicherheitskonzepte im WWW*, Berlin, 1998

[Obi00] Open Buying on the Internet (OBI), http://www.openbuy.org, Abruf am 28.12.2000

[Onsa00] Onsale / Egghead, http://www.onsale.com, Abruf am 5.12.2000

[Onto00] Ontology.org, http://www.ontology.org, Abruf am 4.12.2000

[Opti02] Optimark, http://www.optimark.com, Abruf am 1.2.2002

[Osbo90] Osborne, M.J. und A. Rubinstein, *Bargaining and Markets*, New York, 1990

[Palm96] Palmer, J.W. und J.S. Johnston, Business-to-Business Connectivity on the Internet: EDI, Intermediaries, and Interorganizational Dimensions, *Electronic Markets* 6(2), S.3-6, 1996

[Palm97] Palmer, J.W., Retailing on the WWW: The Use of Electronic Product Catalogs, *Electronic Markets* 7(3), S.6-9, 1997

[Pers00] Personalogic, http://www.personalogic.com, Abruf am 5.12.2000

[Pete97] Peters, R., The Stability of Networks: An Evolutionary Approach to Standardization, *EURAS Yearbook of Standardization* 1, S.347-356, 1997

[Pete98] Peters, R., *Evolutionäre Stabilität in sozialen Modellen*, München, 1998

[Pete99] Peters, R., Business-Objekte, Workflow und die UML, *Objektspektrum* 3, S.69-73, 1999

[Pete00] Peters, R., Electronic Market Design, präsentiert auf dem EURAS Workshop on Standardizing Information and E-Commerce, Hamburg, 21 Oktober, 2000

[Pete00b] Peters, R., Technologien des E-Commerce, *WISU* 7, S.961-970, 2000

[Pete00c] Peters, R., Evolutionary Stability in the Ultimatum Game, *Group Decision and Negotiation* 9(4), S.315-324, 2000

[Pete00d] Peters, R., Elektronische Märkte und automatisierte Verhandlungen, *Wirtschaftsinformatik* 42(5), S.413-421, 2000

[Pete02] Peters, R., On the Design of Electronic Markets, *Jahrbuch für Neue Politische Ökonomie*, erscheint demnächst

[Pete02b] Peters,R., Automatisierte Auktionen, *Wirtschaftsinformatik*, erscheint demnächst

[Picc92] Piccione, M., Finite Automata Equilibria with Discounting, *Journal of Economic Theory* 56, S.180-193, 1992

[Pico95] Picot, A., Bortenlanger, C. und H. Rohrl, The Automation of Capital Markets, *JCMC - Journal of Computer-Mediated Communication* 1(3), 1995, http://www.ascusc.org/jcmc/vol1/issue3/picot.html, Abruf am 7.1.2001

[Pill99] Piller, F. und D. Schoder, Mass Customization und Electronic Commerce - Eine empirische Einschätzung zur Umsetzung in deutschen Unternehmen, *Zeitschrift für Betriebswirtschaft (ZfB)* 69(10), S.1111-1136, 1999

[Prat64] Pratt, J.W., Risk Aversion in the Small and in the Large, *Econometrica* 32, S.122-136, 1964

[Pres97] Pressmar, D.B. und J. Meier, Potential und Verbreitung des Elektronischen Datenaustausches, In: Grün, O. und L.J. Heinrich (Hrsg.), *Wirtschaftsinformatik - Ergebnisse empirischer Forschung*, Wien, S.167-179, 1997

[Pros99] Prosser, A. und R. Müller, Öffentliche Beschaffung mittels Electronic Commerce, *Wirtschaftsinformatik* 41(3), S.254-264, 1999

[Rao95] Rao, A.S. und M.P. Georgeff, BDI Agents: From Theory to Practice, In: Lesser, V. (Hrsg.), Proceedings of the First International Conference on Multi-Agent-Systems (ICMAS), S.312-319, San Francisco, 1995

[Rapo65] Rapoport, A. und A.M. Chammah, *Prisoner's Dilemma*, Ann Arbor, 1965

[Rebs01] Rebstock, M., Elektronische Unterstützung und Automatisierung von Verhandlungen, *Wirtschaftsinformatik* 43(6), S.609-617, 2001

[Rile81] Riley, J.G. und W.F. Samuelson, Optimal Auctions, *American Economic Review* 71, S.381-392, 1981

[Robi85] Robinson, M.S., Collusion and the Choice of Auction, *Rand Journal of Economics* 16, S.141-145, 1985

[Rubi86] Rubinstein, A., Finite Automata Play the Repeated Prisoner's Dilemma, *Journal of Economic Theory* 39, S.83-96, 1986

[Rumb91] Rumbaugh, J., Blaha, M., Premerlani, W., Eddy, F. und W. Lorensen, *Object-Oriented Modeling and Design*, New York, 1991

[Rust94] Rustichini, A., Satterthwaite, M.A. und S.R. Williams, Convergence to Efficiency in a Simple Market with Incomplete Information, *Econometrica* 62, S.1041-1063, 1994

[Sarg76] Sargent, T.J. und N. Wallace, Rational Expectations and the Theory of Economic Policy, *Journal of Monetary Economics* 2, S.169-183, 1976

[Satt89] Satterthwaite, M.A und S.R. Williams, The Rate of Convergence to Efficiency in the Buyer's Bid Double Auction as the Market Becomes Large, *Review of Economic Studies* 56, S.477-498, 1989

[Schm93] Schmid, B., Elektronische Märkte, *Wirtschaftsinformatik* 35(5), S.465-480, 1993

[Schm98] Schmidt, C., Weinhardt, C. und R. Horstmann, Internet-Auktionen - Eine Übersicht zu Online-Versteigerungen im Hard- und Softwarebereich, *Wirtschaftsinformatik* 40(5), S.450-457, 1998

[Schn96] Schneier, B., *Angewandte Kryptographie: Protokolle, Algorithmen und Sourcecode in C*, Bonn, 1996

[Scho98] Schoder, D. und D. Janetzko, Bots, *Wirtschaftsinformatik* 40(4), S.341-343, 1998

[Sege99] Segev, A., Gebauer, J. und F. Färber, *Internet-based Electronic Markets*, University of California, Berkeley, The Fisher Center for Management and Information Technology (CITM), Publication 99-WP-1036, 1999

[Selt65] Selten, R., Spieltheoretische Behandlung eines Oligopolmodells mit Nachfrageträgheit, *Zeitschrift für die gesamte Staatswissenschaft* 12, S.301-324, 1965

[Selt75] Selten, R., Reexamination of the Perfectness Concept for Equilibrium Points in Extensive Games, *International Journal of Game Theory* 4, S.25-55, 1975

[Set00] SET Secure Electronic Transactions LLC, http://www.setco.org, Abruf am 28.12.2000

[Silb92] Silberschatz, A., Peterson, J. und P. Galvin, *Operating System Concepts* (3. Aufl.), Reading, 1991

[Smit90] Smith, C.W., *Auctions: The Social Construction of Value*, Berkeley und Los Angeles, 1990

[Stac51] von Stackelberg, H., *Grundlagen der theoretischen Volkswirtschaftslehre*, Tübingen, 1951

[Stal98] Stallings, W., Cryptography and Network Security (2. Aufl.), New Jersey, 1998

[Stef00] Steffen, T., Internet-Quellen zu XML/EDI, *Wirtschaftsinformatik* 42(1), S.78-86, 2000

[Stok81] Stokey, N., Rational Expectations and Durable Goods Pricing, *Bell Journal of Economics* 12, S.112-128, 1981

[Stro97] Stroustrup, B., *The C++ Programming Language* (3. Aufl.), Reading, 1997

[Tan00] Tan, G.W., Shaw, M.J. und W. Fulkerson, Web-based Global Supply Chain Management, In: Shaw, M., Blanning, R., Strader, T. und A.Whinston (Hrsg.), *Handbook on Electronic Commerce*, S.457-478, Berlin, 2000

[Tane95] Tanenbaum, A.S., *Moderne Betriebssysteme* (2. Aufl.), London, 1995

[Teut97] Teuteberg, F., Effektives Suchen im World Wide Web: Suchdienste und Suchmethoden, *Wirtschaftsinformatik* 39(4), S.373-383, 1997

[Thei98] Theissen, E., *Organisationsformen des Wertpapierhandels*, Wiesbaden, 1998

[Till96] Tilley, K.J., Machining Task Allocation in Discrete Manufacturing Systems (K J), In: Clearwater, S.H. (Hrsg.), *Market-Based Control: A Paradigm for Distributed Resource Allocation*, S.224-252, London, 1996

[Tiro93] Tirole, J., *The Theory of Industrial Organisation*, Cambridge, 1993

[Tpn00] TPN Register, http://www.tpn.com, Abruf am 5.12.2000

[Turb97] Turban, E., Auctions and Bidding on the Internet: An Assessment, *Electronic Markets* 7(4), S.7-11, 1997

[Vari94] Varian, H.R., *Mikroökonomie*, München, 1994

[Vers99] Versen, K.v., The Three Commercial Functions of the Internet, *Electronic Markets* 8(4), S.35-39, 1999

[Vick61] Vickrey, W., Counterspeculation, Auctions, and Competitive Sealed Tenders, *The Journal of Finance* 16, S.9-37, 1961

[W3C01] World Wide Web Consortium (W3C) - Extensible Markup Language (XML), http://www.w3.org/XML/, Abruf am 4.1.2001

[Wald92] Waldspurger, C.A., Hogg, T. Huberman, B.A., Kephart, J.O. und W.S. Stornetta, Spawn: A Distributed Computational Economy, *IEEE Transactions on Software Engineering* 18(2), S.103-117, 1992

[Webb98] Webber, David R., Introducing XML/EDI Frameworks, *Electronic Markets* 8(1), S.38-41, 1998

[Webe83] Weber, R.J., Multiple-Object Auctions, In: Engelbrecht-Wiggans, R., Shubik, M. und R.M. Stark (Hrsg.), *Auctions, Bidding and Contracting: Uses and Theory*, New York, S.165-191, 1983

[Wein99] Weinhardt, C. und P. Gomber, Elektronisierung des außerbörslichen Wertpapierhandels, *Wirtschaftsinformatik* 41(6), S.516-525, 1999

[Wein00] Weinhardt, C. und A. Schmalz, Design Elektronischer Märkte für die betriebliche Planung, In: Tagungsband zur Tagung "Das reagible Unternehmen", S.173-186, Paderborn, 2000

[West99] Westarp, F.v., Weitzel, T. Buxmann, P. und W. König, Innovationen im Bereich der B2B-Kommunikation - Fallstudien und technische Lösungen zu WebEDI, In: Steiner, M., Dittmar, T. und C. Willinsky (Hrsg.), *Elektronische Dienstleistungsgesellschaft und Financial Engineering*, S.263-285, 1999

[West99b] Westarp, F.v., Weitzel, T., Buxmann, P. und W. König, The Status Quo and the Future of EDI, In: Proceedings of the 7th European Conference on Information Systems (ECIS'99), S.719-731, Copenhagen, 1999

[Will75] Williamson, O., *Markets and Hierarchies: Analysis and Antitrust Implications. A study in the Internal Organisation*, New York, 1975

[Will99] Will, A. und W. Steck, Suche im WWW: Nachfragerverhalten und Implikationen für Anbieter, In: Scheer, A.-W. und M. Nüttgens (Hrsg.), *Electronic Business Engineering*, S.289-307, Heidelberg, 1999

[Wils79] Wilson, R., Auctions of Shares, *Quarterly Journal of Economics* 93, S.675-689, 1979

[Wils85] Wilson, R., Incentive Efficiency of Double Auctions, *Econometrica* 53, S.1101-1115, 1985

[Wils87] Wilson, R., Equilibria of Bid-Ask Markets, In: Feiwel, G. (Hrsg.), *Arrow and the Ascent of Economic Theory: Essays in Honor of Kenneth J. Arrow*, London, S.375-414, 1987

[Wils92] Wilson, R., Strategic Analysis of Auctions, In: Aumann, R.J. und S. Hart (Hrsg.), *Handbook of Game Theory* 1, S.227-279, Amsterdam, 1992

[Wöhe96] Wöhe, G., *Einführung in die Allgemeine Betriebswirtschaftslehre* (19. Aufl.), München, 1996

[Wolf96] Wolfstetter, E., Auctions: An Introduction, *Journal of Economic Surveys* 10, S.367-420, 1996

[Wurm98] Wurman, P.R., Wellman, M.P. und W.E. Walsh, The Michigan Internet AuctionBot: A Configurable Auction Server for Human and Software Agents. In: Sycara, K.P.; Wooldridge, M. (Hrsg.): Proceedings of the 2nd International Conference on Autonomous Agents (Agents'98) , S.301-308, New York, 1998

[Yang00] Yang, B.R., Supply Chain Management: Developing Visible Design Rules across Organisations, In: Shaw, M., Blanning, R., Strader, T. und A.Whinston (Hrsg.), *Handbook on Electronic Commerce*, S.445-456, Berlin, 2000

[Zimm97] Zimmermann, P.R., *PGP - Pretty Good Privacy* (3. Aufl.), Bielefeld, 1997

GPSR Compliance

The European Union's (EU) General Product Safety Regulation (GPSR) is a set of rules that requires consumer products to be safe and our obligations to ensure this.

If you have any concerns about our products, you can contact us on ProductSafety@springernature.com

In case Publisher is established outside the EU, the EU authorized representative is:

Springer Nature Customer Service Center GmbH
Europaplatz 3
69115 Heidelberg, Germany

Batch number: 10815974

Printed by Printforce, the Netherlands